Материалы международной научно-практической

конференции

Фундаментальная наука

и технологии -

перспективные разработки

22-23 мая 2013 г.

Москва

УДК 4+37+51+53+54+55+57+91+61+159.9+316+62+101+330

ББК 72

ISBN: 978-1490352305

В сборнике представлены материалы докладов международной научно-практической конференции   " Фундаментальная наука и технологии - перспективные разработки "

Все статьи представлены в авторской редакции.

Содержание

Биологические науки

Искусствоведение

Исторические науки

Культурология

Медицинские науки

Содержание

Науки о земле

Содержание

Педагогические науки

Политические науки

Психологические науки

Сельскохозяйственные науки

Содержание

Социологические науки

Технические науки

Содержание

Физико-математические науки

Содержание

Тагирова О.В., Кулагин А.Ю.
Кандидат биологических наук, ФГБОУ ВПО «Башкирский государственный педагогический университет им.М.Акмуллы», г. Уфа
Профессор, доктор биологических наук, ФГБУН Институт биологии Уфимского научного центра РАН, г. Уфа

УФИМСКИЙ ПРОМЫШЛЕННЫЙ ЦЕНТР: СОСТОЯНИЕ ЛЕСНЫХ НАСАЖДЕНИЙ

Современные промышленные центры являются природно-антропогенным комплексом, нарушающим функционирование экосистем. Естественные и искусственные насаждения древесных испытывают негативное воздействие в результате загрязнения окружающей среды и значительных рекреационных нагрузок.

Общая площадь лесов г.Уфы составляет 21576 га. Покрытые лесной растительностью земли занимают 94,1%, непокрытые - 1,7% общей площади [1]. Естественные леса города - типичные широколиственные. Основными лесообразующими древесными породами лесного массива являются липа, дуб низкоствольный, ольха черная и осина, успешно произрастают в искусственно созданных культурах тополь, ясень, сосна и ель. В числе подлесочных пород: лещина, черемуха, ива кустарниковая, бересклет бородавчатый, встречается крушина слабительная, шиповник. Из-за частых рубок они утратили свой первоначальный облик, а породный состав их замещен вторичными формациями. Леса зеленой зоны отличаются значительным своеобразием. Здесь проходят границы ареала широколиственных пород (дуба, ильма, вяза, липы, клена, лещины), а также юго-западные границы распространения пихты и ели.

Представлены материалы по характеристике древесных насаждений Уфимского промышленного центра с учетом административного деления (рис.1, рис.2).

ПП№1 расположена вблизи Новоуфимского нефтеперерабатывающего завода на территории Орджоникидзевского района. Относительное жизненное состояние тополя бальзамического, березы повислой, липы мелколистной по В.А. Алексееву оценивалось как «ослабленное». Относительное жизненное состояние дуба черешчатого, сосны обыкновенной, лиственницы Сукачева, ели сибирской по В.А. Алексееву оценивалось как «сильно ослабленное» [2, 237].

ПП№2 расположена на территории парка Победы Орджоникидзевского района. На данной территории относительное жизненное состояние всех исследуемых пород относится к категории «здоровое».

ПП№3 расположена на территории парка им. Калинина Калининского района. Относительное жизненное состояние тополя бальзамического, березы повислой оценивалось как «здоровое». Относительное жизненное состояние липы мелколистной, дуба черешчатого, сосны обыкновенной, лиственницы Сукачева, ели сибирской по В.А. Алексееву оценивалось как «ослабленное».

ПП№4 расположена вблизи ОАО Уфимского моторостроительного производственного объединения УМПО Калининского района. На данной территории относительное жизненное состояние всех исследуемых пород относится к категории «ослабленное».

ПП№5 расположена на территории парка им. М. Гафури Октябрьского района. Относительное жизненное состояние тополя бальзамического, березы повислой, лиственницы Сукачева, ели сибирской оценивалось как «здоровое». Относительное жизненное состояние липы мелколистной, дуба черешчатого, сосны обыкновенной оценивалось как «ослабленное».

ПП№6 расположена на территории вблизи Уфимского приборостроительного производственного объединения Октябрьского района. Относительное жизненное состояние тополя бальзамического, березы повислой, липы мелколистной, ели сибирской оценивалось как «здоровое». Относительное жизненное состояние лиственницы Сукачева оценивалось как «ослабленное».

ПП№7 расположена на территории лесопарка им. Лесоводов Башкирии Советского района. На данной территории относительное жизненное состояние всех исследуемых пород относится к категории «здоровое».

ПП№8 расположена вблизи ФГУП Уфимского агрегатного предприятия Гидравлика на территории Советского района. На данной территории относительное жизненное состояние всех исследуемых пород относится к категории «здоровое».

ПП№9 расположена в районе аэропорта Кировского района. Относительное жизненное состояние тополя бальзамического, березы повислой, липы мелколистной, дуба черешчатого, сосны обыкновенной, ели сибирской оценивалось как «здоровое». Относительное жизненное состояние лиственницы Сукачева оценивалось как «ослабленное».

ПП№10 расположена вблизи ОАО Фармстандарт – УфаВита на территории Кировского района. Относительное жизненное состояние тополя бальзамического, березы повислой, липы мелколистной оценивалось как «здоровое». Относительное жизненное состояние ели сибирской оценивалось как «ослабленное».

ПП№11 расположена в Затоне сквер Волна на территории Ленинского района. На данной территории относительное жизненное состояние всех исследуемых пород относится к категории «здоровое».

ПП№12 расположена в Затоне близ Судоремонтно-судостроительного завода на территории Ленинского района.

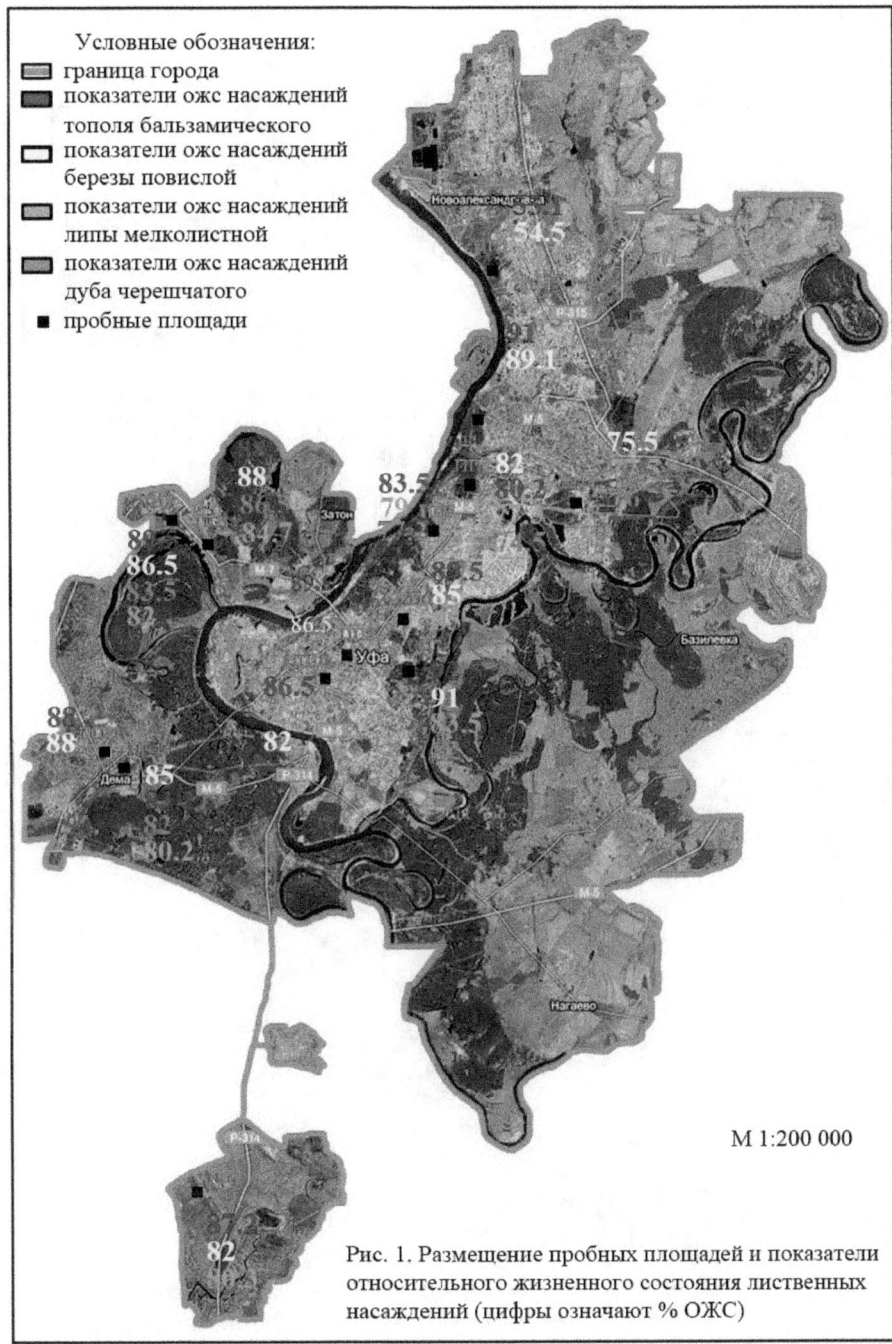

Рис. 1. Размещение пробных площадей и показатели относительного жизненного состояния лиственных насаждений (цифры означают % ОЖС)

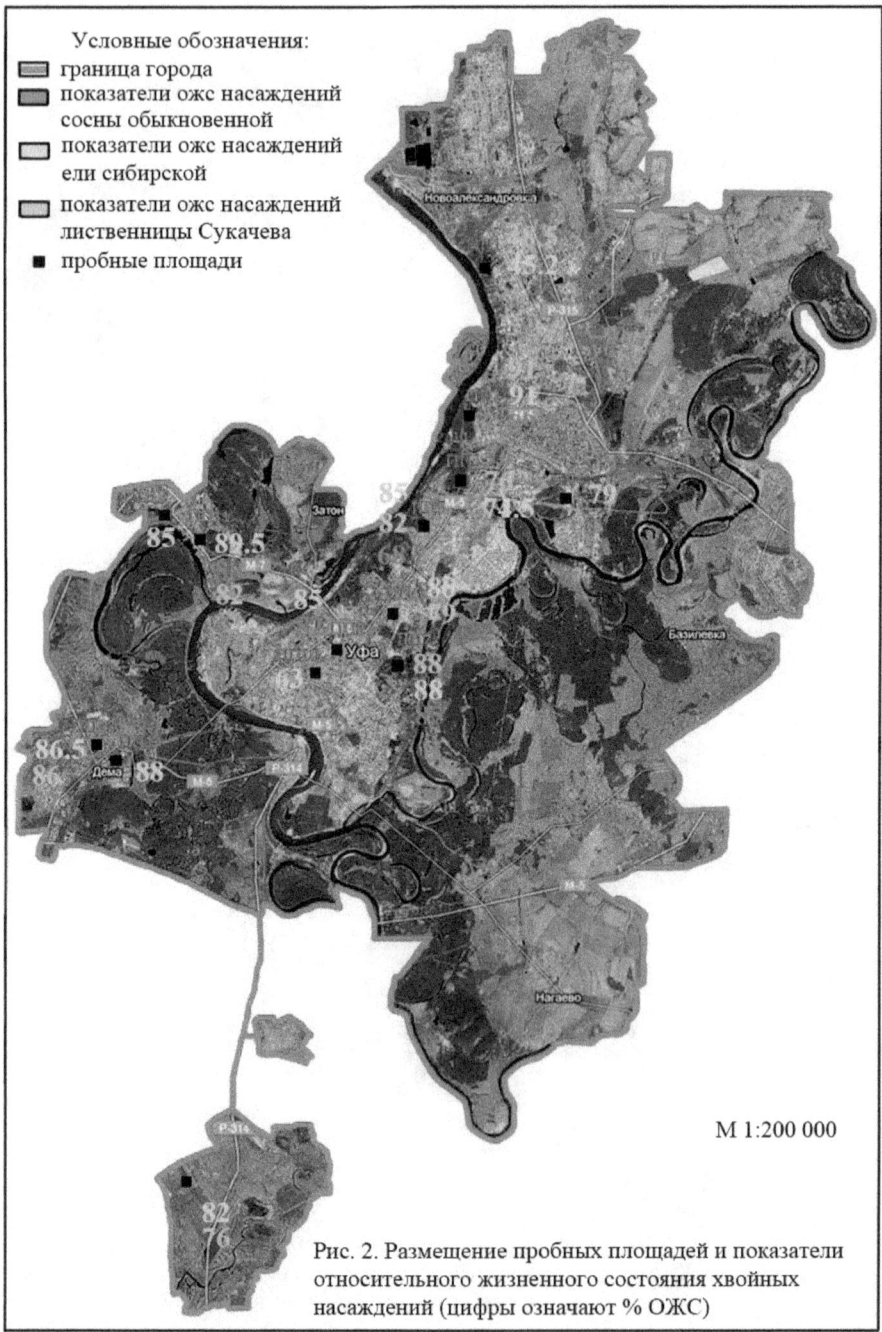

Рис. 2. Размещение пробных площадей и показатели относительного жизненного состояния хвойных насаждений (цифры означают % ОЖС)

На данной территории относительное жизненное состояние всех исследуемых пород относится к категории «здоровое».

ПП№13 расположена на территории Демского парка культуры и отдыха Демского района. На данной территории относительное жизненное состояние всех исследуемых пород относится к категории «здоровое».

ПП№14 расположена вблизи ж/д станции Дема Демского района. На данной территории относительное жизненное состояние всех исследуемых пород относится к категории «здоровое».

По древесным насаждениям был проведен сравнительный анализ по относительному жизненному состоянию насаждений. Если рассматривать г.Уфу как систему селитебно-рекреационную, при рассмотрении и сравнении каждого административного района необходимо также обратить внимание на состояние древесной растительности. Необходимо также учитывать нахождение на данной территории промышленных и рекреационных объектов и их влияние на древесные породы. В каждом административном районе нами были взяты по две пробные площади (одна рядом с промышленной зоной, другая в рекреационной зоне).

Провели оценку устойчивости отдельных пород деревьев и насаждений к воздействию техногенных факторов. По средним показателям относительного жизненного состояния исследуемых пород деревьев видно, что относительное жизненное состояние тополя бальзамического, березы повислой, липы мелколистной и ели сибирской оценивалось как «здоровое». А относительное жизненное состояние дуба черешчатого, сосны обыкновенной и лиственницы Сукачева оценивалось как «ослабленное».

Если рассматривать северную часть города Уфы (Орджоникидзевский и Калининский районы) с самым большим количеством промышленных предприятий, то видно что на данных территориях особое воздействие на растительность оказывает нефтехимическое загрязнение. В условиях антропогенного загрязнения наиболее устойчивыми древесными породами являются: тополь бальзамический, береза повислая, липа мелколистная. А остальные породы являются наименее устойчивыми к условиям техногенного загрязнения.

При изучении южной части города, особое воздействие на растительность оказывает рекреационная нагрузка и энтомопоражения древесной растительности.

В результате выполненных исследований установлено, что за последние 20 лет в г. Уфе произошло сокращение площадей зеленых территорий. Расчеты свидетельствуют, что в настоящее время на 1 человека приходится 201,4 кв.м. пригородных и городских зеленых насаждений. Следует отметить, что городские насаждения составляют 30% от общей площади г. Уфы. Сравнительная характеристика устойчивости отдельных видов деревьев свидетельствует, что относительное жизненное состояние тополя бальзамического, березы повислой, липы мелколистной и ели сибирской оценивается как «здоровое», а относительное жизненное состояние дуба черешчатого, сосны обыкновенной и лиственницы Сукачева оценивается как «ослабленное».

В настоящее время более 50% лесных насаждений г. Уфы относятся к категориям приспевающих, спелых и перестойных. При реконструкции лесных насаждений следует учитывать, что наименее устойчивыми древесными породами являются дуб черешчатый, сосна обыкновенная и лиственница Сукачева. Наиболее устойчивыми древесными породами в условиях Уфимского промышленного центра являются береза повислая, тополь бальзамический, липа мелколистная, ель сибирская.

Следует указать, что неравномерность распространения лесных насаждений по территории отдельных районов и значительные различия между административными районами обуславливают необходимость дифференцированного подхода к обоснованию и проведению природоохранных мероприятий. Анализ пространственного расположения лесных насаждений позволяет отметить, что санитарно-защитные насаждения расположены в основном вокруг г.Уфы. Внутри города сосредоточены незначительные буферные зоны вокруг промышленных предприятий и между жилыми кварталами. Кроме того, на территории г. Уфы находятся и водораздельные леса, площади которых сокращаются (плановые рубки, застройка территорий и пр.). Для улучшения экологической обстановки в городе необходимо расширение санитарно-защитной зоны г. Уфы за счет прилегающих территорий. Необходимо реконструировать городские и внутриквартальные насаждения с использованием устойчивых и продуктивных видов древесных растений.

Исследования выполнены при поддержке Программы фундаментальных исследований Президиума РАН «Биологическое разнообразие», подпрограмма «Биоразнообразие: инвентаризация, функции, сохранение» (2009-2013 гг.); НИР №1.4.09. по тематическому плану МОН РФ (подраздел 01.11 главы 073; 2009-2013 гг.); гранта РФФИ №11-04-97025, гранта Академии наук Республики Башкортостан №40/30-П.

Литература

1. Лесохозяйственный регламент для лесов, находившихся в ведении МУП «Горзеленхоз». Уфа, 2008.

2. Тагирова О.В., Кулагин А.Ю. Современное состояние и перспективы расширения лесных насаждений зеленой зоны Уфимского промышленного центра // Известия Самарского научного центра Российской академии наук. 2011. Т. 13. № 5(2). С. 235-238.

Карпова И.Ю.
к.м.н., доцент кафедры детской хирургии
Артифексова А.А.
д.м.н., профессор, зав. кафедрой патологической анатомии
Паршиков В.В.
д.м.н., профессор, зав. кафедрой детской хирургии

ЭКСПЕРИМЕНТАЛЬНОЕ МОДЕЛИРОВАНИЕ ХРОНИЧЕСКОЙ ГИПОКСИИ С ПОСЛЕДУЮЩИМ АНАЛИЗОМ МОРФОЛОГИЧЕСКИХ И МОРФОМЕТРИЧЕСКИХ ИЗМЕНЕНИЙ В СТЕНКЕ КИШЕЧНИКА У ПОТОМСТВА КРЫС

Некротический энтероколит (НЭК) — одно из наиболее тяжелых заболеваний новорожденных и детей грудного возраста, так как летальность, при НЭК, достигает 70%, а в некоторых случаях – 100%. Ведущим фактором развития этого заболевания является внутриутробная гипоксия плода (ВГП) [4, 57, 104; 7, 9].

ВГП и асфиксия новорожденного составляют 21 - 45% от всей перинатальной патологии [6, 77; 8, 1643].

При нарастающей острой или продолжающейся хронической гипоксии возникают процессы активации анаэробного гликолиза. Централизация кровообращения приводит к ухудшению периферического кровообращения в печени, почках, кишечнике [2, 321].

Наиболее чувствительными к недостатку кислорода, являются головной мозг, сердечная мышца, яички, печень и почки, более устойчивыми – щитовидная и поджелудочная железы [6, 85; 9, 1648;10, 1652]

Цель исследования – изучить влияние внутриутробной гипоксии на стенку кишечника потомства в эксперименте.

Материалы и методы

В экспериментальной работе использованы 24 самки белых беспородных крыс с массой 156—230г., содержащихся на стандартном рационе вивария. Возраст самок варьировал от 4 до 10 мес. Лабораторные животные были разделены на 4 группы, по 6 самок в каждой. Группе I проводили гипоксию в первом триместре беременности (1-я неделя), группа II подвергалась гипоксии во втором триместре (2-я неделя) и группа III – на третьем триместре беременности (3-я неделя). Параллельно проводимой гипоксии была отсажена группа IV – контрольная группа, в которой особи не подвергались кислородному голоданию на протяжении всей беременности (21 день).

Оплодотворение регистрировали с помощью вагинальных мазков. Первым днем беременности считали день, обнаружения сперматозоидов в мазках крыс.

Для моделирования хронической гипобарической гипоксии использовали вакуумную проточную барокамеру, снабженную манометром, предохранительным клапаном, смотровым окошком, при внешней температуре 20 – 22° С. Крысы помещались в условия, соответствующие подъему на высоту 5000м со скоростью 25 м/с на 40 мин.

После родоразрешения, потомство исследовали макроскопически, затем выводили из эксперимента на 5 сутки жизни (срок, приближенный к клиническим проявлениям НЭК у новорожденных).

Для световой микроскопии фрагмент ткани фиксировали в 10% растворе нейтрального формалина, обезвоживали в спиртах и заливали в парафин. Приготовленные на микротоме Leica SM 2000 R срезы, толщиной 5 – 7 мкм, окрашивали гемотоксилин-эозином – обзорная окраска [1, 311; 5, 460].

Последующее микроскопирование осуществляли на микроскопе Topic (Бельгия, 2000) с применением окуляра 10x, объективов 40x, 100x.

Результаты исследования подвергнуты вариационно – статистической обработке по методике, описанной в руководстве Н. А. Плохинского (1980) с определением средних значений (М), средних квадратических отклонений (σ) и ошибки средних (m) параметров [3, 99].

Результаты и обсуждение

Данные макроскопического исследования родившихся животных указывают на влияние хронической гипоксии, на течение беременности, снижение числа родившихся животных, увеличение количества неразвившихся эмбрионов, сниженные росто-весовых показателей животных.

Гистологическое исследование кишечника у крысят всех групп показало, что общее строение стеки кишки не отличается от контрольной группы. Однако, достоверное снижение толщины слизистой и утолщение мышечной оболочек подтверждено данными морфометрического анализа.

Представленные данные указывают, что хроническая гипоксия, смоделированная в первый триместр беременности привела к развитию вторичной гипоксии в стенке тонкой кишки. Разрастание соединительной ткани вместо гладких мышечных волокон может привести к нарушению сократительной способности стенки и развитию динамической непроходимости.

Напротив, гипоксия, сформированная во втором и третьем периодах беременности, не приводит к столь существенному разрастанию фиброзной ткани в стенки кишки, однако отмечается вовлечение эпителиального компонента в патологический процесс. Так, гипоксия второго периода беременности сопровождается атрофией слизистой оболочки преимущественно за счет укорочения и уменьшения количества ворсин.

Гистологическое исследование слизистой оболочки второй группы животных выявляет изменение архитектоники, которое заключается в укорочении ворсин, их уплощения, появлении Т-образных ворсин разрастанием соединительной ткани в собственной пластинке.

Хроническая гипоксия, смоделированная в третьем периоде беременности, также сопровождается снижением толщины слизистой оболочки. Однако, изменение толщины стенки у животных третьей группы связано преимущественно с эффектом слущивания покровно-ямочного эпителия и формированием «голых» ворсин.

Изменение соотношения между слоями стенки кишки приводит к сужению просвета кишки, что особенно выражено у животных первой группы.

Характеристика микроциркуляторного русла указывает на то, что хроническая гипоксия, смоделированная в первый период беременности, приводит к компенсаторному расширению артериального фрагмента микроциркуляторного русла у плода с последующим развитием хронического венозного полнокровия. Гипоксия, созданная в поздние сроки беременности, не приводит к развитию компенсаторных процессов артериального русла и сопровождается венозным застоем с увеличением площади венозных сосудов в три раза. Венозный застой становится следующим звеном патогенеза усугубления гипоксии в стенке кишки, на фоне которой развиваются атрофические и дистрофические изменения эпителия слизистой оболочки.

Таким образом, ВГП оказывает непосредственное влияние на количество, вес и жизнеспособность потомства. Под воздействием хронической гипоксии, во всех экспериментальных группах отмечаются изменения в структуре стенки кишечника и микроциркуляторного русла, которые могут привести к необратимым изменениям в органах и системах организма.

Список литературы:

1. Волкова О.В., Елецкий Ю.К. Основы гистологии и гистологической техники, Москва, «Медицина», 1982, 304с.

2. Зайко Н.Н., Бутенко Г.М., Быць Ю.В. с соавт. Патологическая физиология.- Элиста.- АОЗТ «Эсен». –1994, С.321 – 331.

3. Плохинский Н.А. Алгоритмы биометрии. – М.: МГУ, 1980, 150 с.

4. Разенков И. П. Пищеварение на высотах.- М.; Л.: Медгиз, 1945. - 211с.

5. Саркисов Д.С., Перов Ю.П. Микроскопичкская техника. Руководство для врачей и лаборантов. Под редакцией, Москва,

«Медицина», 1996, 544с.

6. Чарный А.М. Патофизиология гипоксических состояний Медгиз, М., 1961, 344 с.

7. Ашкрафт К.У., Холдер Т.М. Детская хирургия: английский. – СПб, 1997. – Т.   2. - С. 9 – 28.

8. Kostan W. Reisinger, David C. Van der Zee, Hens A.A. Brouwers, Boris W. Kramer. Noninvasive measurement of fecal calprotectin and serum amyloid A combined with intestinal fatty acid–binding protein in necrotizing enterocolitis// Journal of Pediatric Surgery, 2012, 47, P. 1640–1645.

9.   Niclas Högberg, Per-Ola Carlsson, Lars Hillered, Anders Stenbäck   Intraluminal intestinal microdialysis detects markers of hypoxia and cell damage in experimental necrotizing enterocolitis// Journal of Pediatric Surgery,2012, 47, P. 1646–1651.

10.   Ramazan Ozdemir, Sadık Yurttutan, Fatma Nur Sar, Bulent Uysa, Antioxidant effects of N-acetylcysteine in a neonatal rat model of necrotizing enterocolitis//Journal of Pediatric Surgery, 2012, 47, P. 1652–1657.

[1]Zaitsev G.A., [2]Faizova L.I.

[1]Doctor of biology, associate professor, Institute of Biology, Ufa Science Centre RAS, forestry@mail.ru
[2]Candidate of biology science, Yelets state university

FEATURES OF THE SCOTS PINE MYCORHIZA STRUCTURE ON WASTE DUMPS OF THE KUMERTAY`S BROWN COAL MINE

Mikorization of absorbing roots plays an important role in the steady growth and development of trees. In the course of symbiosis wood plants have an opportunity to assimilate inaccessible nutrients from soil. Especially actual process of a mikorization is in the industrial dump conditions at reafforestation, owing to poverty of soils nutrients.

Studying of features of formation and development of the Scots pine mycorhiza on industrial dumps was the purpose of work.

The area of researches is in the southern part of the Republic of Bashkortostan. The collection of mycorhiza material for structure study was conducted on permanent and temporal testing areas. Absorbing roots with mycorhiza fixed in ethyl alcohol (Barykina, Kostrikova, 1963; Yatsenko-Hmelevsky, 1961). Anatomic structure of mycorhiza studied on constant preparations of cross cuts. Cross cuts of absorbing roots (thickness of 10-15 microns) did on the sledge microtome MS-2 (Tochmedpribor, Russia). Preparations were looked through on a light microscope of a research class "Axio Imager A2" (Carl Zeiss Jena, Germany) at various increase in a lens.

Researches showed that on dumps there is an increase of mikorization intensity of absorbing roots – on dumps 85% of all absorbing roots has mycorhiza. In the relative control condition only 70-75% of absorbing roots has mycorhiza. Changes in a structure of fungal covers are noted. All as a result of investigations were noted 12 types of fungal covers (types were noted: A, B, E, BF, F, H, I, K, O, P, Q, SR). Thus on dumps decrease in wealth of sets of fungal covers and their variety is noted: Shannon`s index on dumps was 1,31, in the relative control conditions – 1,37. At growth on industrial dump the increase in representation of plectenchymas type and unstructured covers is noted.

Researches showed that on dumps the increase in thickness pseudoparenchymas type (for 20% in comparison with control) and plectenchymas type of covers (for 44,3% in comparison with control) is noted. Thickness of unstructured covers doesn't change depending on a growing condition. At growth on dumps it is noted – increase in the general radius of the mycorhizal tips at 6-13% in comparison with control, increase average radius of absorbing root of being a part of ectomycorrhiza (for 7% in comparison with control). Radius of the central cylinder of an absorbing root doesn't change depending on growth conditions and makes 65-68 microns.

Thickness changes of mycorrhizal cover were determined. Average thick of fungal cover on dumps is increased and is 17-18 the microns, under conditions of control - 10-12 microns. The cover share in general bulk of mycorrhizal tips - on dumps the share of fungal cover the ectomycorrhiza is modified is 23, 1%, and in control conditions - 22,1%.

At majority of mycorhiza under dump conditions in outer layers of cortex root occur tannin cells. On dumps about 14% the cell mycorhiza of all layers of cortex root have lost the turgor. On dumps about 8% the mycorhiza have on incision the form of multibeam star and the deep loss the turgor of cortical cells of root are characterized. The listed structural features give an indication of aging the mycorhiza, their injury and the dying off.

The morphological effects the mycorhiza, in particular, thickening of mycorrhizal cover on manufacturing waste dumps it is possible reckon of adaptive reaction of absorbing roots of Scots pine on action of extreme factors of environment.

The study was supported by the Grant of the Ministry of Education and Science of the Russian Federation, registration number 4.3458.2011.

Вершинина С.Э., Юрьев М.Ю.

ФГБОУ ВПО НИ «Иркутский государственный технический университет», Иркутск, Россия (664074, Иркутск, Лермонтова, 83), e-mail: vershynina@bk.ru

БИОИНДИКАЦИЯ КАЧЕСТВА АТМОСФЕРНОГО ВОЗДУХА УРБАНИЗИРОВАННОЙ ТЕРРИТОРИИ С ИСПОЛЬЗОВАНИЕМ МЕТОДА СКАНИРОВАНИЯ ПОВЕРХНОСТИ ТАЛЛОМОВ ЛИШАЙНИКОВ

Современная система мониторинга качества атмосферного воздуха является сочетанием различных методов, позволяющих объективно оценивать соответствие качества среды условиям, необходимым для нормальной жизнедеятельности живых организмов. Лихеноиндикация, являющаяся одним из направлений биоиндикационных исследований, основана на чувствительности, как отдельных видов-индикаторов, так и сообществ к качеству окружающей среды [1, 2, 6, 7]. Одним из наиболее перспективных направлений лихеноиндикации является использование методов исследования, основанных на анатомо-морфологических показателях талломов. Морфологические изменения талломов являются визуально различимыми признаками и могут свидетельствовать о воздействии на лишайники поллютантов задолго до существенных изменений в видовом составе. В данной работе нами впервые приводиться применение метода сканирующего зондового микроскопирования для исследования поверхности лишайников[5, 8]. Проведен анализ поверхности лишайников произрастающих в зонах с разным уровнем загрязнения атмосферного воздуха.

Исследования проводились на территории г. Усолье-Сибирское (Иркутская область) в 2012г. Ввиду равнинного положения территории, уровень поступления атмосферных поллютантов от предприятий является стабильно высоким в течение года. Отмечается повышенное содержание: бенз(а)пирена, формальдегида, диоксида азота и взвешенных веществ. Город был включен в Приоритетный список городов России с самым высоким уровнем загрязнения воздуха [3,4].

Исследование изменений морфологии талломов было проведено на умеренно толерантном к воздействию поллютантов лишайнике – *Hypogymnia physodes* (L.) Nyl. Данный лишайник широко распространен практически на всех древесных породах в различных типах леса и урбанизированных территориях юга Восточной Сибири.

Изображения были получены на воздухе при температуре 24°C, относительной влажности воздуха 30% на АСМ микроскопе Ntegra Prima (ЗАО «НТ-МДТ») в контактном режиме с использованием зондов серии

CSG10, размеры снимков 15,03*15,03 мкм, 512*512 точек, шаг сканирования 29,35 нм. Площадь проекции 225,8815 мкм^2.

Данные полученные в результате сканирования позволяют построить карту распределения измеряемой величины и, воссоздать рельеф поверхности. В результате сканирования поверхности был выявлен типичный рисунок для поверхности этого лишайника, а также его изменение в импактной и буферной зонах (рис. 1). На фоновых территориях поверхность лишайника представляет мелкие равномерно повторяющиеся впадины и бугорки, высота которых различается незначительно. Увеличение степени атмосферного загрязнения приводит к уменьшению размеров талломов *Hypogymnia physodes*, изменению цвета до темно-серого, появлению некрозных повреждений. У этих же видов отмечено увеличение площади удельной поверхности, за счет появления глубоких каверн (углублений), которые заполняются в условиях города сажей и пылью, что способствует нарушению физиологических процессов и дальнейшему разрушению талломов. Параметр «площадь удельной поверхности» сильно выделяет образцы с урбанизированных, однако, различие между образцами с фоновых (Озеро Байкал) и буферных территорий практически отсутствует.

Параметр «среднеарифметической шероховатости» наиболее четко проводит разграничение между образцами из разных зон. Коэффициент шероховатости увеличивается в импактной зоне, что вероятнее всего также связан с адсорбцией, каких либо веществ на поверхности и с разрушением поверхности таллома.

Таким образом, из полученных данных видно, что изменение морфологии поверхности таллома происходит в два этапа:

1. Разрушается поверхность, образуются каверны, как следствие асимметрия уменьшается, то есть гистограмма плотности распределения значений 2D-функции становится практически симметричной (рис. 2в). Удельная площадь поверхности изменяется не значительно (рис. 2б). Коэффициент шероховатости увеличивается.

2. В следствие адсорбции различных веществ из атмосферы, активно растет коэффициент шероховатости и удельная площадь поверхности. Асимметрия не значительно увеличивается.

Корреляционный анализ позволяет устанавливать степень линейной взаимосвязи между выборками. Одной из задач исследования было определение фактора оказывающего наибольшее влияние на показатель шероховатости по коэффициенту регрессии. Для этого построили матрицу коэффициентов корреляции. Согласно полученным статистическим данным, умеренная прямая связь наблюдается (0,825) между увеличением ширины лопастей и среднеарифметической величиной шероховатости. Также сильные корреляционные связи имеются между показателями шероховатости, площади поверхности, диаметром слоевищ, длиной и шириной лопастей, связь сильная прямая (0,990, 0,999). Таким образом, полученные данные показывают, что сильные корреляционные связи существуют между всеми параметрами лишайника и структурой его поверхности.

В городских экосистемах, подверженных наибольшему влиянию атмосферных эмиссий у лишайников наблюдаются дефекты и разрывы корового слоя многократно увеличивающие площадь поверхности лишайника, и как следствие адсорбцию поллютантов в межклеточном пространстве сердцевинной плектенхимы. Нарушение метаболических процессов у лишайников впоследствии проявляется в виде морфологических изменений: деформаций корового слоя и угнетения развития талломов. Данные о состоянии поверхности талломов, полученные с помощью сканирующего микроскопа, позволят отслеживать ранние стадии деградации поверхности и могут служить одним из критериев оценки воздействия атмосферных эмиссий на живые организмы.

Литература
1. Бязров Л. Г. Лишайники в экологическом мониторинге. – М., 2002. – 336 с.
2. Бязров Л. Г. Сравнительный анализ трех способов лихеноиндикации качества воздушного бассейна //11 Межд. симп. по биоиндикаторам «Современные проблемы биоиндикации и биомониторинга», 17-21 сентября 2001 г., Сыктывкар, Республика Коми, Россия. Ред.: Таскаев А.И. и др.. Сыктывкар: Коми НЦ. 2001. – С. 22-23
3. Государственный доклад о состоянии и об охране окружающей среды Иркутской области в 2010 году URL: http://www.irkobl.ru/sites/ecology//doklad2010.pdf (дата обращения: 1.04.2013).
4. Государственный доклад о состоянии и об охране окружающей среды Иркутской области в 2011 году URL: http://www.irkobl.ru/sites/ecology//doklad2011.pdf (дата обращения: 1.04.2013).
5. Binnig G., Quate C. F., and Gerber C. Atomic force microscope // Phys. Rev. Lett. – 1986. 56. – pp. 930–933.
6. Herk C.M. Bark pH and susceptibility to toxic air pollutants as induces causes of changes in epiphytic lichen composition in space and time // Lichenologist. – 2001.Vol. 33. – P. 419-441.
7. Monitoring with lichens – monitoring lichens / Eds.: P.L. Nimis, Ch. Scheidegger, P.A. Wolseley. – Kluwer Academic Publ. – 2002. – 408 p.
8. Sedin D. L., Rowlen K. L. Influence of tip size on AFM roughness measurements // Applied Surface Science. – 182 (2001). – P. 40-48.

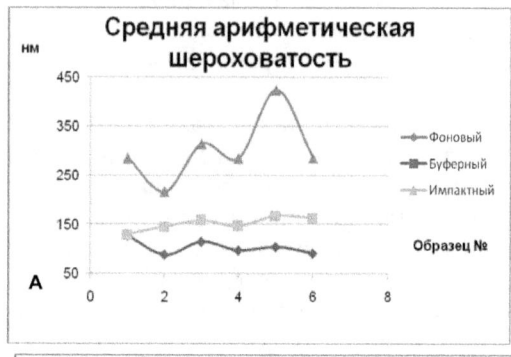

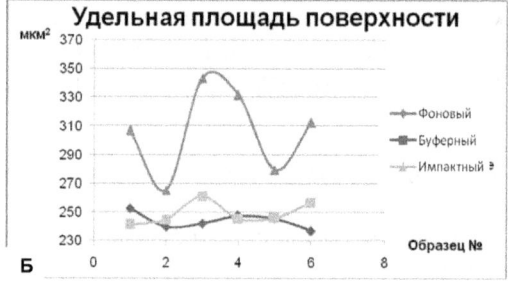

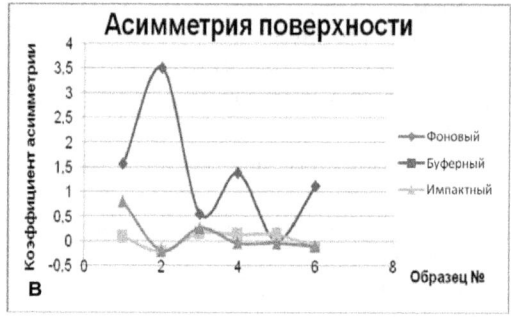

Рис.2 Показатели параметров таллома в зонах с разным уровнем атмосферного загрязнением.

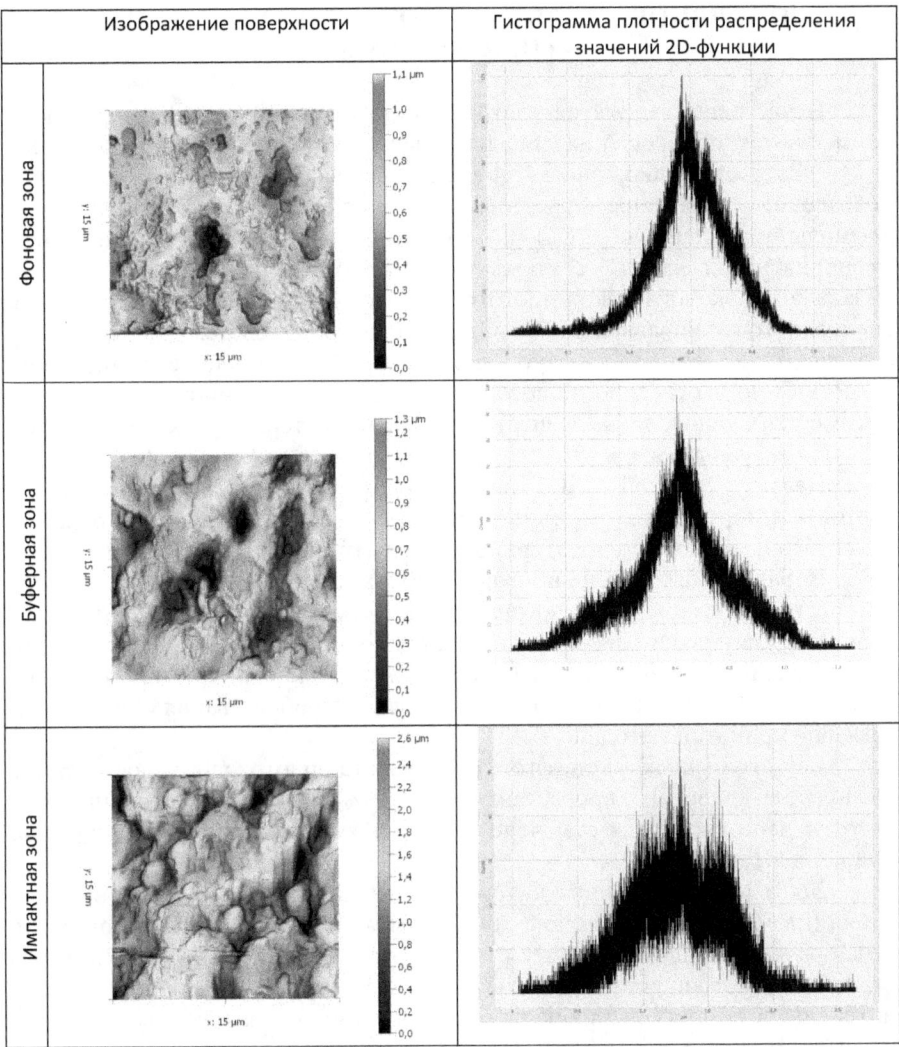

Рис.1 Морфологические изменения таллома *Hypogymnia physodes* на территориях с разным уровнем атмосферного загрязнения

Басырова Л.Ф.
аспирант
Ульяновский государственный университет
E-mail: liliyabasyrova@yandex.ru

ИЗУЧЕНИЕ ДЕЙСТВИЯ НА ПРОРОСТКИ ОГУРЦА ПОСЕВНОГО ДЕЛЬТА-ЭНДОТОКСИНА BACILLUS THURINGIENSIS

В настоящее время регуляторы роста растений достаточно широко применяются при решении многих задач в растениеводческой практике [1,5]. Ростостимулирующие средства способствуют значительному повышению урожайности растений и интенсификации развития их в ювенильном периоде [2,11]. Большинство ростостимулирующих мероприятий связаны с применение химических препаратов, не обладающих экологической чистотой. Поэтому в настоящее время усилия специалистов направлены на разработку таких систем выращивания сельскохозяйственных культур, при которых применение химических средств было бы сведено до абсолютно необходимого минимума [3, 7]. В связи с этим поиск таких веществ на основе бактериальных метаболитов остается актуальным.

Целью данной работы является изучение возможного ростостимулирующего действия дельта-эндотоксина *Bacillus thuringiensis* на огурец посевной в лабораторных и полевых условиях.

В работе были использованы семена огурца посевного наиболее распространенных сортов «Конкурент», «Журавленок», «Фермер». В работе использовали один из промышленных штаммов продуцента дельта - эндотоксина – *Bacillus thuringiensis subsp. kurstaki* Z-52. Качество выращенной культуры и оценку кристаллообразования проводили согласно принятой методике.

Из изученных концентраций дельта-эндотоксина достоверное увеличение энергии прорастания (на 3%) и всхожести (на 2%) относительно контроля отмечено только для семян сорта «Конкурент», при концентрации 0,03%.

Достоверные различия интенсивности набухания (на 23%) и массы семян (на 10%) по сравнению с контролем отмечены через 17 часов после замачивания с эндотоксином у семян сорта «Журавленок». Однако через 25 часов у семян сорта «Журавленок» масса увеличилась на 13 %, а интенсивность поступления воды в семя превысила контрольные значения на 30%. В сортах «Конкурент» и «Фермер» различия в интенсивности поступления воды в семена оказались не столь выраженными. Действие дельта-эндотоксина достоверно увеличило поступление воды в среднем на 19%.

Действие дельта-эндотоксина *Bacillus thuringiensis* при обработке семян огурца раствором дельта-эндотоксина способствовала достоверному увеличению длины проростка на 3 – 10 мм по сравнению с контролем во всех исследуемых образцах.

В результате проделанных исследований можно сделать вывод о том, что использование дельта-эндотоксина благотворно влияет на изученные параметры, что можно рассматривать как проявление стимулирующего эффекта. Эти факты требуют дальнейшего детального исследования и могут лечь в основу разработки технологий получения экологически чистых и безопасных продуктов.

Литература

1.   Каменек Л.К., Левина Т.А., Пантелеев С. В., Терехин Д.А, Миначева Л.Д. Об устойчивости растений овса к бурому бактериозу под влиянием дельта-эндотоксинов Bacillus thuringiensis subsp. kurstaki// Сельскохозяйственная биология. 2006. № 1. 106с.
2.   Захаренко В.А. Развитие защиты растений и её научного обеспечения// Сельскохозяйственная биология. - 2003. - № 3. - 93 – 107с.
3.   Каменек Л.К., Тюльпинева А.А., Климентова Е.Г., Демидова О.А. Дельта-эндотоксин Bacillus thuringiensis как агент биологического контроля растений// Тезисы V Пущинской конференции молодых ученых «Биология – наука XXI века», Пущино, 16-20 апреля 2001. –Пущино, 2001.- 237с.

Татаринова А. Д.
магистр музыкального искусства,
аспирант Новосибирской государственной консерватории
им. М. И. Глинки
sasha.sakha@mail.ru

ОҺУОХАЙ АРЕАЛА БЫВШЕЙ БОТУРУССКОЙ ВОЛОСТИ ЯКУТИИ

Для народа *саха* хороводный танец *оһуохай* является одним из самых излюбленных традиционных развлечений. Каждый участник, войдя в круг этого танца, становится неотъемлемой частью единого процесса. Хоровод *оһуохай* может длиться несколько часов и даже дней. В таком продолжительном танце мелодическая основа играет немаловажную роль. Пение в круговом танце преимущественно респонсорное: запевала поет строку, затем втора повторяет за ним.

В традиционной культуре якутов выделяются разные варианты круговых танцев *оһуохай*. Варианты хороводов связаны с локальной спецификой бытования якутского фольклора в целом. Исследование кругового танца в связи с локальной традицией, безусловно, является актуальным.

В июне 2011 года была проведена полевая экспедиция по старинной Ботурусской волости Республики Саха (Якутия). В период становления Советской власти этот улус был разделен на три небольших района: Таттинский, Чурапчинский, Амгинский (небольшая часть волости входит в современный Мегино-Кангаласский район). Главной задачей экспедиции стала запись современного бытования якутского хороводного танца *оһуохай* в старинном Ботурусском улусе. Исследование показало, что в этих трех районах бытуют как общий для всех трех улусов хороводный запев, так и отличающиеся друг от друга запевы.

Самым распространенным в этих районах является центральный запев. Название запева связано с географией распространения, его можно услышать в центральный районах Якутии (Мегино-Кангаласском, Усть-Алданском, Кангаласском, Горном):

Рис. 1

Данный запев в исследуемых районах в народе именуют как «боростуой», «боростуойдуу», что в переводе означает «простой», «по-простому». В Амгинском районе этот запев встретился у трех запевал, в Чурапчинском и Таттинском - по четыре раза. Мелодия запева является очень устойчивой: все запевалы пели ее одинаково, без особых вариантных изменений. Интересным показался хоровод Мусьяны Васильевой из п. Чымнаайы Таттинского улуса. Запевала в конце своего выступления спела особый каденционный вариант этого запева, который по своей структуре напоминает конечные строки *тойук*:

Рис. 2

Этот вариант примечателен тем, что в начале второй полустроки после звука «d1» появляется звук «а1» как бы усиливая притяжение к основному звуку-финалису «d1».

Бытование центрального напева в заречных улусах бывшего ботурусского региона документирует наличие данного запева за пределами естественного ареала его распространения (если исходить из названия). В связи с этим хочется вспомнить замечание Э. Алексеева и Н. Николаевой о том, что в традиционной якутской песенности прослеживается несколько региональных стилей пения, ведущими из которых являются приленский (центральный) и вилюйский стили [1, 9;]. Возможно, этот распространенный запев *оһуохай* является своего рода *типовым* напевом широкого ареала приленских и примыкающих к ним районов, устанавливающим общие закономерности кругового танца, такие как кинематический ряд, ритмические особенности, акцентуация, композиционное строение.

В Чурапчинском и Таттинском улусе удалось записать запев с начальным вступлением-возгласом «Дьэ-буо!»:

Рис. 3

Дьэ дуо!   О - һуо - кай - дыыр   о - һуо - кай

Вариант этого запева был зафиксирован во время экспедиции в г. Вилюйске в июле 2009 года от запевалы из Амгинского улуса. Особое внимание нужно уделить тому, что если в 2009 году мы зафиксировали двухстрочный запев, где строки отличались друг от друга финалисами (первая строка завершается на верхнем, а вторая – на нижнем тоне трихорда), то в Таттинском и Чурапчинском районах этот же запев исполнялся как однострочный, совпадая с первой строкой двухстрочного образца. Запев, аналогичный второй строке двухстрочного образца, появлялся в середине общей композиции *оһуохай* в качестве варианта основного однострочного запева. Можно предположить, что материал Таттинского и Чурапчинского бытования данного запева показывает процесс появления двухстрочных запевов на основе однострочных образцов. В Чурапчинском и Амгинском улусе был записан запев *оһуохай*, который, кроме того, известен как песня «Суун сибэкки сиигинэн».

Чурапчинский вариант этого запева был исполнен быстрее и более упруго, нежели амгинский:

Рис. 4

В первой полустроке рефренных построений чурапчинского варианта появляются дополнительные слоги: вместо *«о-һуо-кай-дыыр»* запевала поет *«о-һуо-кай-дат-тыыр»*, вместо *«э-ниэ-кэй-диир-»* - *«э-ниэ-кэй-дэт-тиир»*. В основных строках поэтической импровизации дополнительные слоги отсутствуют, *оһуохай* водится в привычном поэтическом размере 4+3.

В экспедиции 2009 года данный *оһуохай* был зафиксирован с движениями *«эрийэ хаамыы»*. В 2011 году запевалы с этим напевом вели хоровод так, как это принято в центральных районах. На первую и третью доли – шаг правой ногой вперед и налево диагонально, на вторую и четвертую – шаг левой ногой назад и налево диагонально. Во второй полустроке все повторяется так же. Однако в экспедиции 2011 года в Таттинском улусе нам удалось зафиксировать *оһуохай* с движениями *«эрийэ хаамыы»*, как в экспедиции 2009 года, но с другим запевом. Данный хороводный танец отличался от других локальных разновидностей *оһуохай* ботурусского региона мелодикой, ритмом, строением вербального текста, а также композиционным построением.

Оһуохай таттинского района представляет собой следующее мелодическое построение:

Рис. 5

Необходимо отметить, что этот запев был известен практически всем запевалам Татты, с которыми удалось поработать (шестерым из восьми). Запев записан в ряде исполнительских вариантов. Так, один из старейших исполнителей *оhуохай* Таттинского улуса Аянитов[1] начал свой запев на вилюйский манер, потом, все же, перешел на запев Таттинского улуса, но в вариантном изменении:

Рис. 6

Запевала Д. В. Попова[2] предложила следующий вариант:

Рис. 7

На наш взгляд *оhуохай* Д. В. Поповой лучше других демонстрирует особенности бытования данного запева на кинетическом, вербальном и музыкальном уровнях. Запев Поповой является устойчивым, сохраняется на протяжении всего танца. Во второй и третьей строках, как бы в процессе поиска более удобного запева, вводится его вариант, где на четвертой доле вместо fis1-gis1 появляется последование gis1-fis1:

Рис. 8

Запевала возвращается к первому варианту напева и таким образом поет почти на протяжении всего танца.

Запев строится на следующем тетрахорде:

e1 – fis1 – gis1 – ↑gis1

Рассмотрев роль всех звуков тетрахорда в организации запева, следует сделать некоторые выводы.

В данном запеве самым главным, опорным тоном является звук «e1», который является начальным, конечным звуком и наиболее часто повторяющимся тоном, своеобразной реперкуссой.

---

[1] Аянитов Николай Васильевич 1941 г. р., житель с. Туора-Күөл Таттинского улуса

[2] Попова Дарья Васильевна 1940 г.р., уроженка с. Уус Таатта, жительница с. Чымнаайы Таттинского улуса.

Самым мобильным, неустойчивым звеном в запеве является четвертая доля, именно она позволяет распознавать варианты запева. Это единственная доля, на которой не встречается главная опора «e1».

Звуки «gis1» и «⌐gis1» в отдельных случаях появляются на одних и тех же долях, но в качественно разных контекстах. На второй и шестой долях их взаимозаменяемость можно объяснить с эмоционально-физиологической точки зрения. В мелостроках, связанных с более приподнятыми по смысловому содержанию строками словесного текста (например, восхваление), запевала часто делает акценты на эти доли. В этих случаях появляется звук «⌐gis1». В более спокойных запевных строках в этих позициях звучит «gis1». На четвертой и седьмой долях варианты «gis1» выступают как совершенно разные тоны: так на четвертой доле всегда будет звук «gis1», а на седьмой – «⌐gis1».

Строки данного *ohуохай*, также как и другие виды танца, строятся на семисложнике 4+3. Существенным отличием является то, что на стыке полустрок всегда появляется дополнительный несмыловой слог «да». Таким образом, если считать все слоги, включая и дополнительный, получится, что данный хоровод строится по формуле 5+3:

О – hyo – кай – дыыр да \ о – hyo – кай

Э – hиэ – кэй- диир да \ э – hиэ – кэй.

Данная формула удерживается на протяжении всего танца, запевала не делает случайных или намеренных её изменений. Эта формула меняется только один раз в тридцать второй строке (5+4).

Н. М. Скворцова в автореферате диссертации «Ритмическая структура тофаларских народных песен» пишет о том, что «вставные слоги могут появиться только на втором, третьем, четвертом, шестом и седьмом местах строки» [3, 15-16]. Но данное наблюдение она делает в рамках изотемпорального выравнивания, когда в песне не совпадают ритмические единицы в стиховых и музыкальных строках и полустроках. В нашем случае вставной несмыслоговой строк появляется не в связи с заполнением недостающего слога в строке, а в связи с разделением целой строки на две половины. На наш взгляд, появление данного вставного слога заимствовано из фольклора другого народа, достаточно плотно населяющего данный район, – русского. Необходимо отметить то, что несмысловой слог «да» в русском фольклоре часто встречается в хороводных и плясовых песнях как слог, разделяющий строки на две части [4; 5; 6].

Запев имеет следующую ритмическую организацию:

Рис. 9

O - hyo - кай – дыыр да   o - hyo - кай

На уровне слогоритма первая полустрока более динамичная, а вторая — тормозит заданную динамику, которая осуществляется за счет добавления несмыслового слога и дробления четвертой доли. Таким образом, слогоритм способствует разделению запева *оhуохай* на две части.

Композиционная структура *оhуохай* Д. В. Поповой строится на повторении одной мелодической строки в умеренном темпе. В данном хороводном танце, в отличии от круговых танцев вилюйской группы, отсутствуют медленное вступление и быстрый кульминационный раздел с прыжками. Динамическое развитие вступление-танец-шагом-полет осуществляется за счет постепенного увеличения темпа повторяющегося напева к кульминации, а также изменения отношений строк запева и вторы: в заключительном разделе запевала начинает как бы «вклиниваться» в партию вторы на последней доле. Этот прием поднимает настрой танцующих, делает танец более ярким и упругим:

Рис.
10

О-hyo - кай - дыыр да   o - hyo - кай   Э - hиэ - кэй - диир да   э - hиэ - кэй

Такой прием вводится запевалой в середине танца, а в заключении *оhуохай* данный вид становится нормой. Появление такого «вклинивания» связано с вербальным текстом, на эти строки приходятся слова прославления.

В *оhуохай* партия вторящих, так же как и партия запевалы, представляет собой достаточно устойчивую мелодию:

Рис. 11

запевала   втора

Эhиэ - кэй -да   - э - hиэ - кэй -   Э - hиэ- кэй- диир да - э - hиэ - кэй -

Как показывает нотный пример, вторящие всегда вступают вместе с запевалой на седьмой доле. Одни присоединяются к партии запевалы — «gis1-e1», другие варьируют как «fis1-e1», а третьи выдерживают тон «e1». Таким образом, образуется своеобразный трехзвучный кластер. Вариант мелодии, предлагаемый второй, также не случаен. Он является наиболее распространенным в *оhуохай* Таттинского района (см. рис. 5). Его мы слышали в хороводах молодых и менее опытных запевал. Можно сделать вывод, что втора воспроизводит основной вид районного типового напева, а запевала Д. В. Попова поет свой вариант этого же напева. В результате мы наблюдаем формирование своеобразной двухстрочной структуры, в которой первая строка исполняется запевалой, а вторая – вторящими (а и а1-обычно, а в данном случае а и б).

Хороводный танец Таттинского улуса отличается от других локальных видов своей хореографией. Н. В. Аянитов рассказал, что в Татте распространен такой вид движения *оҳуохай* как «*эрийэ хаамыы*», что переводится с якутского как «вьющиеся шаги». Д. В. Попова по сей день сохраняет традицию хороводного танца родного района, ведет *оҳуохай* только по-таттински. По поводу движений танца она отметила, что в таттинском улусе принято ходить «*эрийэ-буруйа үктээн, иирэ талах курдук*» (переводится с якутского как «вьющимися шагами, словно густые кустарники»). Следует отметить, что из всех записанных образцов именно танец Д. В. Поповой наиболее полно продемонстрировал это таттинское движение с особым рисунком не только шагов, но и положением рук и корпуса. Известный исследователь северных танцев М. Я. Жорницкая определяет движение этого танца, зафиксированного ею в Амгинском улусе, как движение *дэгэрэн хаамыы* [2, с.]. По-русски этот тип движения она определяет как «шаг с переступанием» и отмечает, что в этот тип *оҳуохай* проникли элементы русского танца – «двойной, или иначе, переменный русский шаг». Необходимо отметить, что запев, приведенный в книге Жорницкой, и записанный нами запев отличаются, а танцевальные движения совпадают.

Попробуем описать движение таттинского хоровода, записанного от Д. В. Поповой. На первую музыкальную долю приходится шаг правой ногой назад и в левую сторону диагонально, на вторую – левой ногой шаг назад диагонально в левую сторону, и левая нога ставится рядом с правой, на третью долю – правой ногой диагонально налево шаг вперед, на четвертую – левой ногой диагонально налево шаг вперед, на пятую – правой ногой диагонально в левую сторону шаг назад, на шестую – левой ногой диагонально в левую сторону шаг назад, на седьмую – правой ногой диагонально налево шаг вперед, на восьмую – левой также диагонально налево шаг вперед. Эти шаги также поддерживаются движениями корпуса: при шагах назад (1, 2, 5, 6 доли) танцующие корпусом поворачиваются в правую сторону, а при шагах вперед (3, 4, 7, 8 музыкальные доли) – поворачиваются в левую сторону. Сцепленные руки танцующих согнуты, кисти рук смотрят вверх. При этом локти не соприкасаются с локтями соседнего танцора, все участники хоровода расположены друг от друга достаточно далеко. На каждую музыкальную четверть танцующие руками делают по два движения вверх (каждое движение руками вверх соответствует музыкальной восьмой длительности).

Многие запевалы ботурусского региона (особенно молодые) в свои хороводы включали разные по мелодиям и локальным видам запевы, игнорируя традиционную композиционную логику и структуру. Их *оһуохай* можно охарактеризовать как своеобразную якутскую танцевальную сюиту, состоящую из относительно самостоятельных контрастных разделов. Так, ученица Чымнайской средней школы Таттинского улуса Наталья Макарова начала свой хоровод с медленного вступления в стиле *дьиэрэтии* как это встречается в *оһуохай* вилюйского региона, затем ввела запев центральных улусов, потом – таттинский запев и в кульминационный раздел включила вилюйский көтүү. Ученица Чурапчинской школы Александра Сивцева начала свой хоровод с запева, который встречается в Чурапчинском и Амгинском улусах, а завершила свой танец верхоянским запевом. Такие запевалы как бы показывают разные варианты ведения якутского хороводного танца и демонстрируют свои знания и умения в этой области. На наш взгляд, подобная практика ведения якутского хороводного танца связана также со сценическим исполнением *оһуохай* в концертах, на фестивалях этнографического характера.

Литература:

1. Алексеев Э., Николаева Н. Образцы якутского песенного фольклора. – Якутск: Кн. изд-во, 1981. – 100 с.

2. Жорницкая М. Я. Якутские танцы. – Якутск: Кн. изд-во, 1956. – 108 с.

3. Ларионова А. С. Дэгэрэн ырыа. Песенная лирика якутов. – Новосибирск: Наука, 2000. – 152 с.

4. Скворцова Н. М. Ритмическая структура тофаларских народных песен: Автореферат дис. … канд. искусствоведения. – Новосибирск, 2003 – 26 с.

5. Крахалёва О. В. Традиционные зимние собрания молодёжи Енисеского района (Красноярского края): По материалам В. С. Арефьева и экспедиций второй половины XX века. – Новосибирск: Книжица, 2006. – 92 с.

6. Народное музыкальное творчество: Учебник / Под ред. О. А. Пашиной. – Спб.: Композитор, 2005 – 568 с.

7. Народное музыкальное творчество: Хрестоматия / Под ред. О. А. Пашиной. – Спб.: Композитор, 2007. – 336 с.

Аманжолова Н.А.

магистрант 1 курса обучения кафедры Истории Казахстана Восточно-
Казахстанского государственного университета имени Сарсена
Аманжолова

ВОСТОЧНО-КАЗАХСТАНЦЫ В ГОДЫ ВЕЛИКОЙ ОТЕЧЕСТВЕННОЙ ВОЙНЫ (ПО МАТЕРИАЛАМ ГОСУДАРСТВЕННОГО АРХИВА ВОСТОЧНО-КАЗАХСТАНСКОЙ ОБЛАСТИ)

Бывают события, даже весьма значительные для своего времени, которые по прошествии десятилетий стираются из памяти людей и становятся достоянием архивных хранилищ. Но есть события, значение которых не тускнеет от неумолимого бега времени. Напротив. Каждое прошедшее десятилетие с возрастающей силой подчеркивает их величие, их определяющую роль в мировой истории.

Память об этих событиях неподвластна времени - бережно хранимая и передаваемая из поколения в поколение, она переживет века. К таким событиям относится Победа советского народа в Великой Отечественной войне. И в какую бы даль не уходили военные годы, мы должны о них помнить, о них должны помнить внуки и правнуки ветеранов, ибо без памяти прошлого, немыслимо шагать в будущее.

Интерес к изучению истории Великой Отечественной войны на современном этапе усиливается, особенно в свете новых публикаций, когда стало возможным открыто писать об упущениях, недостатках в организации отпора врагу. В исторической науке начал происходить процесс переоценки событий Великой Отечественной войны и в целом истории советского общества, что привело к возникновению альтернативных точек зрения, порой противоположных подходов в исследовании различных аспектов истории войны.

Среди документов архива посвященных Великой Отечественной войне документы Усть-Каменогорского городского Совета народных депутатов и его исполнительного комитета за 1926-1956гг., Восточно-Казахстанского областного Совета народных депутатов и его исполнительного комитета за 1939-1946гг., Восточно-Казахстанского областного комитета Коммунистической партии Казахстана и их первичных партийных организаций за 1965-1991гг. и «Воспоминания ветеранов партии и комсомола, войны и труда», находящихся на хранении в ГУ «Государственный архив Восточно-Казахстанской области» [1].

Материалы о Великой Отечественной войне собраны в коллекциях документов "Восточный Казахстан в годы великой отечественной войны 1941-1945". Коллекция создана в 1964 году сотрудниками государственного архива Восточно- Казахстанской области и пополняется документами участников Великой Отечественной войны в настоящее время. Также в коллекцию вошли документы Героев Советского Союза Восточного Казахстана: И.Айтыкова, И.М.Астафьева, В.И.Мыза и др. В коллекцию вошли воспоминания, письма с фронта, листки по учету кадров, автобиографии, фронтовые дневники, индивидуальные и групповые фотографии участников Великой Отечественной войны, списки комсомольцев и молодежи Казахстана, направленных на выполнение спецзаданий, для работы в тыл противника за период с 15 июля 1942 года по 15 сентября 1943 года [2].

Документы личного происхождения в государственных архивах Восточно-Казахстанской области представляют собой одну из важнейших групп исторических источников, являются неотъемлемой частью историко-культурного наследия народа, несут в себе уникальную ретроспективную информацию, преломленную через призму личностного восприятия. Их значение особенно велико для изучения истории литературы, науки, искусства, то есть тех сторон человеческой деятельности и исторического процесса, где на первый план выступает индивидуальное творчество. С другой стороны особенностью документов личного происхождения является необыкновенное разнообразие и многоаспектность их содержания. Одним из документов этого фонда является воспоминания ураженца Восточно-Казахстанской области Уланского района гвардии сержанта Ракишева Нурмухамеда 1924 года рождения. *«Мы вошли в Житомир с юга. В эту же ночь немцы отбили город. Город переходил из рук в руки. Здесь большинство жителей были евреи при выходе из города немцы заставили их рыть могилы и расстреляли. Мы проходя мимо этого места дали трехкратный салют и направились на Львов, Краков. Командующими были Рокоссовский и Конаев. После этого 15 января 1945 года наша дивизия была переброшена на 4 украинский фронт помогать в освобождении Чехословакии»* [3, 3].

Исследования памяти о войне в направлении социального конструирования исторической реальности происходит с помощью образов прошлого, отраженных в сознании и закрепленных в индивидуальных воспоминаниях участников и свидетелей военного прошлого. Эти образы как живое, наглядное представление о войне, индивидуальные ее измерения в настоящее время широко выносятся учеными на обсуждения, вызывая резонанс дискуссии об истории войны.

В архивных документах свидетельствующих о перестройке экономики Восточного Казахстана на военный лад, показана роль партийных организаций в переориентации экономической структуры края.

Каковы были социально-экономическое положение и демографическая ситуация в Казахстане накануне войны, от этого, вполне естественно, зависел уровень вклада Республики в эту Великую Победу. Простая констатация фактов о перестройке экономики на военный лад в учебной литературе не способна показать тяжелые реалии того времени. Когда читаешь строки: «…Бюро ЦК КП(б) Казахстана считает, что важнейшими политическими моментами в обязательствах колхозов должны быть:

а) вовлечение всех колхозников, в том числе женщин, стариков, подростков в активную производственную работу в колхозе;

б) обратить особое внимание на увеличение часов работы в колхозах, исходя из принципа– работать от зари до зари, а на машинах– круглые сутки…» понимаешь, что действительно только женщины, старики, подростки удержали на своих плечах сельское хозяйство, и что, испытывая постоянную физическую и моральную усталость, выполняли и перевыполняли план ради будущей победы [4, 6].

Сохранить память, возможность восстановить прошлые события, окунуться в историю– в этом могут помочь архивные материалы, они безмолвные, объективные свидетели. Находящиеся в государственном архиве Восточно-Казахстанской области документы хранят материалы о героических подвигах и буднях наших земляков, внесших вклад в разгром немецко-фашистских захватчиков в годы Великой Отечественной войны.

Подвиг каждого воина, работника достоин описания. Ни кто в годы войны не жалел ни сил, ни средств во имя Победы. Чем дальше уходят в прошлое годы войны с фашизмом, тем явственнее и величественнее встает перед миром подвиг людей антигитлеровских коалиций.

Список литератур:

1. ГАВКО: Ф.1, оп 2, д.522, 1926-1956гг., Ф.1п, д.4068, 1939-1946гг., Ф.19п, д.2458, 1965-1991гг.
2. ГАВКО: Ф.753, оп.1-2, 268 ед.хр., 1928-2000 г.г.
3. ГАВКО: Ф.753, оп 1, 143 ед.хр, 4 стр.
4. Восточный Казахстан в годы Великой Отечественной войны 1941-1945 г.г. сборник документов, воспоминаний; Ред.коллегия: А.А.Аубакиров, О.Г.Полякова, составитель: Л.П.Рифель; Усть-Каменогорск, 2010 г. – 656 стр.

Крылова А.В.

кандидат исторических наук, доцент Нижегородского
государственного технического университета им. Р.Е. Алексеева
aespirance@yandex.ru

РАБОТА С НАЦИОНАЛЬНЫМИ МЕНЬШИНСТВАМИ РОССИИ В ПЕРИОД НЭПА (НА ПРИМЕРЕ НИЖЕГОРОДСКОЙ ГУБЕРНИИ)

Реалии национальной политики практически любого современного государства таковы, что ни одно из них не может похвастаться отсутствием проблем, вызванных несовершенной работой с представителями нацменьшинств, постоянно или периодически проживающих на их территории. Арабские кварталы во Франции, китайские в США, среднеазиатские диаспоры в России…Открытые границы, с одной стороны, обеспечивают возможность истинной реализации демократических свобод любым членом общества, облегчают культурный обмен между разными странами и т.д. С другой стороны, подобная открытость порождает и массу проблем: нелегальная миграция, огромное количество низкооплачиваемых работников, не обеспеченных никакими социальными гарантиями, чей почти рабский труд и отсутствие уважения к ним со стороны представителей титульного этноса не может не вызывать ответного озлобления со стороны «гасторбайтеров» и повышения преступности.

Таким образом, круг замыкается. Решение многих современных проблем в этой области можно попытаться найти в историческом прошлом России, например, в политике большевиков Нижегородского партийного комитета (Нижгубкома - А.К.) в течение 1920-х годов.

Известно, что революция повысила политическую активность многих нацменьшинств, проживавших на территории нашей страны не всегда в достойных условиях. Национальный состав Нижгубкома отражает это явление. Так, если в 1924 г. русские в нем составляли 82 % (евреи – 9%, латыши – 9%), то уже 1929 г. соотношение меняется: русские – 63 %, евреи - 8%, латыши – 9%, татары, чуваши – 10 %, удмурты, украинцы, марийцы, белорусы – 10% [1]. В тоже время, исследуя состав кандидатов в члены губкома по национальному признаку, приходим к выводу, что в 1923-1927 гг. от 88 до 93 % среди них составляли русские.

О том, что проблемы с нацменьшинствами на территории Нижегородской губернии были достаточно актуальны, свидетельствует характер вопросов, рассматриваемых Нижгубкомом в 1918 – 1925 гг. Если в 1918 г. на 73 заседаниях бюро к ним обращались лишь дважды, то в 1921 г. – 15 раз [2].

Именно на этот год приходится развитие тех своеобразных надтерриториальных органов управления, спецотделов губкома, которые вели работу среди особых социальных групп - нацменьшинств. Следуя решениям X Съезда партии, Бюро Нижгубкома постановлением от 6 апреля 1921 г. в рамках агитационно-пропагандистского отдела (АПО – А.К.) образовало подотдел нацмен [3,59]. Для заведования подотделом был выделен специальный работник, не являвшийся заместителем заведующего АПО (вопреки пожеланиям центра).

Работа подотдела осуществлялась через секции соответствующих национальностей. Нацсекции организовывались губкомом и утверждались центральным комитетом (ЦК РКП(б)). Во главе каждой секции стоял секретарь, назначенный губкомом. Роспуск секций осуществлялся постановлением губкома с санкции ЦК. Подотдел нацмен координировал работу национальных бюро и национальных подотделов при губернских отделах политического просвещения и народного образования [3,59].

Подотдел нацмен был призван руководить политической и культурной жизнью нерусского населения губернии. Его задачами были: руководство агитацией и пропагандой на родном языке среди рабочих и крестьян нацменьшинств, постановка перед партией вопросов партийного и советского строительства, вытекающих из бытовых и культурных особенностей этих национальностей [4]. Секции с ведома подотдела организовывали митинги, лекции на родном языке для членов партии и беспартийных; с разрешения губкома и подотдела нацмен ЦК издавали периодические органы; собирали материалы для парткомов, в целях руководства соответствующими нацотделами советских учреждений.

Вся переписка, в том числе на национальном языке, велась через общую регистратуру парткомов и подписывалась заведующим АПО и секретарем соответствующей секции.

Для координирования работы секций, информирования секций о мероприятиях АПО подотдел нацмен созывал совещания представителей секций. Постановления этого совещания утверждались секретарем парткома. План своей работы подотдел представлял в АПО и бюро, регулярно делал доклады о проведенных мероприятиях. Связь с центром выражалась в отсылке протоколов, отчетов, участии делегатов на всероссийских конференциях национальных отделов. Связь подотдела нацмен с национальными бюро выражалась в делегировании нацбюро своих представителей на заседания подотдела; присутствии заведующего подотделом на всех заседаниях бюро; проведении совместных заседаний (представление планов работы, заслушивание докладов, отчетов [5, 19].

Б.М. Пудалов справедливо подчеркивает, что особенностью первого этапа работы нацотделов в Нижегородской губернии (который охватывает первую половину 1920-х гг.) было то, что «национальная политика советской власти … всецело была обращена на работу только среди национальных меньшинств, а национально-культурные проблемы русского населения игнорировались». В Нижегородской губернии эта тенденция была еще более усилена тем, что здесь «основное внимание уделялось некоренным этническим группам – евреям, полякам, латышам, осевшим в Нижегородской губернии с 1915 г.», а вовсе не атохтонным этническим меньшинствам, таким, как татары, мордва, марийцы, чуваши [6,123].

Что касается деятельности мордовского бюро, то его работа продолжалась недолго ввиду того, что мордовское население обрусело [7,45]. Поэтому, несмотря на довольно многочисленный состав мордвы, уже в 1922 г. она перестала быть институциональной (в подотделе нацмен было ликвидировано бюро и секция). Как и в ЦК, в Нижгубкоме «в башкирско-татарской секции наблюдается некоторый порядок» [8,77]. Лучше всего в Нижгубкоме была организована работа среди мусульманского населения. В конце 1922 г. оно составляло 140-150 тыс. человек (самая многочисленная группа).

Работа латбюро, которое считалось одним из проблемных участков в работе губкома, концентрировалась на заводах «Этна» и «Фельзер». С конца 1922 г. «в работе не было тормаза», методы работы стали более разнообразны: концерты и митинги; общие собрание политэкономического характера; заседания членов партии по районам; курсы ликвидации политнеграмотности; проведение кампании помощи политзаключенным в Латвии (сбор средств за спектакли) [9,74]. Последующие отчёты нацотдела отмечают, что латышском бюро (так же, как в черемисском) «работа ведется хорошо».

В отличие от ЦК, где «в еврейской секции полный хаос» [8,77], в Нижгубкоме ее работа была достаточно стабильна и концентрировалась в Н. Новгороде и Канавино. Этим, однако, проблемы не ограничивались: типичный для того времени кадровый кризис приводил к тому, что использование уже наработанных методов работы с разными социальными группами было ограничено, «спецработников по молодежи и женщинам не было … За неимением соответствующих работников, способных повести идеологическую борьбу … пришлось применить и репрессивные меры»[9].

Выводы таковы. Подавляющее большинство в Нижгубкоме составляли русские (среди членов губкома за 1923 – 1927 гг. показатель колебался между 82 - 92 %). И это несмотря на то, что в комитете существовали польская, мордовская и другие секции (а это значит, что число представителей этих национальностей в губернии было значительным). Тем не менее, за весь рассматриваемый период в губком никогда не избирались мордва и лишь 1 поляк был кандидатом [1; 2]. Эти данные заставляют задуматься над тем, действительно ли правомерно мнение о том, что национальность не играла большого значения для получения высокого партийного поста.

В конце 1922 г. работа с национальными меньшинствами расширилась, так как к Нижегородской губернии были присоединены новые уезды с нерусским населением. Их общее число составило 270 тыс. человек, или 15% общего населения губернии. Однако к концу десятилетия частота рассмотрения национального вопроса на бюро падает, что говорит о том, что ситуацию с нацменьшинствами удалось взять под контроль.

Методы, используемые при этом – то, что необходимо изучать сегодняшним историкам и применять в современных реалиях чиновникам миграционных служб. Кратко очевидную необходимость можно обозначить так: от агитации давно пора перейти к повседневной пропаганде.

Источники и литература

1. Составлено автором по материалам ГКУ ГОПАНО. Ф. 1 Оп. 1 ДД. 1805, 1814, 1922, 2139, 2316, 2937, 3246, 3270, 3275, 3277, 3345, 3346, 3565, 3871, 3916, 4118, 4131, 4188, 4467, 5120, 5131, 6047.
2. Составлено автором по материалам ГКУ ГОПАНО. Ф. 1. Оп. 1. ДД. 20, 328, 329, 770, 2331, 2332, 2333, 2334, 2987, 2988, 3580, 3582, 4148
3. ГКУ ГОПАНО. Ф. 1. Оп. 1. Д. 1840.
4. Положение о подотделах нацменьшинств и нацсекциях агитпропотоделов партийных комитетов // Известия ЦК РКП(б).1921 (2) г. № 34.
5. Отчет губкома за август – март 1922 г. Работа Агитпропотдела // Известия Нижгубкома. 1922. № 13.
6. Пудалов, Б.М. Национальная политика в Нижегородской губернии / Б.М. Пудалов // Общество и власть. Российская провинция. Том.1. (1917 – середина 30-х годов). М. - Н. Новгород: ИРИ РАН. 2002.
7. // Известия Нижгубкома. 1922. № 15.
8. Двенадцатый съезд РКП(б). Стенографический отчет. – М.: Политиздат, 1968.
9. Отчет Нижгубкома РКП(б) от XIV до XV губпартконференции (октябрь 1922– март 1923) – Н. Новгород: Нижполиграф, 1923.

Левина Г.Л.
кандидат культурологии, доцент
Морской государственный университет имени адмирала Г.И.
Невельского, кафедра истории искусства и культуры

КОНЦЕПТУАЛИЗАЦИЯ СЮЖЕТА РОМАНОВ А. КРИСТИ В СВЕТЕ МЕТАФИЗИЧЕСКОЙ КОНЦЕПЦИИ ЧИСЕЛ ПИФАГОРА: К ПОСТАНОВКЕ ПРОБЛЕМЫ

Цель нашей работы – актуализировать сакральный смысл считалок в творчестве А. Кристи, рассмотрев их с точки зрения значения чисел, а именно в соответствии с «таблицей десяти чисел» Пифагора. Насколько нам известно, с этой позиции её творчество до сих пор не было рассмотрено, а, между тем, опыт исследования в этом ключе обнаруживает, на наш взгляд, заслуживающие внимания закономерности. В качестве примера обратимся к роману «Five little pigs». *«Число 5 (пентада) есть союз четного и нечётного (3 и 2). Она символизирует пятый элемент, эфир, потому что он свободен от влияния четырех нижних элементов. Она называется равновесием, потому что разделяет совершенное число 10 на две равные части. У греков пентаграмма была священным символом света, здоровья и жизненности»* [3,245]. Свет – это истина, которую приходится выяснить Эркюлю Пуаро. Только опросив пять свидетелей и прочитав пять отчетов о преступлении, он смог сложить воедино все куски этой головоломки, ясно увидеть картину преступления и вычислить убийцу. *«Пятерка символизирует пятый элемент, эфир, потому что он свободен от влияния четырех нижних элементов»* [3, 245]. В ходе своего расследования Пуаро слышал разные, иногда даже противоположные мнения относительно преступления (влияние нижних элементов), и только отстранившись от предвзятости и субъективного отношения свидетелей к произошедшему, смог раскрыть дело двадцатилетней давности. Начиная с VI главы первой книги названия идут в соответствии с этой считалкой: действия поросят косвенно определяют действия пяти свидетелей. В том же порядке во второй книге идут и письменные отчеты персонажей книги. Третья книга, в свою очередь, тоже состоит из 5 глав. Цифра 5 – это число «шагов», которые Эркюль Пуаро делает в ходе своего расследования, разоблачая настоящего убийцу, возвращая свет истины. Определение ***«egg-shaped head»*** - главная художественная деталь к характеристике гениального сыщика. Это относительно объективная характеристика его внешнего образа и, следовательно, авторская характеристика (дикторско-эмотивный уровень). Если же рассмотреть символику яйца в культурно-мифологической традиции, то значение этой детали сразу актуализируется и мотивирует функцию этого персонажа в тексте. Так, согласно словарю поэтических образов Н.Павлович, яйцу соответствуют следующие образы – солнечный свет, драгоценность, вместилище [1, 131]. На этой основе можно сделать вывод о том, что голова Эркюля Пуаро, в которую он собирает сведения и детали, в итоге, в результате работы «драгоценного» разума, начинает, словно солнце, рассеивать пелену неизвестности и тайны, чтобы в итоге всё было «ясно как днём». Яйцо - это начало всего. Всё начиналось, как известно, «ab ovo» - и Пуаро, подобно демиургу, творит мир справедливости и правды. От него, как от бога, и ждут света Истины. На примере такого рода деталей и проявляются онтологические свойства языка.

В образной системе романа особое значение имеет образ поросёнка/свиньи, традиционно значимый для английского фольклора и определяющий атмосферу тайны, так называемую эпистемическую модальность, характерную для жанра детектива [2]. Известно, что в Англии, в соответствии со старым обычаем, участнику соревнования, занявшему последнее место, вручают в качестве приза свинью, с тем чтобы он её непременно спрятал. В романе А.Кристи каждый свидетель тоже оставляет скрытым какой-то факт – собственную тайну, спрятанную в кармане «свинью». Повторяя словосочетание «little pig», А.Кристи сознательно привлекает внимание к образу поросёнка. Неслучайно именно этот образ – ключевой в романе и по своей сути выступает синонимом к слову «тайна». Пять поросят – пять свидетелей – пять отчетов о преступлении – пять точек зрения – пять тайн. Таким образом, эта считалка не только выполняет роль несущей конструкции всего произведения, но и является носителем символа скрытости и таинственности – важных составляющих любого детектива.

Однако роман А.Кристи «Five little pigs» является не единственным её произведением, где она использовала считалку. При изучении её творчества совершенно очевиден интерес автора к этому фольклорному жанру: считалка заявлена в таких произведениях, как «Five little pigs», «Ten little niggers», «Hickory, dickory, dock», «Three little mice», «One, Two, Buckle My Shoe». Но в романах «Ten little niggers» и «Five little pigs» в большей, нежели в других романах, степени проявляется внутренний потенциал считалки: в них считалка возведена в роль опорной конструкции всего текста, без неё не сможет выдержать созданная автором система образов, а воздействие на читателя будет утеряно.

В романе «Ten little niggers» сюжет и композицию определяет считалка с числом «десять». Согласно указанной теории, *«10, или декада, есть величайшее число не только потому, что это тетрактис (10 точек), но и потому, что она объемлет все арифметические и гармонические пропорции [...]. 10 есть природа числа, потому что все народы приходят к ней, и когда они приходят к ней, они возвращаются к монаде. Декада называлась и небом, и миром, потому что первое включает второе»* [63]. Так и в этом романе: все десять человек погибают, все возвращается к началу – остров опять пуст. Говоря о монаде, или единице, к которой возвращалась декада (10 значит 1+0) отметим, что *«Пифагор называл монаду хаосом, темнотой, бездной, Тартаром, Стиксом, Летой, Атласом, Морфой (имя для Венеры) и Башней или Троном Юпитера, потому что великая сила сосредоточена в центре Вселенной, и контролирует она движение планет вокруг себя. Монада также называется зачаточным разумом, потому что она является началом всех мыслей во Вселенной»* [3, 242-243]. И так же, как неумолимый фатум, цифра 10 безжалостно определяет судьбу десяти людей, используя для совершения возмездия одного из них.

«Другие символические имена для монады - корабль, колесница, Протей (бог, могущий изменять свою форму), Мнемозина, Полинимус (имеющий много имен» [3, 242-243]. Десять человек прибыли на остров именно на корабле. Образ колесницы, один из символических реализаций монады, в романе трансформирован в образы автомобилей и поездов, на которых прибывали участники событий. Также важен образ бога Протея, который воплощается в образе судьи Уоргрейва, инсценировавшего собственную смерть и превратившегося из судьи в палача, без всяких колебаний исполнявшего вынесенные им же приговоры. Море в романе также, в соответствии, в частности, с античной традицией (Алкей, Вергилий), становится серьёзной преградой для людей, а остров – это всегда временное прибежище на определённый период прохождения испытательной ситуации. Никто из сошедших на его землю не прошел испытание, которое устроила им судьба, и не вернулся на большую землю.

Таким образом, можно констатировать, что именно число задаёт программу развития сюжета и определяет общетекстовую модальность, а приём считалки в творчестве А. Кристи имеет первостепенное значение, давая ключ к пониманию архетипических оснований всего её творчества.

Литература:

1. Павлович Н.В. – Словарь поэтических образов. – М., «Едиториал УРСС», 1999. – Т 2. – 872 с.
2. Папина А.Ф. – Текст: его единицы и глобальные категории. – М., «Едиториал УРСС», 2002. – С. 21-90.
3. Холл П. Мэнли. Энциклопедическое изложение масонской, герметической, каббалистической и розенкрейцеровской символической философии. – ВО «Наука», Новосибирск, 1992. – Т.1. - 368 с.

Выбиванцева А.В.[1] , Апарцин К.А.[1,2]

1. Лаборант-исследователь лаборатории клинических исследований ФГБУ «Научный центр реконструктивной и восстановительной хирургии» СО РАМН (НЦ РВХ СО РАМН), av.vybivantseva@gmail.com
2. Д.м.н., профессор, Заместитель директора НЦРВХ СО РАМН по научно-лечебной работе, руководитель отдела медико-биологических исследований и технологий ФБГУН Иркутский научный центр СО РАН

ТРАНСЛЯЦИОННЫЕ ИССЛЕДОВАНИЯ ЭФФЕКТИВНОСТИ АНТИКОАГУЛЯНТНОЙ ТЕРАПИИ

Актуальность

Эндопротезирование крупных суставов нижних конечностей является неотъемлемой частью квалифицированной медицинской помощи. В связи с увеличением продолжительности жизни населения развитых стран данная процедура стала рутинной. В США ежегодно проводится около 600 тыс. операций по эндопротезированию коленного и тазобедренного суставов, к 2013 году эта цифра, согласно прогнозам, превысит 4 миллиона [2,35; 3,72]. Существует генетическая предрасположенность к гиперкоагуляции [4,2], подтвержденная и на территории Российской федерации [4,11]

В соответствии с рекомендациями ACCP (уровень 1А для протезирования тазобедренного или коленного суставов) профилактику венозного тромбоэмболизма (ВТЭ) – тромбоза глубоких вен и тромбоэмболии легочной артерии – необходимо проводить в виде курса антикоагулянтов продолжительностью от 10 до 14 суток, а продолжительность профилактики должна составлять 35 суток, начиная с первого дня после операции (рекомендации уровня 1А для протезирования тазобедренного или коленного суставов). Таким образом, пациенту необходимо принимать антикоагулянты после выписки из стационара на протяжении как минимум двух недель. Существующие рекомендации, к сожалению, соблюдаются достаточно редко, несмотря на высокий процент летальных исходов по данным литературы, вследствие развития ВТЭ. [5,381;6,123;7,1053]

Целью работы была проверка гипотезы о том, что сведения о развитии ВТЭ завышены по литературным данным. В отдаленном послеоперационном периоде проведена сравнительная оценка результатов профилактики ВТЭ путем применения антикоагулянтов Прадакса и Клексан.

Настоящее исследование является продолжением работы «Оценка эффективности тромбопрофилактики препаратом Прадакса в сравнении с низкомолекулярными гепаринами в травматологии и ортопедии»[1,303]

Материалы и методы

Одномоментное поперечное исследование проведено на базе Научного центра реконструктивной и восстановительной хирургии СО РАМН. На основании проведенного ранее ретроспективного анализа 96 историй болезней, из ортопедического, травматолого-ортопедического и гнойного отделений института травматологии и ортопедии за 2010 г. сформированы две клинических группы.

В основную группу (Прадакса) включены 33 пациента (34,4%), в группу Клексан – 63 (65,6%). Опрос субъектов исследования проведен с помощью телефонного контакта или путем анкетирования по почте. Регистрировали пол, возраст, наличие факторов риска ВТЭ, симптоматику и данные обследования, подтверждающие ВТЭ; сведения о любом кровотечении, развившемся в период тромбопрофилактики, а также все случаи повторной госпитализации, сопутствующую медикаментозную терапию, нежелательные и серьезные нежелательные явления согласно Национальному стандарту надлежащей клинической практики.

Пациенты из основной группы принимали препарат Прадакса в дозе 220 мг 1р/сут. в течение от 2 до 25 дней, профилактика начинала проводиться на следующий день после операции (61,78%); пациенты из контрольной группы получали препарат Клексан в дозе 40мг 1 р/сут. от 2 до 22 дней, профилактика начинала проводиться на следующий день после операции (92,2%)

Сравнительный анализ частоты неблагоприятных исходов в виде эпизодов кровотечения или ВТЭ проводили по фактическому результату опроса пациентов, а также рассчитывали доверительные интервалы с учетом неопределенности, обусловленной отсутствием информации от части субъектов исследования. Сравнивали частоту событий при пессимистическом сценарии (у всех не ответивших предполагали наличие неблагоприятного исхода) и оптимистическом сценарии (у всех не ответивших предполагали отсутствие неблагоприятного исхода).

Обработку данных проводили методами непараметрической статистики. Значения переменных представляли в виде медианы и квартилей, значимость различий определяли с помощью критерия U (Манна-Уитни) и точного метода Фишера для четырехпольной таблицы.

Результаты исследования

Получить информацию удалось у 45 из 96 (46,9%) респондентов, в т.ч. путем телефонного контакта – 41 (42,7%), с помощью разработанной анкеты – 4 (4,2%). Данные о 51 пациенте не получены, в т.ч. из группы Прадакса –12 (36,6%), из группы Клексан –39 (61,9%).

В группе Прадаксы информация получена от 21 (63,6%) пациента, в группе Клексана – 24 (38,1%). Срок наблюдения (медиана и интерквартильный размах) составил 17 месяцев (от 17 до 19 месяцев). Результаты анализа свидетельствовали о близости сформированных групп по полу, но существенных различиях по возрасту (в группе клексана он был существенно выше); количеству факторов риска ВТЭ на пациента и удельному весу эндопротезирования (в группе клексана статистически значимо больше). При анализе первичной документации, стало известно, что лишь одному пациенту из каждой группы были даны рекомендации относительно профилактики антикоагулянтами после выписки из стационара; согласно данным опроса, рекомендации не были соблюдены.

Обращений в послеоперационном периоде по поводу кровотечений любой локализации, а также случаев повторной госпитализации не было. Выявлен один (4,2%) случай ВТЭ у пациента группы клексана – тромбоз глубоких вен, развившийся после выписки из стационара.

Обсуждение результатов

В нашем исследовании мы сравнили 2 группы пациентов с высоким риском развития венозных тромбоэмболических осложнений, у которых профилактика проводилась только на госпитальном этапе. При выписке, 94 из 96 пациентов не получили рекомендаций о необходимости приема антикоагулянтов в сроки до 35 дней со дня операции. Двое из 96 такие рекомендации получили, но, как стало известно, не принимали антикоагулянты.

Нами был выявлен 1 случай развития тромбоза глубоких вен нижних конечностей на 96 пациентов, который развился после выписки из стационара, что не соответствует известными исследованиям. Соответственно, можно сделать предположение о завышенности литературных данных, относительно частоты тромбоза и тромбоэмболических осложнений у пациентов после ортопедических операций. Ограничением является недостаточная полнота нашего исследования, так как не со всеми пациентами удалось связаться и узнать их судьбу.

С учетом двух крайних сценариев, обусловленных неполнотой данных, оказывается, что исходы в виде тромбоза глубоких вен и тромбоэмболии легочной артерии находятся в интервале 0 – 36,4% в группе Прадаксы и 1,6–63,5% в группе Клексана. Для наихудшего сценария – 36,4% против 63,5% p_F=0.027. Частота кровотечений и повторных госпитализаций при наихудшем сценарии: 0–36,4% против 0-61,9% (p_F=0.029).

Соответственно, несмотря на высокий уровень доказательности рекомендаций по тромбопрофилактике у пациентов после ортопедических операций возникает вопрос о необходимости проведения профилактики в постгоспитальном периоде. Актуальным представляется проведение более широких эпидемиологических исследований с оценкой клинических исходов в послегоспитальном периоде.

Источники.

1. Апарцин К.А., Выбиванцева А.В. «Оценка эффективности тромбопрофилактики препаратом Прадакса в сравнении с

низкомолекулярными гепаринами в травматологии и ортопедии» // Бюлл. ВСНЦ СО РАМН. – 2011. – №4 (80) Часть 1. – С 303-306.

2. Копенкин С.С. Профилактика венозных тромбоэмболических осложнений в ортопедической хирургии: новые возможности // Вестник травматологии и ортопедии им. Н.И. Приорова. – 2010. – № 1. – С. 35–36.

3. Омельяновский В.В Клинико-экономический анализ эффективности и безопасности методов профилактики тромбоэмболических осложнений при ортопедических вмешательствах // Хирургия. – 2010. – № 5. – С. 72–81.

4. Belozerceva L.A., Voronina E.N., Kokh N.V., Tsvetovskaya G.A. , Momot A.P., Lifshits G.I., Filipenko M.L., Shevela A.I., Vlasov V.V. Personalized approach of medication by indirect anticoagulants tailored to the patient— Russian context: what are the prospects? // The EPMA Journal. – 2012, 3:10.

5. Geerts WH, Bergqvist D, Pineo GF et al. Prevention of venous thromboembolism: American College of Chest Physicians Evidence-Based Clinical Practice Guidelines (8th edition). Chest 2008; 133:381S-453S

6. Guyatt GH, Cook DJ, Jaeschke R et al. Grades of recommendation for antithrombotic agents: American College of Chest Physicians Evidence-Based Clinical Practice Guidelines (8th edition). Chest 2008; 133:123S-131S

7. Hill J., Treasure T. Reducing the risk of venous thromboembolism (deep vein thrombosis and pulmonary embolism) in inpatients having surgery: summary of NICE guidance. BMJ 2007;334:7602:1053-1054.

Старкова А.В.

канд. мед.наук, Пермская государственная фармацевтическая академия, кафедра физиологии

Собин Ф.В.

канд. фарм. наук, Пермская государственная фармацевтическая академия, кафедра фармацевтической технологии

Сыропятов Б.Я.

д-р мед. наук, Пермская государственная фармацевтическая академия, кафедра физиологии

Пулина Н.А.

д-р фарм. наук, Пермская государственная фармацевтическая академия, кафедра фармацевтической технологии

ВЛИЯНИЕ 4-ХЛОРФЕНИЛ-2-ГИДРОКСИ-4-ОКСО-2-БУТЕНОАТА НА СВЕРТЫВАНИЕ ЦЕЛЬНОЙ КРОВИ КРОЛИКОВ ПРИ ПОДКОЖНОМ ВВЕДЕНИИ

Прямые антикоагулянты применяют для лечения заболеваний, обусловленных тромбозом, и профилактики тромбоэмболических осложнений. В настоящее время используют непрямые и прямые ингибиторы тромбина. К непрямым ингибиторам тромбина относят: нефракционированный гепарин, низкомолекулярные гепарины и синтетические пентасахариды (фондапаринукс и индапаринукс) [2]. Наиболее частыми осложнениями применения этой группы лекарственных средств являются развитие геморрагических осложнений, тромбоцитопении и остеопороза [2]. Прямые ингибиторы тромбина имеют ряд преимуществ по сравнению с непрямыми. Однако поскольку они непосредственно связываются с тромбином в соотношении 1:1, то количество ингибируемого тромбина пропорционально концентрации лекарственного препарата. Это значительно ограничивает их применение, так как увеличение их концентрации сопровождается риском геморрагических осложнений [2].

Изложенное свидетельствует о том, что актуальным является поиск новых соединений, обладающих прямой антикоагулянтной активностью.

Целью работы было исследование влияния на свертывание цельной крови 4-хлорфенил-2-гидрокси-4-оксо-2-бутеноата (ФС 169) in vitro и при подкожном введении кроликам.

Исследование проводилось с помощью коагулометра «Минилаб 701». Использовали цитратную (3,8%) кровь беспородных кроликов в соотношении 9:1.

Для определения активности вещества in vitro в кювету помещали 100 мкл крови и добавляли 100 мкл 0,2% раствора исследуемого вещества, в контроле вместо вещества добавляли 100 мкл изотонического раствора хлорида натрия. Затем пробы инкубировали в течение 60 сек. Добавляли 100 мкл 1% раствора хлорида кальция и приступали к измерению. В качестве препарата сравнения использовали гепарин в концентрации 1 ЕД/мл крови [1].

Результаты обрабатывали по методу Фишера-Стьюдента.

При исследовании in vitro были получены следующие данные (табл. 1).

Таблица 1

Влияние на свертывание крови соединения ФС-169 и гепарина in vitro

Исследуемое вещество	Время свертывания, сек; **контроль**	Время свертывания, сек; **опыт**	% изменения свертываемости	p
ФС 169	141,3±7,28	540,1±88,82	-282,2%	<0,01
Гепарин	145,7±9,64	618,3±55,88	-324,4%	<0,001

Р – в сравнении с контролем

Из полученных результатов видно, что соединение ФС-169 in vitro удлиняет время свертывания крови на 282,2%. Его эффективность сопоставима с уровнем активности гепарина.

Было проведено определение острой токсичности данного соединения [3]. Исследование проводилось на лабораторных мышах массой 18-28 г. Путь введения - подкожный. ЛД$_{50}$ составила 1290 (1100-1500) мг/кг. Согласно ГОСТ 12.1007-76, соединение относится к 3 классу токсичности, то есть является умеренно токсичным соединением.

Для определения активности соединения при подкожном введении кроликам, была взята доза 35 мг/кг (1/40 от ЛД$_{50}$). Исследование проводилось на беспородных кроликах с помощью коагулометра «Минилаб 701». Определялась исходная свертываемость крови. Для исследования использовали цитратную (3,8%) кровь в соотношении 9:1. В кювету помещали 100 мкл крови и добавляли 100 мкл изотонического раствора хлорида натрия. Пробы инкубировали в течение 60 сек, затем добавляли 100 мкл 1% раствора хлорида кальция и приступали к измерению. Вещество ФС-169 вводили подкожно. Забор крови и определение времени свертывания производили через 30, 60, 90 и 120 мин после введения соединения. Результаты приведены в табл. 2.

Таблица 2

Изменение свертывания крови под влиянием соединения ФС 169 in vivo

Интервал	Время свертывания, сек; опыт	% изменения свертываемости	p
Исходная свертываемость	128.4±3.92		
30 минут	260.6±17.76	-102.9%	<0.001
1 час	241.7±9.81	-88.2%	<0.001
1 час 30 минут	228.1±14.00	77.65	<0.001
2 часа	158.9±10.22	23.7%	<0.05

Р- в сравнении с исходной свертываемостью

Как видно из табл. 2, при подкожном введении вещество достаточно быстро всасывается, т.к. снижение свертываемости отмечается уже через 30 мин после введения вещества и вызывает значительное снижение свертываемости крови на протяжении 2 часов.

Таким образом, полученные результаты свидетельствуют о том, что 4-хлорфенил-2-гидрокси-4-оксо-2-бутеноат in vitro снижает свертываемость крови на 282,2%, что сопоставимо с активностью гепарина. Вещество обладает умеренной токсичностью. Быстро всасывается при подкожном введении. Снижает активность свертывания крови in vivo в дозе, составляющей 1/40 от ЛД$_{50}$. Максимальный эффект от введения соединения наблюдается через 30 мин и составляет 102,9 %. Сохраняет активность при подкожном введении на протяжении 2 часов.

Литература:

1. Анализатор показателей гемостаза МИНИЛАБ 701. Техническое описание и инструкция по эксплуатации. М.: А/О Юнимед,-2002.- 36 с.
2. Головачева Т.В., Скорцов В.В., Скорцов К.Ю. Применение антикоагулянтов при сердечно-сосудистых заболеваниях.- Атеротромбоз.- №2, -2009. – С. 2-19.
3. Прозоровский В.В. Экспресс-метод определения средней эффективной дозы и ее ошибки. Фармакология и токсикология, №4,- 1978, С. 497-502.

Вязьмин А.Я., Клюшников О.В., Подкорытов Ю.М.
1) Д.м.н., профессор, зав.кафедрой ортопедической стоматологии;
2) 2) к.м.н., ассистент кафедры ортопедической стоматологии;
3) к.м.н., доцент кафедры ортопедической стоматологии
Иркутского государственного медицинского университета
E: mail - klush.stom@mail.ru

КОМПЛЕКСНЫЕ МЕТОДЫ ЛЕЧЕНИЯ СИНДРОМА ДИСФУНКЦИИ ВИСОЧНО-НИЖНЕЧЕЛЮСТНОГО СУСТАВА

Синдром дисфункции височно-нижнечелюстного сустава является одной из наиболее распространённых суставных патологий, Он является обычным функциональным суставным расстройством, с которыми часто приходится встречаться врачам стоматологам различного профиля. Существующие взгляды на возникновение синдрома дисфункции практически охватывают все стороны жизни человека, где любой из неблагоприятных факторов может стать причиной болезни.

К этиологическим моментам относят: нарушение психоэмоционального состояния человека, травмы зубочелюстно-лицевой системы, самостоятельные заболевания мышц, зубочелюстные аномалии, дефекты зубных рядов, нерациональное или не качественно проведённое ортопедическое лечение, нарушение окклюзионных взаимоотношений зубных рядов вследствие заболеваний пародонта или нарушения процесса физиологической стираемости зубов, общего поражения суставов, а также как проявление функциональных нарушений организма обусловленные заболеваниями внутренних органов.

У отдельных пациентов симптомы могут спонтанно появляться на фоне полного здоровья и также неожиданно исчезать, имея при этом характерную особенность, возникнуть вновь при том в самый неподходящий момент. Часто проведённое лечение позволяет на некоторое время устранить боль и неприятные ощущения в суставе, которые через некоторое время появляются вновь.

Боль является одним из симптомов заболевания, при этом она может быть настолько значительной, что у пациентов происходит нарушение функции жевания, глотания и речи. Она также может быть самостоятельным проявлением синдрома дисфункции или сочетаться со звуковыми явлениями в суставе и ограничением открывания рта.

Целью настоящего исследования явилось разработка и внедрение комплексного метода лечения синдрома дисфункции височно-нижнечелюстного сустава осложнённого болевыми ощущениями.

<u>Материал и методы исследования.</u>

Проведено обследование и лечение 175 больных с дисфункцией височно-нижнечелюстного сустава, из них 33 человека были мужчины и 142 женщины.

Всем больным наряду общепринятыми поликлиническими методами обследования проводилась лазерная диагностика функционального состояния жевательных мышц по специально разработанной методике.

Для визуализации положения внутрисуставного диска у 23 больных использовали метод магнитно-резонансной томографии. Данное исследование позволяет получать высококачественное изображение костных и мягкотканных суставных элементов. Для диагностики внутрисуставных функциональных расстройств он является более предпочтительным, чем компьютерная томография.

Комплексное лечение проводили с применением ортопедических и физиотерапевтических методов. Ортопедическое лечение больных заключалось в проведении избирательного пришлифовывания зубов, изготовлении окклюзионных шин, при включённых дефектах зубных рядов проводили протезирование цельнолитыми металлокерамическими мостовидными конструкциями, при концевых изготавливали бюгельные протезы с фиксацией на аттачменах.

Из физиотерапевтических методов применяли электромиостимуляцию, магнитотерапия , ультрозвуковую терапию в сочетании с лазерным воздействием.

Для устранения болевых ощущений непосредственно в суставе мы использовали портативный электростимулятор. .Применяли электрические биполярные импульсы прямоугольной формы, длительностью 50-150 мкс. и частотой 6-10 Гц., сила тока составляла до 60 мА., оптимальный режим воздействия подбирали индивидуально устанавливая при этом порог болевой чувствительности. Действие электрического тока определяли по субъективным ощущениям пациента «безболезненная непрерывная импульсация» под активным электродом. Стимуляция продолжалась в течение 20-25 мин.

Магнитотерапию проводили используя аппарат «Гадиент –1», индукция составляла от 15 до 20 мТл. (наилучший эффект получали при 20 мТл.), использовали режим импульсного тока 1:1. Время воздействия составляло 20 мин. при нормальном артериальном давлении, при гипотонии не более 10 мин., датчики накладывали на область сустава и жевательных мышц.

Для ультрозвуковой терапии использовали аппарат УЗТ – 1.02С, площадь излучателейсоставляла от 3 до 7 кв.см., интенсивность излучения от 0,4 до 1 Вт/кв.см., при острых болях интенсивность была в переделах от 0,4 до 0,7 Вт/кв.см.

Воздействие ультрозвуковых волн составляло по 8 мин. на каждую сторону.

Для лазерной диагностики и лазеротерапии использовали гелий-неоновый лазер ЛТМ - 001, максимальная мощность излучуния на выходе из наконечника световодного кабеля составляла не менее 0,5 мВт, рабочая длина волны 0,63 мкм., потребляемая мощность не более 40 Вт..

Время воздействия пучка 1,5-2 мин., лазерный луч направляли на височно-нижнечелюстной сустав и жевательные мышцы снаружи через кожу и непосредственно из полости рта. Взаимодействие излучения с ткаными структурами определяли по субъективным симптомам больного: «ощущение тепла, покалывания, распирания, резкой неожиданной боли». На курс лечения назначали от 12 до 15 процедур, осуществили 1849 воздействия на сустав и мышцы.

<u>Результаты и обсуждения.</u>

Анализ данных проведённого исследования показал, что болевые симптомы возникают не только при движении нижней челюсти во время разговора или жевания. В состоянии покоя человек не может найти для неё оптимальное положение, при котором он не испытывал бы боли или она была незначительной. Без проведения лечебных мероприятий или применения их в не полном объёме болевые симптомы могут уменьшиться по степени интенсивности и перейти в стадию хронической, скрытой боли, которая проявляется неожиданно при совершении неловкого движения нижней челюстью во время разговора или жевания.

При синдроме дисфункции сустава боль, возникающая при открывании рта и движениях нижней челюсти, является одной из причин, которая препятствует проведению ортопедического лечения в полном объеме. Одним из источников боли являются уплотнения мышечной ткани, которые в литературе получили название триггерных точек (ТТ) или «точек заклинивания». ТТ изменяют сократительную способность жевательных мышц и соответственно их функциональное состояние. Особый интерес в этом отношении представляет верхний пучок латеральной крыловидной мышцы, который прикрепляется непосредственно к переднему полюсу внутрисуставного диска и ТТ локализованные в нём отражают боль непосредственно в сустав. Из 175 больных , боль локализованная только в латеральной крыловидной мышцы была у 93, в медиальной крыловидной мышце у 79.

Верхний пучок латеральной крыловидной мышцы не имеет антагониста и при его сокращении противодействие, этому сокращению, оказывает эластичная двухслойная зона, расположенная в месте прикрепления заднего полюса диска.

Укорочение мышцы, вследствие образования ТТ, изменяет местоположение внутрисуставного диска, при этом возникает нарушение равновесия между верхним пучком латеральной крыловидной мышцы с одной стороны и двухслойной зоной с другой.

Нормализация функционального состояния латеральной крыловидной мышцы, без лечебных мероприятий, занимает длительный период и при этом не всегда приводит к восстановлению своего прежнего состояния. Это является источником постоянных болей, которые локализуются не только в области.

Проведённое лечение показало, что излучение гелий-неонового лазера оказывает положительный эффект на функциональное состояние жевательных мышц и устраняет болевые ощущения в них.

Для купирования болевого симптома при дисфункции ВНЧС мы использовали ЧЭНС. Данный метод применялся не только для нормализации функционального состояния мышц, но и как метод оказывающий положительное влияние на психоэмоциональное состояние больных, что обусловлено высвобождением энкефалинов и эндорфинов. Одновременно с уменьшением болевых ощущений улучшалось настроение и психоэмоциональное состояние пациентов, что оказывало благотворное влияние на процесс лечения.

Преимущество ЧЭНС перед другими методами заключается в том, что данный метод не инвазивный и безопасный в отношении возникновения аллергических реакций. У пациентов не возникает чувства эмоционального напряжения и страха, подобных какие они испытывают перед в ведением анестетиков в жевательные мышцы, особенно в латеральную крыловидную. Больной может самостоятельно применять электростимуляцию, купируя тем самым болевые приступы, возникающие дома.

ЧЕНСУменьшение болевых симптомов больные отмечали через 20-25 мин. после начал стимуляции, если этого не происходило то изменяли полярность электродов. Обезболивающий эффект длился в течение 4-5 часов. Назначали пациенту проведение электростимуляции в домашних условиях три раза в день или по мере возникновения острых болевых приступов.

Выводы: Критерием эффективности лечения явилось снижение интенсивности или полное исчезновение болевых симптомов в ВНЧС, повышение порога болевой чувствительности, отсутствие боли при жевании. По нашим данным адекватная анестезия методом чрезкожной электронейростимуляции достигается в 90,3 % наблюдений.

Чернышева Е.Н.

кандидат медицинских наук, докторант, ГБОУ ВПО «Астраханская государственная медицинская академия» Минздрава России, кафедра госпитальной терапии с курсом функциональной диагностики

e-mail: lena.chernysheva@inbox.ru

ИЗУЧЕНИЕ РОЛИ ПЕРЕКИСНОГО ОКСЛЕНИЯ ЛИПИДОВ В РАЗВИТИИ ПРЕЖДЕВРЕМЕННОГО СТАРЕНИЯ ПРИ МЕТАБОЛИЧЕСКОМ СИНДРОМЕ

Старение — многопричинный разрушительный процесс, вызываемый комплексом регуляторных и стохастических факторов и определяемый генетически детерминированной биологической организацией живой системы [3,5]. Данный процесс активно изучается, поскольку имеет место тенденция глобального старения людей на земле. Старение может развиваться физиологически или носить преждевременный характер. Преждевременное старение диагностируют на основании определения биологического возраста (БВ). БВ – это показатель уровня износа структуры и функции определенного элемента или организма в целом, выраженный в единицах времени путем соотнесения значений замеренных индивидуальных биомаркеров с эталонными среднепопуляционными кривыми зависимостей изменений этих биомаркеров от календарного возраста [2, 166]. Старение развивается преждевременно, если БВ опережает календарный.

Метаболический синдром (МС) – состояние основным патогенетическим звеном, которого является инсулинорезистентность (ИР). МС представлен множеством факторов, которые могут приводить к развитию преждевременного старения: абдоминально – висцеральное ожирение, артериальная гипертония, атерогенная дислипидемия и т.д [7, 27 - 29]. Немаловажным является то, что при МС есть факторы для усиления перекисного окисления липидов (ПОЛ) - гиперинсулинемия активирует симпатико – адреналовую систему и вызванное катехоламинами образование свободных радикалов [8, 12]; фагоцитирующие лейкоциты, могут быть источниками свободных радикалов в крови больных с МС: в условиях гиперлипидемии происходит усиление «дыхательного взрыва» [4, 514]. На основании этого была определена цель исследования.

Цель работы. Изучить роль перекисного окисления липидов в развитии преждевременного старения у пациентов с метаболическим синдромом.

Методика исследования. В исследовании на условиях добровольного информированного согласия нами было обследовано 270 человек с МС в возрастном интервале от 30 до 60 лет - 48,00 (42,00; 53,00) лет, из них 162 мужчины (60,0%) в возрасте 49,0 (40,0; 55,0) лет и 108 женщин (40,0%) - возраст 47,0 (43,0; 52,5) лет. Диагностика МС основана на критериях представленных в рекомендациях экспертов всероссийского научного общества кардиологов по диагностике и лечению МС [1, 5].

Критериями исключения из исследования являлись: возраст старше 60 и моложе 30 лет, хронические заболевания в стадии обострения, тяжелая неконтролируемая артериальная гипертензия, аутоиммунные заболевания, заболевания системы крови, острые бактериальные и вирусные инфекции в ближайшие 3 месяца, злокачественные новообразования, беременность, декомпенсация сахарного диабета 2-го типа, сахарный диабет 1- го типа, гипотиреоз, тиреотоксикоз, прием глюкокортикоидов, давность хирургического вмешательства ранее 6 месяцев.

Группу контроля составили 70 человек, сопоставимых по возрасту 47,0 (40,0; 52,0) лет и полу (40 мужчин и 30 женщин) с больными без признаков МС.

Протокол исследования включал антропометрическое обследование (измерение роста (м), массы тела (кг), окружности талии (ОТ) и окружности бедер (ОБ) (см), отношения окружности талии к окружности бедер (ОТ/ОБ); индекса массы тела (ИМТ) = вес/рост^2) и биохимическое исследование крови, взятой утром натощак после 12 часов голодания. В исследование углеводного обмена входило определение глюкозы (ммоль/л) натощак, уровня инсулина сыворотки крови (мкЕд/мл) с помощью набора «Insulin AccuBind Elisa» методом ИФА, рассчитывали индекс инсулинорезистентности (HOMA- IR) по формуле = глюкоза (ммоль/л) х инсулин (мкЕд/мл)/ 22,5. Повышение данного показателя более 2,77 свидетельствует о наличии ИР. Липидный спектр сыворотки оценивали по содержанию общего холестерина (ОХС) (ммоль/л), триглицеридов (ммоль/л), холестерина липопротеидов высокой плотности (ХС ЛПВП) (ммоль/л), холестерина липопротеидов низкой плотности (ХС ЛПВП) (ммоль/л). Холестерин липопротеиды очень низкой плотности (ХС ЛПОНП) вычисляли по формуле Фридвальда: ХС ЛПОНП = ОХС – ХС ЛПНП – ХС ЛПВП. Коэффициент атерогенности (КА) рассчитывали по формуле = ОХС – ХС ЛПВП / ХС ЛНВП.

В таблице 1 представлена сравнительная характеристика пациентов с МС и группы контроля.

Таблица 1

Характеристика клинико – лабораторных параметров пациентов с метаболическим синдромом

Показатели, единицы измерения	Исследуемые группы	
	Контроль (n=70)	Больные с метаболическим синдромом (n=270)
Индекс массы тела, кг/м²	24,52 (21,34; 24,75)	33,91 (31,82; 40,38) *
Окружность талии, см	88,0 (76,0; 92,0)	120,5 (111,0; 133,0) *
Окружность бедер, см	95,0 (93,0; 98,0)	119,0 (110,0; 135,0) *
Систолическое АД, мм.рт.ст.	110,0 (107,0;117,0)	151,0 (147,0; 155,0) *
Диастолическое АД, мм.рт.ст.	70,0 (65,0; 74,0)	95,0 (94,0; 100,0) *
Глюкоза (ммоль/л)	4,7 (4,5; 4,9)	5,9 (5,4; 6,1) *
Инсулин (мкЕд/мл)	10,13 (8,9;11,6)	36,92 (29,46; 52,44) *
HOMA- IR	2,1 (1,78; 2,5)	8,9 (6,7; 13,7) *
Общий холестерин (ммоль/л)	4,5 (4,1; 4,8)	6,5 (6,05; 7,15) *
Триглицериды (ммоль/л)	1,33 (1,21; 1,45)	2,48 (2,12; 3,41) *
ХС ЛПНП (ммоль/л)	2,3 (2,1; 2,4)	4,1 (3,7; 4,6) *
ХС ЛПВП (ммоль/л)	1,6 (1,44; 1,73)	1,05 (0,9; 1,4) *
ХС ЛПОНП (ммоль/л)	0,6 (0,56; 0,67)	1,2 (0,97; 1,55) *
Коэффициент атерогенности	1,8 (1,77; 1,9)	4,41 (3,6; 5,35) *

* $p < 0,05$- при сравнении исследуемой группы и контроля

Для изучения ПОЛ использовали набора Lipid Hydroperoxide (LPO) Assay Kit для определения содержания гидроперекисей липидов в сыворотке крови методом ИФА. БВ и коэффициент скорости старения (КСС) вычисляли по формулам Горелкина А.Г. и Пинхасова Б.Б. [5]. При КСС от 0,95 до 1,05 делают заключение о соответствии скорости старения норме, если КСС менее 0,95 – о замедлении старения, при КСС более 1,05 – об ускорении старения.

Статистический анализ результатов проводили на IBM с помощью пакета программ STATISTICA 7,0 (StatSoft, версия 7, USA). Количественные показатели были проверены на нормальность с использованием критерия Шапиро – Уилка. Распределение показателей отличается от нормального, поэтому данные представлены в виде Ме (LQ;UQ), где Ме – медиана – центральное значение признака в выборке, справа и слева от которого расположены равные количества объектов исследования; LQ – нижний квартиль; UQ – верхний квартиль. Межгрупповые отличия оценивали непараметрическим критерием Манна – Уитни [6, 110]. Различия считались достоверными при уровне значимости p< 0,05.

Результаты и обсуждение. Корреляционный анализ выявил сильную положительную связь между БВ, КСС и содержанием гидроперекисей липидов: (r+0,69, p< 0,05) и (0,65, p< 0,05). Этому можно дать следующее объяснение. ИР, имеющая место при МС, способствует интенсификации ПОЛ, приводящего к накоплению гидроперекисей липидов в сыворотке крови. Под влиянием продуктов перекисного окисления липидов усугубляется действие окисленных форм липопротеидов низкой и очень низкой плотности. Изменяется активность липопротеидов высокой плотности – уменьшается их активность как антиоксидантов. Все эти изменения приводят к ускорению темпа старения и увеличению биологического возраста.

При изучении показателей получены результаты, представленные в таблице 1 - имеют место статистически значимые отличия по всем исследуемым показателям, кроме календарного возраста, между пациентами с МС и контрольной группой. КСС при МС увеличен, что оказало прямое влияние на биологический возраст, который превысил календарный на 6,3 года. В данном случае мы сталкиваемся с процессами преждевременного старения. С фактом преждевременного старения у пациентов с МС мы уже сталкивались в ранее проводимых исследованиях [9, 254].

Таблица 2

Сравнительная характеристика исследуемых показателей

Показатели, единицы измерения	Исследуемые группы	
	Контроль (n=70)	Больные с метаболическим синдромом (n=270)
Календарный возраст, года	47,0 (40,0; 52,0)	48,0 (42,0; 53,0) *
Биологический возраст, года	46,4 (39,5; 45,8)	54,3 (48,9; 59,5) *
Коэффициент скорости старения	0,96 (0,9; 1,01)	1,32 (1,16; 1,49) *
Гидроперекиси липидов, мкМ	0,5 (0,45; 0,6)	2,89 (1,94; 4,1) *

* p< 0,05- при сравнении исследуемой группы и контроля

Содержание гидроперекисей липидов в сыворотке крови пациентов с МС практически в 6 раз выше, чем у пациентов контрольной группы.

При проведении корреляционного анализа была установлена сильная прямая связь между уровнем гидроперекисей липидов и индексом массы тела (r+0,77, p< 0,05). Этот факт может иметь следующее объяснение. В наших предыдущих исследованиях мы установили, что при нарастании индекса массы тела происходит усиление ИР [10, 103]. Усугубление ИР приводит к интенсификации ПОЛ и увеличению концентрации гидроперекисей липидов. На основании этого мы разделили всех пациентов с МС на группы: 1 группа – пациенты с индексом массы тела от 30 до 39,9 (I – II степень ожирения) – 181 пациент (67,04%), 2 группа – пациенты с индексом массы тела от 40 и выше (III и более степень ожирения) – 89 пациентов (32,96%). В первой группе индекс массы тела составил 34,69 (31,95; 36,24), во второй группе 41,15 (40,35; 42,25), p < 0,05. Уровень инсулина сыворотки крови достиг 31,43 (28,60; 36,98) мкЕд/мл и 57,29 (44,15; 77,46) мкЕд/мл в первой и второй группах, p < 0,05. HOMA- IR статистически достоверно отличается в исследованных группах и группе контроля: в первой группе данный показатель составил 7,4 (6,61; 9,32,), во второй группе - 12,28 (9,65; 15,13), p< 0,05.

КСС в группе с I – II степенью ожирения составляет 1,25 (1,1; 1,4). В группе пациентов с МС при III – IV степени ожирения КСС 1,52 (1,35; 1,6). У пациентов с МС с индексом массы тела от 30 до 39,9 календарный возраст составил 47,0 (40,0; 54,0) лет, а биологический возраст достиг 51,1 (44,9; 58,8) лет. Во 2 группе календарный возраст 48,5 (43,0; 54,0) лет, а биологический возраст 55,5 (50,4; 61,2) лет.

Содержание гидроперекисей в сыворотке крови в первой и второй группах имеет статистически значимое отличие – 2,15 (1,85; 3,42) мкМ и 4,55 (2,4; 5,0) мкМ соответственно, p < 0,05. Причем во 2 группе более чем в 2 раза содержание гидроперекисей в сыворотке крови выше, чем у пациентов 1 группы. Это подтверждает тот факт, что при увеличении индекса массы тела нарастает ИР, стимулирующая ПОЛ.

Выводы

Усиление процессов перекисного окисления липидов у пациентов с метаболическим синдромом приводит к развитию преждевременного старения.

При метаболическом синдроме имеют место сильные положительные корреляционные связи между содержанием гидроперекисей липидов сыворотки и биологическим возрастом, коэффициентом скорости старения, индексом массы тела - (r+0,69, p< 0,05), (0,65, p<0,05), (r+0,77, p<0,05).

Литература

1. Диагностика и лечение метаболического синдрома. Российские рекомендации (второй пересмотр) // Кардиоваскулярная терапия и профилактика. 2009; 8(6). Приложение 2.
2. Донцов В.И., Крутько В.Н., Подколзин А.А. Фундаментальные механизмы геропрофилактики. М: Биоинформсервис, 2002. – 464 с.
3. Москалев А.А. Старение и гены. – СПб.: Наука, 2008.-358 с.
4. Муравская Е.В., Лапко А.Г., В.А. Муравский. Модификация транспортной функции сывороточного альбумина при атеросклерозе и сахарном диабете // Бюл. экспер. биол. и мед. – 2003. – Т. 135, №5. – С. 512 – 514.
5. Патент на изобретение РФ №2302198 «Способ определения биологического возраста человека» Горелкин А.Г., Пинхасов Б.Б., МПК А61В 5/0476, дата публикации 2007.07.10.
6. Реброва О. Ю. Статистический анализ медицинских данных. Применение пакета прикладных программ STATISTICA. М., МедиаСфера, 2006. – 312 с.
7. Ройтберг Г.Е. Метаболический синдром. – М.: МЕД – М 54 пресс – информ, 2007. – 224с.
8. Руяткина Л.А. Бондарева С.Г., Федорова Е.Л., Цыганкова О.В., Нестеренко Е.В. О возможной прооксидантной роли инсулинемии в формировании метаболического синдрома у мужчин и женщин // Кардиология. – 2004. – Т. 44, №9. – С. 9 – 12.
9. Чернышева Е.Н., Панова Т.Н. Взаимосвязь апоптоза и процессов преждевременного старения у больных с метаболическим синдромом // Саратовский научно – практический медицинский журнал. – 2012. – Т.8, №2.- С. 251 – 254.
10. Чернышева Е.Н., Панова Т.Н., Балашов В.И. Изучение взаимосвязи индекса массы тела, артериальной гипертонии, уровня инсулина крови у пациентов с синдромом инсулинорезистентности // Естественные
науки. Журнал фундаментальных и прикладных исследований. - Астрахань. Изд. АГУ. 2004. №8. - С. 102 – 104.

Кандыгулова Г.Ж.
к.м.н. старший преподаватель кафедры гигиены,
Сундетов Ж.
к.м.н., и.о.профессор,
Жексенова А.Н.
к.м.н. старший преподаватель,
Кошмаганбетова Г.К.
магистрант, преподаватель кафедры патологической физиологии, ЗКГМУ
им. М. Оспанова, Актобе, Республика Казахстан

СОСТОЯНИЕ ПОДВЗДОШНЫХ ЛИМФАТИЧЕСКИХ УЗЛОВ КРЫС ПРИ БЕРЕМЕННОСТИ ПРОТЕКАЮЩЕЙ НА ФОНЕ МАЛОБЕЛКОВОГО ПИТАНИЯ

Аннотация. Изучали морфологические и функциональные изменения региональных лимфоузлов матки при беременности на фоне малобелкового питания. Результаты исследований показали, в корковом и мозговом веществе определяется система хорошо развитых синусов, в просвете которых находятся в основном лимфоциты, но встречаются плазмоциты, тучные клетки и другие клеточные формы.

Малобелковое питание приводит к торможению клеточной реакции лимфоидной ткани подвздошных лимфатических узлов, уменьшению розеткообразующих лимфоцитов, снижению титра нормальных антител и лизоцима, что расценивается нами как гипореактивность или слабый ответ периферических органов иммуногенеза.

Ключевые слова: малобелковое питание, беременность, подвздошный лимфатический узел.

Актуальность проблемы. В настоящее время не вызывает сомнений, что здоровье населения, физиологическое течение беременности, рождение здорового и жизнеспособного плода определяются социальными факторами, и в частности, рациональным питанием [1,2]. Одним из важнейших компонентов пищи, как известно, является белок, который является источником роста, восстановления и обновления протоплазмы клеток и тканей. Недостаточность питания, в той или иной форме, существует практически в каждой стране. По данным ВОЗ недостаточность питания имеет в основном две разновидности: одна обусловлена количеством дефицитной пищи, которая характерна для развивающихся стран, а другая – избыточным питанием, которая наблюдается в высокоразвитых странах. Недостаточность питания в развивающих странах является главной причиной в развитии анемии, инфекционных, иммунных заболеваний, ксерофтальмии и др. [3]. Учитывая, что лимфатические узлы являются периферическим органом иммуногенеза, контролирующим иммунный гомеостаз тканей и являющимся местом дифференцировки иммунокомпетентных клеток В- и Т- лимфоцитов весьма актуальной задачей становится изучение морфофункциональной организации регионарных лимфатических узлов матки при беременности в условиях малобелкового питания.

Цель исследования. Оценить морфологическое состояние подвздошных лимфатических узлов крыс при беременности протекающей на фоне малобелкового питания.

Материал и методы исследования. Материалом для исследования служили 69 подвздошных лимфатических узлов, взятые от 69 белых крыс – самок линии Вистар массой 150 – 180 гр, в возрасте 10 месяцев. Экспериментальные животные были разделены на 3 группы: I группа - контрольные, II группа –с малобелковым питанием, III группа – беременные на фоне малобелкового питания. Животные II и III группы в течение 2 месяцев находились на рационе с низким содержанием белка, содержащем в качестве белка, клейковину. Клейковину готовили из 30% пшеничной муки путем многократного отмывания ее холодной водой.

Течение беременности у белых крыс состоит из четырех периодов. Исходя из этого, подвздошные лимфатические узлы изучались на 5, 9, 15 и 21 сутки беременности. Проводили также гистологические, гистохимические, гематологические, иммунологические и морфометрические методы исследования. Для оценки состояния иммунной системы использовали тесты: определение абсолютного числа Т-, В-лимфоцитов в периферической крови, определение титров изо-гетерогемагглютининов, определение комплементарной активности сыворотки, титра лизоцима.

Результаты исследования и их обсуждение. Формирование имунноморфологических процессов в лимфоидной ткани подвздошных лимфатических узлов при беременности опосредуется действием двух факторов. Во-первых, оно вызвано постоянным поступлением в кровоток матери плодовых антигенов, во-вторых особенно на ранних стадиях воздействия на различных этапах иммуногенеза гормонов беременности.

Из приведенного нами эксперимента видно, что проблема сбалансированного питания является одной из актуальных в современной медицине. В обеспечении нормальной жизнедеятельности организма значительная роль принадлежит незаменимым факторам питания. Известно, что недостаток поступления незаменимых аминокислот с пищей приводит к значительным нарушениям многих физиологических функций и биохимических процессов организма.

Выявленное в наших исследованиях увеличение количества лимфоцитов в региональных лимфатических узлах при беременности на фоне малобелкового питания, позволяют рассматривать имеющиеся эти морфо-функциональные изменения в лимфоидной ткани не только как реакция на стрессорное воздействие, но и как специфическую реактивность в ответ на антигены плода.

Морфо-функциональная перестройка в лимфоидной ткани в доимплантационный период беременности (3-5 дни) у животных экспериментальной групы носит однонаправленный характер в регинарных лимфатических узлах. В этот период беременности наиболее выраженные изменения наблюдаются в В- зависимых зонах подвздошных лимфатических узлах. Так, во всех зонах региональных лимфатических узлов, в том числе и в Т-зависимых, увеличивается содержание бластов, больших лимфоцитов, митотически делящихся клеток, появляются плазмобаласты, юные и зрелые плазмоциты, отмечается макрофагальная реакция. Возрастают площади мозгового вещества в лимфатических узлах. Усиление функциональной активности макрофагов проявляется в увеличении числа гранул, ШИК - положительного материала в их цитоплазме, а также увеличение уровня гликогена, определяемого в ШИК реакции, является проявлением защитной реакции, направленной против факторов, вызывающих нарушения проницаемости лизосомальной оболочки. В клетках плазмоцитарного ряда происходит накопление РНК и нейтральных гликозаминогликанов. Однако при малобелковом питании иммунологи- ческая реакция идет вяло, чем при физиологическом протекании беременности, иммуноморфологическая перестройка лимфоидной ткани подвздошных лимфатических узлов проявляется слабо, содержание бластов, больших лимфоцитов, митотически делящихся клеток и клеток плазмоцитарного ряда во всех зонах регионарных лимфатических узлов снижено. Это подтверждается общим анализом крови и в реакции пассивной гемаглютинации, активностью комплемента, титром лизоцима.

Морфо-функциональные особенности лимфоидной ткани подвздошных лимфатических узлов в имплантационный период беременности заключаются увеличением содержания лимфоцитов во всех зонах узла, это увеличение меньше по сравнению с физиологической протекающей беременностью, оно возможно связано с уменьшением общей реактивностью у крыс с белковой недостаточностью.

Девятые сутки беременности у животных экспериментальной группы характеризуется изменением имунноморфологической реактивности, отличающейся от таковой при физиологически протекающей беременности. Во всех зонах подвздошных лимфатических узлов продолжается образование плазмобластов и плазмоцитов, накапливаются РНК в цитоплазме, сохраняется множество митотически делящихся клеток, хотя содержание бластов и больших лимфоцитов не изменяется. Синусы лимфатических узлов остаются расширенным, в них снижается содержание лимфоцитов, особенно в синусах мозгового вещества, что является доказательством изменения лимфооттока из лимфатического узла.

Начиная с девятых суток беременности в подвздошных лимфатических узлах на первый план выступают процессы плазмоцитогенеза, получающие максимальное развитие на двадцать первые сутки беременности. Число клеток плазмоциторного ряда преобладает над их количеством при физиологически протекающей беременности. Образование плазматических клеток носит специфический характер и коррелирует с увеличением на двадцать первые сутки количества розеткообразующих клеток (РОК) с нативными эритроцитами, появляющихся в сыворотке периферической крови в максимальном титре на пятнадцатые сутки беременности. Среди РОК значительно возрастает количество клеток плазмоцитарного ряда. Увеличивается число узелков, содержащих развивающиеся светлые центры.

Таким образом, морфо-функциональные изменения в региональных лимфатических узлах у беременных крыс на фоне малобелкового питания направлены на формирование имунного ответа по гуморальному типу. Подтверждением этого является увеличение титра нормальных антител – гемоглютининов, лизоцима, комплемента, но они ниже по сравнению с физиологичской беременностью. Следует отметить, что во всех зонах подвздошных лимфатических узлов, кроме мозгового вещества, накопление юных и зрелых плазмоцитов осуществляется вплоть до двадцать первых суток беременности, хотя в мякотных тяжах мозгового вещества их содержание в эти сроки уменьшается. В регионарных лимфатических узлах наблюдается высокая плотность расположения лимфоцитов. Содержание макрофагов во всех зонах, кроме мозгового вещества, не изменяется, хотя их количество не достигает контрольного уровня. Активация макрофагальной системы оказывает супрессорное действие на пролиферацию лимфоцитов и образование антителосинтезирующих клеток, так как при количественных соотношениях макрофагов и лимфоцитов, превышающих 1:10, макрофаги могут оказывать не стимулирующее, а наоборот, супрессорное действие на пролиферацию, дифференцировку и функции лимфоцитов. Скопление большого количества макрофагов в мозговом веществе лимфатических узлов и объясняет тот факт, что на двадцать первые сутки в мозговом веществе подвздошного лимфатического узла происходит угнетение клеточных процессов, связанных с развитием гуморального иммунного ответа. При моделировании в эксперименте белкового дефицита установлено постепенное уменьшение активности Т-супрессоров. Содержание В – лимфоцитов увеличивается и достигает пика в последние дни беременности. При беременности на фоне белковой недостаточности наблюдается сперва уменьшение Т – лимфоцитов, а затем увеличение на двадцать первые сутки беременности. Т – супрессоры способны вовлекать макрофаги в механизм подавления иммунного ответа. Таким образом, угнетение процессов бластрансформации и плазмоцитогенеза в региональных лимфатических узлах вероятно обусловлено деятельностью Т – лимфоцитов и макрофагов.

Уменьшение количества антителообразующих клеток подтверждается и в реакции розеткообразовния нативными эритроцитами в подвздошных лимфатических узлах и в периферической крови на двадцать первые сутки беременности. Причем основную массу РОК в этот период составляют малые лимфоциты. Согласно данным литературы антитела (нормальные и имунные) диаплацентарным путем передаются плоду в том титре в котором циркулируют в крови матери. Большинством авторов показано, что при малобелковом питании плацента становится проницаемой для иммуноглобулинов. Нормальные антитела, гемагглютинины проникая через плаценту играют роль в определении срока беременности. Возможно с этим, и связано изменения срока беременности у экспериментальных крыс.

Нашими исследованиями показано, что чем глубже развита белковая недостаточность, тем больше она приводит к уменьшению количества развивающихся плодов и их недоразвитию, максимально выраженному к концу беременности. Уменьшение числа развивающихся эмбрионов и снижение их массы наблюдаются в основном на 15-21 сутки беременности.

На снижение реактивности организма при малобелковом питании указывает динамика изменений неспецифических факторов иммунитета: лизоцима, комплемента, фагоцитоза. Их уровень снижается в начале беременности, затем постепенно возрастает, но не достигает уровня физиологической беременности.

Полученные результаты исследований в виде снижения рождаемости, удлинения срока беременности, возможно обусловлены тем, что основной их причиной является нарушение синтеза необходимых белков, повышение проницаемости стенок сосудов, низкая реактивность организма, отставание созревание плода, низкий уровень нормальных антител. При малобелковом питании число развивающихся плодов уменьшаясь к 7-му дню, остается примерно постоянным в течение всей беременности. В то же время, снижение массы тела у плодов позволяет предположить, что дефицит аминокислот нарушает процесс имплантации, замедляя развитие эмбрионов.

У животных экспериментальных групп в регионарных лимфатических узлах на двадцать первые сутки изменяется площадь паракортикальной зоны. В ней уменьшается содержание митотически делящихся клеток, больших и средних лимфоцитов, бластов.

В проведенных исследованиях выявлена значительная положительная корреляционная зависимость (r=0,79: p<0,001) между числом развивающихся в матке плодов и массой региональных лимфатических узлов. Уменьшение количества находящихся в матке плодов сопровождается уменьшением массы подвздошных лимфатических узлов. Площади их паракортикальной зоны, меньше по сравнению с таковой на двадцать первые сутки физиологически протекающей беременности. Значительные изменения в клеточном составе наблюдались в Т-зависимой зоне. Указанные данные свидетельствуют о неизмененной реактивности клеточного иммунитета у животных эксперименальной группы, согласно данным некоторых авторов, в механизме возникновения родовой деятельности. Отсутствие активности клеточно-опосредованного иммунитета в конце беременности, вероятно, является одной из причин удлинения сроков течения беременности в экспериментальной группе до 26-29 дней, пока масса плодов не приблизиться к контрольному уровню.

С другой стороны, угнетение иммунного ответа на антигены плодов в конце беременности, возможно, является следствием супрессии со стороны активизированных макрофагов и их секреторных продуктов. Увеличение количества и функциональной активности макрофагов в мозговом веществе лимфоузлов сопровождалось, в наших исследованиях, снижением иммунореактивности лимфоидной ткани регионарного лимфоузла. Угнетение макрофагами цитотоксической активности Т-лимфоцитов обусловлено их влиянием на образование и функцию Т-хелперов и Т-киллеров.

Следует отметить, что морфологические изменения в подвздошных лимфатических узлах в доимплантационном периоде беременности у крыс при малобелковой диете с развитием анемии напоминают перестройку в лимфоидной ткани. Однако, уже в ранние сроки проявлются некоторые особенности обусловленные белковой недостаточностью. Оно заключается в слабой иммунной реакции на антигены плодов. Клеточная перестройка в ПЛУ указывает на снижение формирования гуморального иммунного ответа. Снижается титр нормальных антител, лизоцима, активность комплемента, также уменьшается фагоцитарная активность лейкоцитов. Все эти реакции по интенсивности отстают по сравнению у крыс с физиологической беременностью. Значительную функцию антителообразования, повышение неспецифических факторов иммунитета при беременности берут на себя региональные лимфатические узлы, которые проявляют высокую активность до конца беременности.

Слабые имунноморфологические реакции в подвздошном лимфатическом узле у животных экспериментальной группы связаны с дефицитом аминокислот и в связи с этим уменьшается число развивающихся в матке плодов.

Заключение. Проведенные исследования свидетельствуют, что лимфоидная система способна проявлять высокие пластические свойства. Иммунореактивность лимфоидной ткани, как показали представленные результаты работы, очень высока, она способствует восстановлению и устойчивости гомеостаза иммунной системы организма при беременности на фоне малобелкового питания. Морфо- функциональные изменения в региональных лимфатических узлах беременных крыс на фоне малобелкового питания характеризуются снижением иммунного ответа как по клеточному, так и по гуморальному типу, что подтверждается уменьшением титра нормальных антител – гемагглютинина, лизоцима, комплемента и снижением содержания Т-лимфоцитов.

Литература:

1   Бородин Ю.И., Вайда А.А., Устюгов Е.Д., Склянова Н.А., Тасман Н.М. Структурно-функциональные преобразования подвздошных лимфатических узлов при беременности, осложненной кровопотерей.// Бюллетень ЭЖ биол. и медицины.- 1992.- №11.- С.41-47.

2   Шарманов Т.Ш. Концепция национальной политики по питанию //Клиницист.-1998.-№3.-С.4-13.

3   Ягмуров О.Д. Функциональная морфология лимфоидных органов при вторичных иммунодефицитных состояниях: Автореф. к.м.н.- 1997.-25с.

Жураковский И.П.
к.м.н., ЦНИЛ НГМУ;
Архипов С.А.
профессор, д.б.н., ЦНИЛ НГМУ;
Битхаева М.В.
ЦНИЛ НГМУ;
Пустоветова М.Г.
профессор, д.м.н, ЦНИЛ НГМУ;
Маринкин И.О.
профессор, д.м.н., НГМУ

АКТИВАЦИЯ МИТОХОНДРИАЛЬНОГО ПУТИ РАЗВИТИЯ АПОПТОЗА В ФИБРОБЛАСТАХ СЕТЧАТОГО СЛОЯ ДЕРМЫ ПРИ МОДЕЛИРОВАНИИ СТАФИЛОКОККОВОЙ ИНФЕКЦИИ

В последние десятилетия наблюдается широкое распространение воспалительных заболеваний. Многие исследователи связывают высокую частоту хронических заболеваний различных органов и систем с воздействием неблагоприятных экологических факторов, несвоевременным и неадекватным лечением острых инфекционно-воспалительных процессов, развивающихся на фоне несовершенного иммунного ответа на этиологический фактор [1,18; 3,19; 4,52]. Одним из наиболее распространенных микроорганизмов, занимающим одну из центральных позиций среди причин заболеваемости и смертности, является Staphylococcus aureus [5,64; 6, 1763].

По современным представлениям апоптоз играет жизненно важную роль как в процессе эмбрионального развития, так и в онтогенезе в целом. Реализация запрограммированной гибели клеток происходит при различных патологических состояниях. Имеются работы, в которых показана роль персистирующей бактериальной инфекции в инициации и пролонгации апоптотического процесса в печени [2,131], однако данные раскрывающие возможность инициации и пролонгации апоптотического процесса в фибробластах кожи при длительной стафилококковой инфекции отсутствуют.

Целью настоящего исследования являлось изучение возможности активации митохондриального пути развития апоптоза в фибробластах сетчатого слоя дермы при моделировании стафилококковой инфекции.

Эксперимент проведен на 24 половозрелых крысах-самцах Вистар с массой тела 180-220 г. У 18 животных с помощью Золотистого стафилококка (штамм 209) воспроизведен остеомиелит большеберцовой кости. Животных выводили из эксперимента через 1, 2 и 3 мес с момента воспроизведения модели. В качестве контроля использовали 6 интактных животных. Для изучения экспрессии в фибробластах кожи белков, принимающих участие в механизмах инициации по оксидативному пути и пролонгировании апоптотического процесса в клетках (p53, Bcl-2, Bax) использовали двухэтапный иммуногистохимический метод. Анализ интенсивности экспрессии белков-регуляторов апоптоза и площади, на которой она выявлялась, проводилась с помощью светооптического микроскопа и морфометрического комплекса на базе микроскопа Micros MC 300A, цифровой камеры CX 13c (фирма Baumer Optronic GmbH, Германия) и программного обеспечения ImageJ 1.42g (Национальный институт здоровья, США). Для каждой экспериментальной группы оценивалось по 48 изображений. Площадь препарата получаемого на одном изображении составляла 21455 мкм². Статистическую обработку результатов проводили с использованием программы «SPSS 11.5 for Windows». Сравнение независимых групп проводили с использованием критерия Крускала – Уоллиса с последующим межгрупповым сравнением с помощью критерия Манна – Уитни при 95% уровне значимости.

Изучение экспрессии белка p53, регулирующего экспрессию генов, участвующих в блокаде клеточного цикла, через месяц после создания отдаленного очага хронического воспаления не позволило выявить статистически значимых изменений интенсивности окрашивания и площади, на которой она выявлялась. Вместе с тем, отмечалось возрастание площади клеточных элементов, экспрессирующих Bax, в 2,4 раза, при статистически значимом снижении интенсивности «специфического» окрашивания, что отражало увеличение популяции фибробластов сетчатого слоя кожи продуцирующих данный белок. Это сочеталось со снижением интенсивности окрашивания клеток, экспрессирующих Bcl-2.

В последующем, через 2 месяца после воспроизведения хронического воспаления, исследование экспрессии белка p53 в клеточных элементах сетчатого слоя дермы позволило выявить ее усиление в 1,6 раза, по сравнению с интактными животными. Кроме того отмечалось дальнейшее нарастание пула фибробластов, экспрессирующих белок Bax, на фоне снижения в 1,5 раза площади, занимаемой клеточными элементами, экспрессирующих Bcl-2.

Исследование продукции белка p53 через 3 месяца после создания очага бактериальной инфекции позволило выявить прогрессирующее увеличение количества клеточных элементов, экспрессирующих данный маркер. Изучение продукции белка Bcl-2 позволило выявить прогрессирующее снижение количества клеточных элементов, экспрессирующих данный маркер. Однако, не смотря на то, что наблюдалось статистически значимое снижение интенсивности «специфического» окрашивания фибробластов к Bax, количество клеточных элементов, экспрессирующих данный белок, возросло по сравнению с контролем в 6,5 раза.

Таким образом, полученные данные свидетельствуют о том, что длительное течение стафилококковой инфекции не ограничивается только местным воздействием, но и оказывает влияние, в частности, на клеточные элементы сетчатого слоя дермы. Это проявляется в усилении экспрессии белка p53, способного задерживать клетку в фазе G1/S клеточного цикла. Кроме того, учитывая отмеченное повышение уровня экспрессии проапоптотического белка Bax, существует вероятность связывания его в последующем с белком Bcl-2, и, соответственно, имеется высокая вероятность активации митохондриального пути индукции апоптоза. Изменения клеточных элементов кожи, наблюдаемые при наличии отдаленных очагов бактериальной инфекции, необходимо учитывать в практике дерматологии.

Литература

1. Бухарин О.В. Значение персистенции бактериальных патогенов для клинической практики // Российские медицинские вести.- 2000.- Т. 5, №3.- С. 18-25.
2. Жураковский И.П., Архипов С.А., Пустоветова М.Г., Кунц Т.А., Битхаева М.В., Маринкин И.О. Активация митохондриального пути апоптоза гепатоцитов при персистенции бактериальной инфекции // Забайкальский медицинский вестник.- 2011.- № 2.- С. 125-131
3. Карпин В.А. Общая теория патологии: хронический инфекционный процесс // Успехи современного естествознания.- 2005.- № 4.- С. 17-20.
4. Пекарева Н.А., Трунова Л.А., Белоусова Т.В., Горбенко О.М., Шваюк А.П., Трунов А.Н. К вопросу об активности иммуновоспалительного процесса у детей с хроническим пиелонефритом в стадии клинической ремиссии // Бюллетень СО РАМН.- 2008.- Т. 131, №3.- С.52-55
5. Green B.N., Johnson C.D., Egan J.T. et al. Methicillin-resistant Staphylococcus aureus: an overview for manual therapists // J. Chiropr. Med.- 2012.- Vol. 11, N.1.- P. 64-76.
6. Klevens R.M., Morrison M.A., Nadle J. et al. Invasive methicillin-resistant Staphylococcus aureus infections in the United States // JAMA.- 2007.- Vol. 298, N. 15.- P. 1763-1771.

Абдрашитова А.Т.

д.м.н., доцент кафедры госпитальной терапии с курсом функциональной диагностики ГБОУ ВПО «Астраханская государственная медицинская академия» Министерства здравоохранения РФ

Панова Т.Н.

д.м.н., профессор кафедры госпитальной терапии с курсом функциональной диагностики ГБОУ ВПО «Астраханская государственная медицинская академия» Министерства здравоохранения РФ

E-mail –adelia-79@yandex.ru

СОВРЕМЕННЫЕ ВОЗМОЖНОСТИ ГЕРОПРОФИЛАКТИКИ

Увеличение продолжительности активной жизни человека является одной из важнейших задач современной профилактической медицины, однако на сегодняшний день нет ни одного геропротектора, позитивный эффект которого был бы неоспоримо доказан. Благодаря современной иммунологической теории старения появилось патогенетическое обоснование использования в качестве геропрофилактических средств препаратов, обладающих иммуномодулирующим эффектом, к которым отнесены статины, проявляющие наряду с гиполипидемическим действием и плейотропные эффекты. На фоне использования статинов наблюдается снижение С-реактивного протеина, провоспалительных цитокинов, предотвращение окислительной модификации липопротеинов и повышение концентрации естественных антиоксидантов [2,63].
В ранее проведенных исследованиях у здоровых лиц, старение которых развивается преждевременно, нами обнаружен дисбаланс оппозиционных цитокиновых пулов, участвующих в регуляции апоптоза, который рассматривается в качестве патогенетического механизма преждевременного старения (ПС) [1,150].

С учетом возможности статинов оказывать влияние на регуляцию апоптоза, цитокиновый профиль, целью нашего исследования явилось изучение активности процессов старения на фоне применения оригинального розувастатина.

Материалы и методы: Обследовано 100 мужчин рабочих специальностей, в возрасте 43,6 [39,5;49] лет, со стажем работы 13 [7;19] лет, без соматической патологии. Критерии исключения: 1) Хронические воспалительные заболевания в стадии обострения, ИБС, артериальная гипертензия, сахарный диабет; 2) Перенесенное острое заболевание в ближайшие 3 месяца; 3) Контакт с инфекционными больными в течение месяца; 4) Опухоли различной локализации; 5) Заболевания крови; 6) Нарушения тиреоидного статуса и УЗ-признаки патологии ЩЖ.
Всем обследованным проводилось исследование общего анализа крови, биохимических показателей (липидного спектра, глюкозы), содержание

ИЛ-8, 10, 18 и белка р53 в сыворотке крови определяли с помощью реагентов, выпускаемых 000 «Цитокин» (г. Санкт-Петербург), ЗАО «Вектор-Бест» (г. Ростов-на-Дону), ЗАО «БиоХимМак» (г. Москва) методом твердофазного иммуноферментного анализа. Определение биологического возраста и скорости старения выполнено по методике Научного центра клинической и экспериментальной медицины Сибирского отделения Российской академии медицинских наук, согласно которой при коэффициенте скорости старения (КСС) 0,95-1,05 делают заключение о соответствии скорости старения норме, при КСС менее 0,95 - о замедлении старения, при КСС более 1,05 - об ускорении старения [4,15]. Все обследованные методом случайной выборки были рандомизированы в две подгруппы, которые статистически значимо по возрасту, стажу, профессиональной принадлежности, наличию вредных привычек, родственников-долгожителей не отличались (р>0,05). Вошедшим в первую подгруппу (70 человек), кроме рекомендаций по образу жизни, был назначен оригинальный розувастатин (крестор, производства «АстраЗенека», Швеция) в дозе 5 мг/сутки на протяжении 18 месяцев, вошедшим во вторую подгруппу (30 человек) были даны рекомендации по оптимизации образа жизни. Мы в своем исследовании использовали значительно меньшую дозу крестора (5мг/сут), чем рекомендуемая 10 мг/сут, что обусловлено множеством факторов (лучшая приверженность к лечению, хорошая переносимость низких доз, которая позволила принимать препарат всем обследуемым пациентам без исключения, экономический аспект, связанный со стоимостью препарата). С учетом фармакокинетических и фармакодинамических особенностей препарата крестор для достижения результата достаточно однократного приема в день, независимо от времени суток и приема пищи.

Материалы исследований обработаны статистическими методами с использованием прикладного пакета программ «EXCEL-XP», «STATISTICA» (версия 7) на IBM PC.

Результаты и обсуждение: Исходно при изучении КСС, показателей липидного спектра, концентрации ИЛ-8, белка р53 достоверных различий среди подгрупп не выявлено.

Через 18 месяцев у обследуемых обеих подгрупп значительных изменений характера питания, двигательной активности не выявлено. Процент лиц, имеющих вредные привычки, не уменьшился.

При обследовании на фоне терапии в первой подгруппе обнаружено достоверное (р<0,05) снижение КСС, концентрации белка р53, ИЛ-8, ХС, ХС ЛПНП. Во второй подгруппе через 18 месяцев обнаружено недостоверное по сравнению с исходными показателями (р>0,05) повышение атерогенных липидов, увеличение КСС, концентрации белка р53, ИЛ-8. Однако, при сравнении с показателями первой подгруппы через

18 месяцев выявлена достоверно большая концентрация белка р53, ИЛ-8, ХС, ХС ЛПНП, КСС (табл. 1).

Таблица 1

Сравнительная характеристика изучаемых показателей в обследуемых подгруппах исходно и через 18 месяцев

Показатели	Первая (n=70)		Вторая (n=30)	
	исходно	через 18 мес.	исходно	через 18 мес.
КСС	1,07 [1;1,1]	1,05 [1;1,06] $p_1<0,05$	1,09 [1,03;1,11]	1,11[1,04;1,12] $p_2<0,05$
Общий холестерин, ммоль/л	5,41[5,4;5,5]	4,2 [4;4,6] $p_1<0,01$	5,47 [5,4;5,8]	5,81 [5,4;5,9] $p_2<0,01$
В-липопротеиды/ усл.ед.	53 [52;57]	45 [42;53]	54 [51;59]	54 [53;59]
Триглицериды/ ммоль/л	1,3 [1;1,6]	1,3 [1;1,4]	1,4 [0,9;1,7]	1,9 [1;2,1]
ХС ЛПВП/ ммоль/л	1,43 [1,3;1,46]	1,5 [1,3;1,5]	1,32 [1,3;1,4]	1,2 [1,1;1,4]
ХС ЛПНП/ ммоль/л	3,6[3,2;3,8]	3,1 [3;3,3] $p_1<0,05$	3,66 [3,1;3,9]	4,1 [3,5;4,2] $p_2<0,05$
ИЛ-8, пг/мл	32,9 [30,3;36,1]	29,2 [29,1;32,2] $p_1<0,05$	32,9 [30,3;36,1]	35,2[33,5;36,6] $p_1<0,01$
ИЛ-10, пг/мл	92,4 [92,2;93,3]	92,5[92;93,4]	92,3 [92,2;93]	91,8[91,8;93]
ИЛ-18, пг/мл	249,9 [211;313]	234 [218;307]	256 [221;300]	279 [254;316]
Белок р53, U/мл	2,5 [1,6;3,1]	1,8 [1,7;2] $p_1<0,05$	2,5 [1,6;3,1]	3,1 [2,5;3,2] $p_1<0,01$

Примечание:

p_1- статистическая значимость различий по сравнению с исходными данными первой подгруппы,

p_2- статистическая значимость различий по сравнению с данными первой подгруппы через 18 месяцев.

Через 18 месяцев в первой подгруппе абсолютный риск (АР) ПС составил 57%, во второй - 87%. На фоне применения крестора выявлено снижение АР развития ПС: САР=87-57= 30%, т.е. терапевтическая польза препарата составляет 30%. При проведении контроля эффективности профилактики старения по формуле: $\sigma_в$=[Биологический возраст (БВ)$_{исх}$-календарный возраст (КВ)$_{исх}$] - [БВ$_{тек}$ - КВ$_{тек}$], выявлено, что $\sigma_в$=2. При $1 \le \sigma_в \le 3$ результат считается удовлетворительным. Таким образом, нами в течение 18 месяцев на фоне ежедневного приема крестора в дозе 5мг/сутки получен удовлетворительный геропрофилактический результат, что свидетельствует об эффективности проводимой терапии.

Используемая литература:

1. Абдрашитова, А.Т., Белолапенко, И.А., Панова, Т.Н. Особенности цитокинового статуса и процессов апоптоза под влиянием комбинированного действия производственных факторов газодобывающего предприятия // Успехи геронтологии. – 2011. - Т. 24, №1. – С. 147-153.

2. Атрощенко, Е.С. Плейотропные эффекты статинов: новый аспект действия ингибиторов ГМГ-КоА-редуктазы//Медицинские новости. — 2004. — №3. — С. 59-66.

3. Донцов, В.И., Крутько, В.Н., Подколзин,А.А. Фундаментальные механизмы геропрофилактики. М: Биоинформсервис, 2002. – 464с.

4. Пат. 2387374 РФ, МПК А 61 В 5/107 Способ определения биологического возраста человека и скорости старения / А.Г. Горелкин (РФ, ГУ НЦКЭМ СО РАМН). - № 2008130456/14; Заявл. 22.07.2008; Опубл. 27.04.10. Бюл. №12. – С 15.

M. Sapronova[1], N. Shnayder[2]

[1] MD, Postgraduate Student, Department of Parkinson`s Disease, Clinical Hospital No.51 of FMBA, Zheleznogorsk, [2] MD, PhD, Prof., Department of Medical Genetics and Clinical Neurophisiology, Voyno-Yasenetsky Krasnoyarsk State Medical University, Krasnoyarsk, Russian Federation

sapronova.mr@yandex.ru

PREVALENCE OF POLYMORPHISMS OF LRRK2 GENE IN PATIENTS WITH PARKINSON`S DISEASE IN ZHELEZNOGORSK (KRASNOYARSK REGION)

Parkinson's disease (PD) is recognized as one of the most common neurologic disorders, affecting approximately 1% of individuals older than 60 years. The incidence of PD has been estimated to be 4.5-21 cases per 100000 population per year, and estimates of prevalence range from 0.18 to 3.28 cases per 1000 population, with most studies yielding prevalence of approximately 1.20 cases per 1000 population [1, 223]. In most instances, PD is thought to result from a complex interaction between multiple genetic and environmental factors, though rare monogenic forms of the disease do exist. Mutations in 6 genes (SNCA, LRRK2, PRKN, DJ1, PINK1, and ATP13A2) have conclusively been shown to cause familial parkinsonism [2, 228]. Mutations in the leucine-rich repeat kinase 2 (LRRK2) gene at the PARK8 locus are the most common known cause of autosomal dominant PD [3, 595; 4, 601]. It has been shown that mutations in the LRRK2 gene can contribute significantly to the etiology of both familial and sporadic PD [5, 1999].

The goal of this study was to estimate prevalence of polymorphisms (SPNs) (rs7966550, rs1427263, rs11176013, rs11564148) of LKKR2 gene at chromosome12q12 in patients with Parkinson`s disease, citizens of the closed independent territorial formation (CITF) Zheleznogorsk, Krasnoyarsk region (Siberia), Russia.

Methods

The CITF include Zheleznogorsk city, two settlements and three villages. The research was approved at the meeting of the Local Ethical Committee of the Voyno-Yasenetsky Krasnoyarsk State Medical University (record № 36 of 22.12.2011). Selection of patients was carried out by a method of stratified randomization with using of criteria of inclusion and an exception. Clinical neurological and epidemiological research was spent in Clinical Hospital No. 51 of Federal medical-biological agency (FMBA) of Russia. Molecular genetic research was conducted on the base of the Interdepartmental Laboratory of Medical Genetics of the Voyno-Yasenetsky Krasnoyarsk State Medical University. Genetic typing was conducted by the method based on the polymerase chain reaction (PCR) in the amplifier "Rotorgene 6000" (Corbet

Life Science, Australia). Statistical processing is made by means of a package of applied programs for processing of biomedical data STATISTICA v.7.0 (StatSoft, USA, 2001).

Results

We observed 135 patients with PD, 44 of them were included in molecular genetic research. Women were 33/44 (73%) persons. Mean age of women was 73 ± 10.7 [95% CI: 42-82] ye. o. Men were 12/44 (27%) persons. Mean age of men – 70.5 ± 7.0 [95% CI: 49-85] ye. o. We found that SPN rs7966550 of LKKR2 gene was in 29/44 (65%) persons, homozygous carriers - 20/44 (45%). SPN rs1427263 was found in 26/44 (59%) persons, homozygous carriers - 16/44 (36%). SPN rs11176013 was in 20/44 (43%) persons, homozygous carriers - 5/44 (11%). SPN rs11564148 was in 24/44 (55%) persons, homozygous carriers - 5/44 (11%).

Conclusion

The results showed that SPNs rs796655 and rs1427263 of LKKR2 gene have more predictive value for PD in citizens of the CITF Zheleznogorsk, Krasnoyarsk region (Siberia), RF.

References

1. Shnayder N., Melnikov G., Sapronova M., Volkov S. Epidemiology of Parkinson's disease and syndrome of parkinsonism in foreign countries // Bulletin of the Novosibirsk State University (RF). - 2010. - Vol. 8(3). - P. 217-225;
2. Lynn M., Ignacio F., Cyrus P. The genetics of Parkinson`s disease // Journal of Geriatric Psychiatry and Neurology. -2010. – Vol. 23(4). – P. 228-242;
3. Paisan-Ruiz C., Jain S., Evans E.W., Gilks W.P., et al. Cloning of the gene containing mutations that cause PARK8-linked Parkinson's disease // Neuron. – 2004. – Vol. 44. – P. 595–600.
4. Zimprich A., Biskup S., Leitner P., Lichtner P. et al. Mutations in LRRK2 cause autosomal-dominant parkinsonism with pleomorphic pathology // Neuron. – 2004. – Vol. 44. – P. 601–607;
5. Lesage S., Patin E., Condroyer C., Leutenegger A. et. al Parkinson's disease-related LRRK2 G2019S mutation results from independent mutational events in humans // Human Molecular Genetics. – 2010. - Vol. 19(10). – P. 1998–2004.

Попов П. В.

кандидат медицинских наук, соискатель, Государственное бюджетное образовательное учреждение высшего профессионального образования «Пермская государственная фармацевтическая академия» г. Пермь Министерства здравоохранения и социального развития Российской Федерации

popov.pv@list.ru

РЕГИОНАЛЬНАЯ ЛИМФОТРОПНАЯ АНТИБИОТИКОПРОФИЛАКТИКА В ПЕРИОПЕРАЦИОННОМ ПЕРИОДЕ КАК МЕТОД ПРЕДУПРЕЖДЕНИЯ РАЗВИТИЯ МИКРОБНОЙ РЕЗИСТЕНТНОСТИ

Постоянно развивающаяся микробная резистентность является настоящей угрозой для пациентов, которым необходимы по жизненным показаниям назначения антибиотиков[6]. Одной из причин возникновения данной ситуации является современная антибиотикопрофилактика инфекции области хирургического вмешательства[1,2,3]. Надо признать, что данная профилактика на современном этапе медицины достаточно эффективно работает, но с момента её внедрения длительность увеличилась до 3-х суток [7]. При этом возникают всегда отрицательные побочные эффекты и в первую очередь это микробная резистентность и регенеративная способность микрофлоры всех биоценозов организма. Экспериментально нами это доказано, более того, при данных курсах введения антибиотиков увеличиваются сроки восстановления данных изменений свойств и взаимоотношений микрофлоры всех биоценозов[5].

Целью работы является провести сравнительный анализ свойств микрофлоры различных биоценозов в эксперименте и эффективность различных видах антибиотикопрофилактики в экспериментальном периоперационном периоде.

Материал и методы.

Объектом исследования были крысы-самцы линии Вистар, массой 100 г. Животные были разделены на 2 серии по 3 групп, в каждой группе - 6 животных. Номер группы в серии соответствовал продолжительности курса введения антибиотика, а номер серии зависел от способа введения препарата.

В начале эксперимента у всех животных брались мазки из следующих областей: перианальная, ротовая, левый и правый наружные слуховые проходы для определения исходной резистентности микрофлоры к цефтриаксону, что осуществлялось следующим образом: шпатель после мазка опускали в пробирку с 5 мл мясопептонного бульона на 1 ч при комнатной температуре, далее в неё добавляли цефтриаксон из расчёта 50 мг/л для определения исходной резистентности, затем все пробирки от каждого животного помещали на 1 сут в термостат при температуре 35,5⁰С. Далее всем животным I серии внутримышечно вводили цефтриаксон в дозе 50 мг/кг/сут. Животным II серии вводили цефтриаксон в дозе 50 мг/кг/сут лимфотропно в заднюю стопу [4]. Цефтриаксон удобен для эксперимента, т.к. его можно вводить 1 раз в сутки, данная концентрация является максимально допустимой, выводится с мочой и жёлчью, кишечная палочка разрушает его в неактивные, но достаточно токсичные метаболиты.

На следующий и последующий дни определяли оптическую плотность среды в пробирках относительно стерильного мясопептонного бульона в кюветах толщиной 3,3 мм, длиной волны 45 нм, при этих параметрах полученные показатели имели наименьшие отклонения. По степени изменения оптической плотности культивируемых жидких сред косвенно определяли концентрацию микробных тел исследуемых биоценозов, которые могут размножаться в мясопептонном бульоне. Данный способ удобен своей простотой, скоростью и дешевизной. В первой группе каждой серии делали мазки из указанных биоценозов, этих животных выводили из эксперимента на 1 нед. В оставшихся группах продолжали вводить антибиотик соответственно серии в той же дозе.

На следующий день эти действия повторяли во второй группе всех серий, и так далее 3 дня, т.е. во всех сериях и группах.

Через 1 нед у всех животных аналогично по изменению оптической плотности сред определяли резистентность микрофлоры тех же биоценозов и так четыре раза с интервалом семь дней.

Для проведения сравнительного анализа эффективности различных видов антибиотикопрофилактики в экспериментальном периоперационном периоде авторы предложили способ создания модели с максимально адекватным патогенезом послеоперационных гнойно-воспалительных осложнений, при которой отсутствует необходимость создания первичного асептического воспаления и вторичного инфицирования очага [8]. Данный способ осуществляется путём проведения крысе под эфирным наркозом лапаротомии, при этом брюшную полость выдерживают открытой 20 мин, затем рану зашивают, операцию повторяют ежедневно в течение 5-ти дней. На 6-ые сутки послеоперационная рана имеет все классические признаки гнойного послеоперационного осложнения. При бактериологическом исследовании высевалась, в основном, кишечная палочка. Для объективности, достоверности и наглядности авторы предлагают оценивать эффективность различных вариантов АБП по числу операций, которые могут перенести экспериментальные животные. В данной работе рассмотрены следующие варианты АБП: в I группе за полчаса до начала операции внутримышечно вводили изотонический раствор NaCl 1.0 мл, эта группа являлась контрольной. Во II группе внутримышечно вводили цефтриаксон в дозе 50 мг/кг/сут, растворённый в 1.0 мл изотонического раствора натрия хлорида в правое бедро. В III группе вводили цефтриаксон в дозе 50 мг/кг/сут, растворённый в 1.0 мл изотонического раствора натрия хлорида в подушечку правой стопы [4].

Все эксперименты проведены в соответствии с «Правилами проведения работ с использованием экспериментальных животных» (Приложение к приказу Министерства здравоохранения СССР от 12.08.1977 г. №755) и «Европейской конвенцией о защите позвоночных животных, используемых для экспериментов или в иных научных целях» от 18 марта 1986 г. Все экспериментальные животные содержались в стандартных условиях вивария: стандартное содержание в пластиковых клетках с мелкой древесной стружкой, стандартный рацион питания и свободный доступ к воде.

Статистическую обработку полученных данных проводили с помощью лицензионного пакета прикладных программ Statistica 6.0. (Stat Soft Inc, США).

Результаты и обсуждения

Полученные исходные уровни резистентности и регенеративной способности микрофлоры биоценозов у всех серий и групп животных были достоверно сопоставим ($p > 0,05$).

При внутримышечном введении через 1 сут резистентность так же во всех биоценозах была одинаковой, по сравнению с исходными данными она даже уменьшалась ($p < 0,05$) за счёт максимального накопления и действия антибиотика. Но регенерация возросла ($p < 0,05$), это объясняется тем, что чувствительная часть микрофлоры биоценозов, погибая, предоставляет место и питательный субстрат для оставшейся части биоценозов. В II серии у животных эти свойства сопоставимы с исходными данными ($p > 0,05$).

Через 2 сут в I серии животных, которым цефтриаксон вводили внутримышечно, резистентность начинала нарастать ($p < 0,05$), более всего в биоценозе перианальной области, это связано с общим уменьшением концентрации микробных тел, чувствительных к этому препарату. Регенеративная способность также увеличивается. В II серии данные на 2 сут сопоставимы ($p > 0,05$) к исходным показателям всех биоценозов, кроме резистентности микрофлоры биоценоза перианальной области ($p < 0,05$), этому способствуют лимфотропное введение препарата и близкое расположение данного биоценоза, когда в данном лимфотропном регионе повышается концентрация цефтриаксона и его метаболитов. Также себя ведёт и регенеративная способность микрофлоры.

Далее в I серии на 3-и сут наблюдались аналогичные изменения ($p < 0,05$). Резистентность микрофлоры II серии на 3 сут продолжала нарастать только в перианальной области из-за развивающегося дисбактериоза, в остальных биоценозах это не происходило ($p > 0,05$).

Таким образом, при классическом внутримышечном однократном введении цефтриаксона микробная резистентность биоценозов животных не изменялась, что используется при антибиотикопрофилактики гнойно-воспалительных осложнений в периоперационном периоде, но регенеративная способность нарастает во всех биоценозах.

Лимфотропный способ введения цефтриаксона даже в максимальных дозах отодвигает сроки развития резистентности и регенеративных изменений в отдалённых биоценозах и, следовательно, уменьшает тяжесть дисбиозов и их последствий. При лимфотропной терапии данные явления менее выражены в более отдалённых биоценозах относительно места введения. Это свидетельствует о преимуществах лимфотропного введения антибиотиков в ситуациях, при которых патологический очаг располагается в одном или в соседних лимфатических регионах.

Подобная тенденция наблюдалась в отдалённые сроки наблюдений. В во всех сериях при однократном введении антибиотика через 1-у неделю все показатели возвращались к исходному уровню (p>0,05). В 2-ой группе I серии свойства микрофлоры восстанавливались через 2 недели(p>0,05), кроме биоценоза перианальной области, где это происходило к 3-ей неделе (p>0,05). В II серии данный биоценоз восстанавливался к 2-ой неделе, другие биоценозы также сопоставимы к исходному уровню(p>0,05). В 3-ей группе I серии свойства микрофлоры восстанавливались через 3 недели, кроме биоценоза перианальной области, где это происходило к 4-ой неделе(p>0,05). В II серии данный биоценоз восстанавливался к 3-ей неделе, другие биоценозы к 2-ой(p>0,05).

Табл.

Сравнительный анализ эффективности различных вариантов антибиотикопрофилактики в экспериментальном периоперационном периоде (по количеству перенесённых операций животными (M±m), (n-6)

№	группы	количество перенесённых операций		
		ИОХВ	перитонит	Смерть
I	NaCl 0,9% - 1.0 мл	5±0,3	6±0,1	7±0,2
II	NaCl 0,9% - 1.0 мл + цефтриаксон 50 мг	7±0,1*	8±0,2*	9±0,1*
III	NaCl 0,9% - 1.0 мл + цефтриаксон 50мг	10±0,5*	12±0,2*	14±0,5*

* - различия достоверны (p<0,05) относительно контрольной группы

Результаты контрольной группы (I) свидетельствуют о том, что данная модель функционирует и имеет право на жизнь. Данные второй группы достоверно различны (p<0,05) относительно показателей контрольной группой, что говорит об эффективности АБП, что косвенно подтверждает о возможности данной модели проводить сравнительный анализ эффективности различных способах АБП. Региональная лимфотропная антибиотикопрофилактика более предпочтительна, чем классическая.

Заключение.

Лимфотропный способ введения цефтриаксона даже в максимальных дозах отодвигает сроки развития резистентности биоценозов и, следовательно, уменьшает тяжесть дисбиозов. При данном способе терапии происходит более быстрое восстановление микробной резистентности, как в отдалённых, так и в региональных биоценозах.

При внутримышечном методе введения данного антибиотика, когда его концентрация равномерно распределяется по всем тканям, резистентность микрофлоры изменяется синхронно во всех биоценах. При классическом введении цефтриаксона длительностью до 2 дней резистентность микрофлоры изменяется минимально, при средних по длительности курсах химиотерапии восстановление микробной резистентности происходит медленнее, чем при классических более длительных сроках лечения.

Экспериментально доказано, что при данном моделировании послеоперационных осложнений АБП эффективна и увеличивает количество перенесенных животными операций. Региональная лимфотропная антибиотикопрофилактика более предпочтительна, чем классическая, по эффективности и является профилактикой развития микробной резистентности.

Литература

1. Антибактериальные лекарственные средства. Методы стандартизации препаратов.- М.: ОАО «Издательство «Медицина», 2004.- С.55-71.

2. Белобородов В.Б. Резистентные грамположительные микроорганизмы: современные возможности и перспективы терапии. Бактериальные инфекции // Consilium Medicum Том 06/N 1/2004

3. Гостищев В.К. Пути и возможности профилактики инфекционных осложнений в хирургии. Рациональные подходы к профилактике инфекционных осложнений в хирургии. М.: Универсум Паблишинг, 1997. С. 2–11.

4. Левин Ю.М; Эндоэкологическая медицина и эпицентральная терапия. Новые принципы и методы. М.: Щербинская типография, 2000. - 344 с.

5. Попов П.В, Сыропятов Б.Я., Одегова Т.Ф. Зависимость изменений микрофлоры биоценозов и ее резистентности у крыс от длительности применения цефтриаксона. // Вестник ВолГМУ. – Волгоград, 2011.- №4(40).-С.78-80.

6. Сидоренко С.В. Антибактериальная терапия: кризис жанра или свет в конце тоннеля? // РМЖ. – Т.11, №18(190), 2003. – С.997-1001.

7. Страчунский Л.С., Белоусов Ю.Б., Козлов С.Н. // Практическое руководство по антиинфекционной химиотерапии. — М., 2002. — С. 393 - 397.

8. Шалимов С.А. и др. Руководство по экспериментальной хирургии/С.А. Шалимов, А.П. Радзиховский, Л.В. Кейсевич.- М.: Медицина, 1989.-272 с.

Морозов Д.А. (Morozov Dmitriy Anatol'evich)
профессор, д.м.н., зам. директора ФГБУ НИИ педиатрии и детской хирургии Министерства здравоохранения Российской Федерации.
e-mail: damorozov@list.ru.

Морозова О.Л. (Morozova Olga Leonidovna)
профессор кафедры патофизиологии ГБОУ Первый МГМУ им. И.М. Сеченова Министерства здравоохранения Российской Федерации.
e-mail: morozova_ol@list.ru.

Лакомова Д.Ю. (Lakomova Darya Yur'evna)
ассистент кафедры хирургии детского возраста ГБОУ ВПО Саратовский ГМУ им. В.И. Разумовского Министерства здравоохранения Российской Федерации.
e-mail: DLmedic@mail.ru.

БИОМАРКЕРЫ ФОРМИРОВАНИЯ И ПРОГРЕССИРОВАНИЯ НЕФРОСКЛЕРОЗА У ДЕТЕЙ С ПУЗЫРНО-МОЧЕТОЧНИКОВЫМ РЕФЛЮКСОМ

Введение. До настоящего времени отсутствуют точные объективные методы ранней диагностики, мониторирования и прогнозирования повреждения почек у детей с пузырно-мочеточниковым рефлюксом (ПМР) [1;2].

В последнее десятилетие отмечен повышенный интерес исследователей к изучению биологических маркёров повреждения почек: цитокинов, факторов роста, ангиогенеза, играющих важную роль в формировании нефросклероза у детей на фоне данной патологии [3;4;5]. При этом степень участия различных биологических активных веществ в данном процессе изучена недостаточно [1;6]. Определение в моче маркёров ангиогенеза, воспаления, фиброгенеза позволило бы дополнить представления о механизмах развития нефросклероза у детей с ПМР, дать оценку эффективности терапии и прогнозировать характер течения заболевания

Целью нашего исследования стало изучение механизмов инициации и прогрессирования нефросклероза у детей с ПМР на основании исследования биологических маркёров воспаления – моноцитарного хемоаттрактантного протеина-1 (MCP-1), фиброгенеза – трансформирующего фактора роста-бета1 (TGF-β1), ангиогенеза – васкулоэндотелиального фактора роста (VEGF), повреждения основных структур нефрона – π-глутатион-s-трансферазы (π-GST) и альфа-глутатион-s-трансферазы (α-GST), коллагена IV типа.

Материалы и методы. Для оценки степени активности воспалительного процесса, выраженности диспластических и склеротических процессов в мочевыводящих путях 80 пациентам групп исследования и 20 детям группы сравнения проводили определение в моче биологических маркёров воспаления – МСР-1, фиброгенеза – TGF-β1, ангиогенеза – VEGF, повреждения основных структур нефрона – π-GST и α-GST, коллагена IV типа методом твёрдофазного иммуноферментного анализа с помощью тест-систем «Вектор БЕСТ» (Россия), «Invitrogen», «ARGUTUS MEDICAL» и «Bender Medsystems» (Австрия) на иммуноферментном анализаторе Stat Fax 2010 (Stat Fax США). Весь биоматериал изучали у детей с ПМР до начала лечения, а также через 6 месяцев после лечения. Все больные были разделены на группы: 1 группа - 25 детей с ПМР II-III степенями (консервативное лечение), 2 группа - 39 пациентов с III-V степенями рефлюкса (эндоскопическая коррекция), 3 группа - 16 пациентов с III-IV степенями рефлюкса (реимплантация мочеточников). Средний возраст детей составил 4,5±3,6 года. Группу сравнения вошли 20 детей с малой хирургической патологией (пупочной или паховой грыжей), в предоперационном периоде стратифицированных по полу и возрасту.

Результаты. У пациентов 1-й группы до начала консервативного лечения уровень TGF-β1, как основного индуктора развития нефросклероза, был выше, чем в группе сравнения ($p < 0,01$). Содержание МСР-1, отражающего воспалительный процесс в мочевыводящих путях, не превышало нормальных значений ($p > 0,08$). Концентрация в моче VEGF – ведущего фактора ангиогенеза, была повышена ($p < 0,0001$). Среди маркёров повреждения основных структур нефрона было отмечено увеличение количества π-GST ($p < 0,002$) и коллагена IV типа ($p < 0,002$) в моче относительно группы сравнения. Через 6 месяцев после лечения у всех детей этой группы наблюдали увеличение уровня в моче TGF-β1 ($p < 0,0009$). Содержание в моче МСР-1 было повышено ($p < 0,01$). Концентрация VEGF уменьшилась в 8 раз относительно данных до лечения и достоверно не отличалась от нормальных показателей. Уровни π-GST и коллагена IV типа снизились до нормы. Таким образом, установленные изменения о наличии умеренного воспалительного процесса в мочевыводящих путях и повреждения почек на фоне малой степени ПМР в динамике течения заболевания.

У пациентов 2-й группы до лечения уровень в моче TGF-β1 был выше, чем в группе сравнения ($p < 0,03$), однако достоверно не отличался от показателей первой группы. Содержание МСР-1 не превышало нормальных значений. Концентрация VEGF была в 10 раз выше по отношению к группе сравнения ($p < 0,0001$). Отмечено, что количество π-GST было в 9 раз выше нормы ($p < 0,0001$), а коллагена IV типа – в три раза ($p < 0,0001$), причём уровни π-GST и коллагена IV типа были значительно выше, чем в первой группе ($p < 0,001$ и $p < 0,0002$ соответственно). Через 6 месяцев после лечения отмечено увеличение в два раза содержания TGF-β1 в моче по отношению к показателям группы сравнения ($p < 0,0009$) и первой группы (p<0,005). Уровень МСР-1 был выше, чем в группе сравнения (p<0,0001) и группе детей после консервативного лечения (p<0,0001). Концентрация VEGF снизилась в три раза относительно показателей до лечения, но оставалась достоверно выше нормы (p<0,0001). Количество π-GST уменьшилось в три раза, коллагена IV типа – в два раза относительно показателей до лечения, однако сохранялось высоким по отношению к группе сравнения (p<0,0008). Таким образом, у пациентов с III-V степенями ПМР изменения маркёров повреждения почечной паренхимы имели более выраженный и стойкий характер, чем в группе больных с консервативным лечением рефлюкса, и свидетельствовали о наличии латентного течения хронического воспаления в мочевыводящих путях и продолжающемся повреждении почечной паренхимы вне зависимости от успешности ликвидации ПМР.

У детей с ПМР 3-й группы до лечения уровень в моче TGF-β1 не превышал нормальных показателей. Содержание МСР-1 было увеличено относительно группы сравнения, первой и второй групп (p<0,002). Концентрация VEGF была в 50 раз выше нормы (p<0,002), в 4 раза выше, чем в первой группе (p<0,002), и в 6 раз выше, чем во второй (p<0,002). Отмечено, что уровни π-GST и коллагена IV типа в моче были значительно увеличены по отношению к группе сравнения (p<0,002), первой и второй группам до лечения (p<0,002 и p<0,0002, соответственно). Через 6 месяцев после лечения зарегистрировано увеличение в два раза содержания TGF-β1 в моче по отношению к группе сравнения (p<0,0009). Количество МСР-1 значительно повысилось относительно значений всех групп (p<0,0004). Концентрация VEGF уменьшилась по сравнению с показателями до лечения в 6 раз, но оставалась выше нормы (p<0,0004). Уровень π-GST снизился в 15 раз и коллагена IV типа в два раза относительно их содержания до лечения, но был достоверно выше, чем в группе сравнения (p<0,0008). Достоверно значимых изменений уровня α-GST у пациентов всех групп в динамике течения патологии диагностировано не было. Таким образом, максимальные уровни биомаркёров фиброгенеза, воспаления, ангиогенеза, повреждения нефрона в моче были зафиксированы у пациентов 3-й группы, которым выполнялась реимплантация мочеточников, причём большинство из них ранее перенесли неоднократные манипуляции эндоскопической коррекции ПМР. Несмотря на ликвидацию рефлюкса, у детей 3-й группы показатели данных маркёров в моче оставались повышенными, что указывало на выраженные и, возможно, необратимые изменения в почках.

Для оценки диагностической эффективности исследования биологических маркёров повреждения основных элементов нефрона, воспаления, фиброгенеза, ангиогенеза в моче был проведен ROC-анализ с построением характеристических кривых при разных точках разделения значений показателей. Установлено, что наибольшей чувствительностью и специфичностью для регистрации раннего повреждения почечной паренхимы у детей с ПМР обладали VEGF, а также π-GST и коллаген IV типа. Для всех указанных показателей площадь под характеристической кривой (AUC) составила от 0,9 до 1,0, что свидетельствовало о высокой чувствительности и специфичности для мониторирования нефросклеротического процесса.

Заключение. Таким образом, установленные изменения биомаркёров воспаления, фиброгенеза, ангиогенеза в моче в динамике течения заболевания свидетельствовали о повреждении почечной паренхимы даже при малой степени ПМР. Изменения вышеуказанных маркёров в моче отмечались на самых ранних этапах нефросклеротического процесса, до того, как стандартные методы определения структурно-функциональнго состояния почек позволяли диагностировать грубые нарушения. Кроме того, у пациентов 1 группы на фоне ликвидированного рефлюкса в большинство почек наблюдалось отсутствие патологических сдвигов по результатам всех методов стандартного комплекса обследования, а также нормализация содержания в моче ангиогенных факторов и маркёров повреждения гломерулярного фильтра. Вероятно, исходно выявленные изменения были умеренно выраженными и имели обратимый характер. Во 2 и 3 группах изменения маркёров повреждения почечной паренхимы были более стойкими и свидетельствовали о тяжёлых, и, возможно, необратимых нарушениях.

Исследование выполнено при поддержке Гранта Президента МД-303.2010.7.

Литература

1. Зорин, И.В. Параметры микроальбуминурии у пациентов с ПМР и рефлюкс-нефропатией / И.В. Зорин, А.А. Вялкова // Материалы Международной школы и научно-практической конференции по детской нефрологии «Актуальные проблемы детской нефрологии». - Оренбург. - 2010. - С. 301-302.
2. Chertin, B. Renal scarring and urinary tract infection after endoscopic correction of vesicoureteral reflux / B. Chertin, A. Natsheh, A. Fridmans et al. // J. Urol. - 2009. - Vol. 182 (4). - P. 1706-1707.
3. Яцык С.П. Патогенез хронического обструктивного пиелонефрита у детей и подростков/ С.П.Яцык, Т.Б.Сенцова, Д.К.Фомин, С.М. Шарков.- М.: ООО «Медицинское информационное агентство», 2007. – 176 с.
4. Леонова, Л.В. Патологическая анатомия врожденных обструктивных уропатий у детей: Автреферат дис…докт.мед.наук / Л.В. Леонова, Москва, 2009.- 54 с.

5. Rodhe, N. Cytokines in urine in elderly subjects with acute cystitis and asymptomatic bacteriuria / N. Rodhe, S. Lfgren, J. Strindhall et al. // Scand. J. Prim. Health. Care. - 2009. - Vol. 27 (2). - P. 74-79.
6. Takamatsu, N. Risk factors for chronic kidney disease in Japan: a communitybased study / N. Takamatsu, H. Abe, T. Tominaga et al. // BMC Nephrol. - 2009. - Vol. 10. - P. 34-44.

Юшкова О.А.
студентка «Тюменского государственного нефтегазового университета»
plusha1080@yandex.ru
Бембель С.Р.
заместитель начальника научно-исследовательского комплексного отдела
по управлению выработкой запасов УВ

ПЕРСПЕКТИВЫ ПРИМЕНЕНИЯ АЗОТНО-ПЕННОГО ГРП НА КАМЕННОМ МЕСТОРОЖДЕНИИ С УЧЕТОМ ОПЫТА НА ПРИОБСКОМ МЕСТОРОЖДЕНИИ

Каменное нефтегазовое месторождение является частью Красноленинского свода месторождений, расположенного на западе Ханты-Мансийского автономного округа. По существующим оценкам геологические запасы месторождения составляют около 1,1 млрд тонн, а извлекаемые – более 300 млн тонн [1].

Начальные попытки разработки «нового Самотлора» относятся к 70-м годам прошлого века, когда были пробурены первые 100 разведочных скважин. До начала 2000 года считалось, что его разработка экономически нецелесообразна из-за сложного геологического строения, низкой продуктивности и удалённости от инфраструктуры. Каменное месторождение отличается крайне сложной структурой коллектора и низкой проницаемостью пород. Это снижает эффективность применения гидравлического разрыва пласта (ГРП) и бурения горизонтальных скважин [2].

Эффективность ГРП достигается за счет:

- создания проводящего канала (трещины) через поврежденную (загрязненную) призабойную зону пласта вокруг скважины с целью проникновения за границы этой зоны;

- распространения канала (трещины) в пласте на значительную глубину с целью дальнейшего увеличения производительности скважины;

- формирование условий, влияющих на увеличение движение флюида в пласте [3].

При этом стандартные технологии ГРП предусматривают применение гелированного водного раствора на полимерной основе. А данные растворы, как и жидкости глушения, а также буровые растворы вызывают значительное повреждение пласта и самой трещины, что существенно снижает остаточную проводимость трещин, и, как следствие, добычу нефти [4]. Особое значение кольматация пласта и трещин имеет на месторождениях с текущим пластовым давлением менее 80% первоначального.

Из технологий, применяемых для решения данной проблемы, выделяют пенно-азотный гидроразрыв пласта.

Пенный ГРП, как и обычный, направлен на создание трещины в пласте, высокая проводимость которой обеспечивает приток углеводородов к скважине. Однако при пенном ГРП за счет замены (в среднем 60% объема) части гелированного водного раствора на сжатый газ значительно возрастают проницаемость и проводимость трещин, и, как следствие, степень повреждения пласта минимальна.

Впервые азотно-пенный ГРП был применен на Южной лицензионной территории Приобского месторождения [5]. В течение недели специалисты провели пять ГРП с использованием пенных систем.

Для проведения работ был выбран азот как наиболее универсальный газ. Его использование обусловлено следующими причинами: повсеместно используется при освоении скважин с гибкими НКТ, инертен, совместим с жидкостями ГРП.В ходе одного пенно-азотного ГРП под землю нагнетают в среднем 60 т азота и почти 100 т проппанта - магниево-силикатных гранул, которые удерживают трещины в раскрытом состоянии. Это позволяет производить более полную выработку запасов за счет вовлечения в разработку низкопроницаемых коллекторов. При этом в пласт закачивается в два раза меньше гелевого реагента, чем при традиционных ГРП, что позволяет не только экономить средства, но и минимизировать ущерб, наносимый окружающей среде.

Способ включает закачивание через скважину по колонне насосно-компрессорных труб - НКТ с пакером в продуктивный пласт гидроразрывной жидкости с последующей закачкой проппанта. В качестве гидроразрывной жидкости используют пенную систему на водной основе, содержащую: 55-75% азота, 1%-ный раствор хлористого калия и водный раствор поверхностно-активного вещества. Процесс гидроразрыва пласта, сложенного из продуктивных и непроницаемых пропластков, начинают при начальной плотности пенной системы 0,25 г/см^3, которую с помощью устройства для закачки гидроразрывной жидкости с проппантом подают по колонне НКТ в призабойную зону пласта с постепенным увеличением давления закачки до максимального. При этом максимальное давление, создаваемое в процессе гидроразрыва пласта, должно быть выше давления гидроразрыва продуктивных пропластков, но ниже давления гидроразрыва глинистых прослоев. Образуют трещины гидроразрыва в породах, имеющих наименьший критический градиент разрушения породы [5].

После этого производят крепление трещин гидроразрыва путем закачки пенной системы с проппантом, в качестве которого применяют кварцевый песок с концентрацией песка в пенной системе от 800 до 1000 г/л с доведением конечной плотности пенной системы до 0,8 г/см^3. По окончании гидроразрыва пласта скважину закрывают на технологическую паузу в течение 30 мин. На устье скважины в состав колонны НКТ устанавливают регулируемый штуцер и производят отработку скважины на излив. Регулированием штуцера достигают того, чтобы при изливе давление в колонне НКТ было ниже давления при закрытии скважины не менее чем на 1,5-2 МПа.

Выводы. Предлагаемый способ позволяет повысить эффективность проведения ГРП за счет применения в качестве гидроразрывной жидкости пенной системы, плотность которой регулируется в широких пределах в процессе проведения ГРП, и качество проведения ГРП путем отработки скважины на излив после ГРП, вследствие чего происходит очистка призабойной зоны пласта (ПЗП) и песчаного слоя в трещине пласта от жидкой фазы (отработанной жидкости разрыва), в связи с чем резко сокращаются сроки последующего освоения скважины.

Кроме того, предложенный способ позволяет снизить трудозатраты и сократить сроки проведения ГРП в малопроницаемых продуктивных пластах добывающих скважин, сложенных низкопроницаемыми (с проницаемостью $(0,1\text{-}10)\times10^{-3}$ мкм) продуктивными пропластками (песчаниками) с малой суммарной толщиной, чередующихся глинистыми прослоями за счет сокращения количества спуско-подъемных операций и проведения одного ГРП сразу в нескольких продуктивных пропластках с применением пенной системы [5].

Список литературы

1. http://ru.wikipedia.org/wiki/Приобское_нефтяное_месторождение - о Приобье в википедии

2. http://www.tnk-bp.ru.

3. Муравьев И.М., Андриасов Р.С., Гиматудинов Ш.К., Полозков В.Т. Разработка и эксплуатация нефтяных месторождений. – М.: Недра, 1970. – 445 с.

4. Ибрагимов Г.З., Сорокин В.А., Хисамутдинов. Химические реагенты для добычи нефти. М.: Недра, 1986.

5. Барышников А.В. Результаты проведения пенного гидроразрыва пласта на Южно-Приобском месторождении / А.В. Барышников, Р.Р. Ямилов, А.В. Сурков и др. // Нефтяное хозяйство, 2011.- №1. - С.76-77.

Кандакова М.П.
студентка «Тюменского государственного нефтегазового университета»
maria_kandakova@mail.ru
Бембель С.Р.
заместитель начальника научно-исследовательского комплексного отдела
по управлению выработкой запасов УВ

НОВЫЙ ВОСОКОЭФФЕКТИВНЫЙ ГЕОФИЗИЧЕСКИЙ МЕТОД ПОИСКА ПОЛЕЗНЫХ ИСКОПАЕМЫХ – GEOVISION. ПРИМЕНЕНИЕ МИКРОЛЕПТОННОЙ ТЕХНОЛОГИИ С ЦЕЛЬЮ ПОНИЖЕНИЯ ВЫСОКОГО ИСТОЩЕНИЯ НЕФТЯНЫХ МЕСТОРОЖДЕНИИ

Одной из наиболее важных тенденций, наблюдаемых в настоящее время в нефтедобывающей отрасли, является снижение добычи легкой нефти и нефти средней плотности. Сокращение запасов традиционной нефти вынуждает нефтяные компании обращать все большее внимание на альтернативные источники углеводородов. Одним из таких источников, наряду с тяжелой нефтью и природными битумами, являются горючие сланцы.

Существует два основных способа получения необходимого сырья из горючих сланцев. Первый – это добыча сланцевой породы открытым или шахтным способом с ее последующей переработкой на специальных установках-реакторах, где сланцы подвергают пиролизу без доступа воздуха, в результате чего из породы выделяется сланцевая смола. Этот метод активно развивался в СССР. Второй способ - добыча сланцевой нефти непосредственно из пласта. Метод предполагает бурение горизонтальных скважин с последующими множественными гидроразрывами пласта. Очевидно, что такого рода добыча существенно сложнее и дороже добычи традиционной нефти вне зависимости от прогресса технологий.

Сланцевая нефть – углеводороды (УВ), расположенные в баженовской, абалакской, фроловской свитах (породах Западной Сибири) со сверхнизкой проницаемостью, но высокой нефтенасыщенностью. Они залегают на глубинах более 2 км, распространены на территории более 1 млн кв. км [1]. Россия обладает запасами сланцевой нефти: у нас сосредоточено около 7% мировых запасов. Сланцевая нефть - один из важнейших «резервов» для дальнейшего развития топливно-энергетического комплекса.

Считается, что при добыче сланцевой нефти происходит высокий темп истощения скважин. Решить проблему высокого истощения таких месторождении можно с помощью применения микролептонной технологии, на которой освоен метод GeoVision [2]

GeoVision - это принципиально новый геофизический метод поиска месторождений полезных ископаемых, таких как нефть, газ, цветные металлы, алмазы и вода. Метод основан на анализе микролептонных излучений Земли и позволяет делать прогнозы относительно наличия различных полезных ископаемых с использованием космоснимков и результатов полевых исследований, обработанных на специальном оборудовании. Микролептонная технология позволяет достичь многократного снижения затрат на проведение нефтяной разведки за счет сокращения времени поисково-разведочных работ на нефть и газ, более быстрого по сравнению с традиционными методами определения наличия и границ распространения прогнозных ресурсов C_3 и в отдельных случаях - запасов категории C_2, что в конечном итоге позволяет практически исключить бурение пустых скважин. GeoVision является экологически чистым методом.

По технологии GeoVision последовательность нефтепоисковых работ следующая: берется снимок из космоса, сделанный с высоты 300-500 км. Его пропускают через специальную матрицу, «настроенную» на частоту залегания нефти. После проявления кадров съемки получается картинка, похожая на тепловой снимок. Там, где имеются максимальные запасы УВ, на снимке отражаются черные пятна. Затем обработанный кадр накладывается на карту местности. Именно так определяется место, где нужно вести дополнительные исследования, но уже «точечные». Затем на засеченное спутником место прибывает оператор с микролептонной аппаратурой. Дальше съемка ведется с вертолета, который ходит галсами через каждые 50-200 метров, а оператор на его борту отмечает интенсивность микролептонного потока.

В итоге «пятно», рассмотренное с орбиты, делится еще на несколько зон. После этого в выявленной зоне высокой вероятности устанавливаются две камеры: простая видеокамера и другая, специальная, способная «видеть» микролептонное поле нефти. Обе подключаются к компьютеру, который делает сравнительный анализ снимков. Таков заключительный этап, после него уже можно определить самую перспективную точку, где надо бурить скважину. Вокруг скважины устанавливаются генераторы микролептонного излучения, которые действуют на глубине до трех километров. Благодаря этому можно увеличить добычу нефти еще на 25% .[3]

Обычно для извлечения «черного золота» в пласт нужно нагнетать воду. Но если запускаются микролептонные генераторы, то при том же объеме закачиваемой воды нефти выходит в пять-шесть раз больше [3]. С помощью аппаратуры можно даже изменить вязкость и плотность нефти. Например, на одной из скважин показатель плотности уменьшился с 1 до

0,95 [3]. В результате подобного «облегчения» нефти падают затраты энергии на ее добычу, снижается себестоимость.

Преимущества метода GeoVision:

1. Новая методика проведения поиска и разведки месторождений, позволяет еще до этапа лицензирования провести оценку запасов с высокой вероятностью.

2. Минимизировать сумму затрат, время продолжительности самого рискового - поисково-разведочного этапа работ и увеличить вероятность обнаружения прогнозируемых запасов на выбранной площади

3. Уменьшить общие временные и финансовые затраты на проведение всего перечня работ.

Киреева Т.А. связывает снижение притока нефти с выносом из коллектора продуктов вторичной сульфатной минерализации глинистых пород и образование ими пробок [4]. По её мнению, «эффективность гидрообработок, применяемых для интенсификации добычи нефти из баженовского коллектора, возможно, заключается не только в механическом разрушении глинистой породы, но и в растворении сульфатных минералов, т.к. сульфаты легко растворимы» [4] Продукты вторичной сульфатной минерализации глинистых пород создают отложения не только в виде пробок в стволе скважины, но и, безусловно, «забивают» образовавшиеся в результате гидроразрывов трещины в породах. И если приток флюида будет происходить не из узкой зоны скважины, а на очень большом её интервале, то указанный выше эффект, по-видимому, будет проявляться значительно меньше.

Благодаря методу GeoVision можно отказаться от бурения горизонтальных скважин с гидроразрывом пласта на сланцевую нефть, так как почти каждой скважиной возможно попадать сверху в её фактические источники — залежи жильного типа [5]. И.М Шахновский в своей книге «Происхождение нефтяных углеводородов» пишет: «В последние годы установлено широкое развитие в осадочном чехле и верхней части фундамента залежей УВ жильного типа. Подобные залежи приурочены к вторичным трещиноватым, а иногда и раздробленным резервуарам, сформировавшимся вдоль зон разломов, разделяющих смежные тектонические блоки. Они характеризуются значительной протяжённостью, малой шириной и обычно локализуются непосредственно вблизи разлома либо на небольшом расстоянии от него, не превышающем первые километры. По особенностям строения эти залежи существенно отличаются от обычных пластовых залежей антиклинального типа, а диапазон их нефтегазоносности охватывает по вертикали гораздо больший интервал разреза и включает несколько смежных пластов. Достаточно близкая аналогия между жильными рудными телами и приразломными зонами нефтегазообразования позволяет утверждать, что все приуроченные к ним полезные ископаемые имеют глубинный генезис».

При этом вероятно пересечение стволом скважины не отдельных локальных узких продуктивных зон, как в случае с горизонтальным бурением, а всего многокилометрового вертикального канала залежи до кристаллического фундамента, а, может быть, и глубже. Это позволит, скорее всего, преодолеть ещё одну проблему сланцевой нефти - высокий темп истощения таких месторождений.

Список литературы

1. Нефтеносность баженовской свиты Западной Сибири. -М.: Наука, 1980. - 204 с.

2. http://www.alkor-group.ru

3. http://gamma7.m-l-m.info

4. Киреева Т.А. Гидротермальный коллектор в глинистых породах баженовской свиты // Дегазация Земли и генезис нефтегазовых месторождений. - М.: ГЕОС, 2011. - С. 329-343.

5. http://andreevn-bgf.blogspot.ru

Ефремова О.П.[(1)], Попова Л.Ф.[(2)]
[(1)]магистрант, Северный (Арктический) федеральный университет
[(2)]к.х.н., доцент, Северный (Арктический) федеральный университет

СРАВНИТЕЛЬНОЕ СОДЕРЖАНИЕ РАСТВОРЕННОГО КИСЛОРОДА В ВОДАХ БАРЕНЦЕВА И БЕЛОГО МОРЕЙ

Северные моря обладают значительными ресурсами, важными для ведения рыбохозяйственной деятельности. Одним из наиболее значимых факторов влияющих на распространение жизни в океане является содержание в водах растворенного кислорода.

Кислород – О – химический элемент, необходимый для дыхания и обменных процессов живых организмов, таким образом, содержание растворенного кислорода в морских водах является лимитирующим фактором. Потребление растворенного в воде O_2 связано с химическими и биологическими процессами: окислением органических и неорганических веществ, дыханием гидробионтов [1, 28].

Интенсивность потребления O_2 организмами тесно связана с температурой воды, так при низких температурах потребность в кислороде у животных организмов меньше, чем при высоких [1, 30].

Являясь потенциал задающим компонентом, кислород также определяет окислительную обстановку среды. Как сильный окислитель он играет важную санитарно-гигиеническую роль, способствуя быстрой минерализации органических остатков [3, 87].

Баренцево море, расположенное на североевропейском шельфе, относится к типу материковых окраинных морей. Его площадь – 1 424 тыс. км^2, объем 316 тыс. км^3, средняя глубина – 222 м, наибольшая глубина – 600 м. Это одно из самых больших по площади морей [2, 31].

Белое море – единственное из морей Северного Ледовитого океана, которое почти целиком лежит к югу от Полярного круга. Оно относится к внутренним морям. Его площадь равна 90,1 тыс. км^2, объем – 6 тыс. км^3, средняя глубина – 67 м, наибольшая глубина – 350 м. По форме береговой линии и характеру рельефа дна в море выделяется семь районов: Воронка, Горло, Бассейн и заливы: Мезенский, Двинский, Онежский, Кандалакшский [2, 39].

Гидрохимическое исследование вод Баренцева и Белого морей проводилось в рамках совместной комплексной экспедиции «Плавучий университет - 2012» на НИС «Профессор Молчанов» в период с 1 июня по 10 июля 2012 г. Экспериментальные данные о концентрациях растворенного кислорода водах Белого и Баренцева морей получены в одной из судовых лабораторий сотрудниками РГГМУ Е.С. Кочетковой и В.В. Явловской согласно РД 52.10.243.-92.

Во время рейса выполнен следующий объем гидрохимических работ:

– в Баренцевом море – 7 разрезов, 61 станция, 543 пробы на определение растворенного кислорода;

– в Белом море – 5 разрезов, 42 станции, 248 пробы на определение растворенного кислорода.

При рассмотрении пространственного распределения растворенного кислорода в водах Белого и Баренцева морей были выявлены как сходства, так и различия в их гидрохимической структуре.

На большей части Баренцева моря можно выделить поверхностный слой, обогащенный кислородом (более 8 мл/л), чему способствовала в большей степени относительно спокойная погода во время проведения гидрохимических работ (рис. 1, а). С увеличением глубины объемная концентрация растворенного кислорода снижается, достигая своего минимума в наиболее глубинных слоях моря, где содержание растворенного кислорода находится на уровне 6,77-6,96 мл/л, что вероятно обусловлено отсутствием фотосинтетической активности. Максимальные концентрации наблюдаются в переохлажденных водах поверхностного слоя близ архипелага Земля Франца-Иосифа (8,69-8,96 мл/л). С приближением к архипелагу Новая Земля происходит углубление слоя с повышенным уровнем содержания растворенного кислорода до 200 м, что связано с увеличение температуры воды.

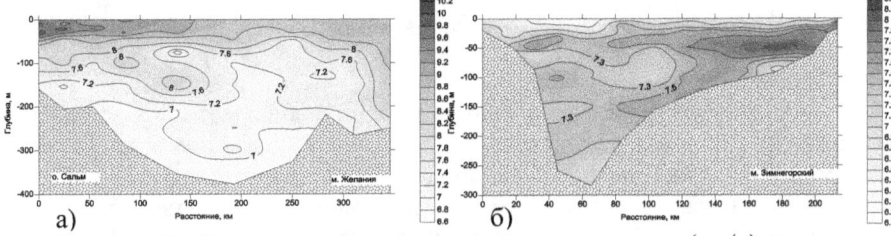

Рисунок 1 – Распределение растворенного кислорода (мл/л) в водах северо-восточной части Баренцева моря (а) и бассейна Белого моря (б)

В Белом море вся толща воды достаточно обогащена растворенным кислородом, однако максимальные концентрации, отмеченные в Баренцевом море, в Белом море не достигнуты (рис. 1, б). В центральном глубоком желобе концентрации составляют 7,32-7,55 мл/л. Аэрация этого района моря, вероятно, происходит как за счет горизонтальных токов вод Баренцева моря, так и за счет опускания поверхностных вод окраинных районов Белого моря зимой. В результате в желобе образуется водная масса глубинных вод бассейна. На поверхности можно отметить слой 0-10 м с пониженным содержанием растворенного кислорода (6,22-6,95 мкг/л), что может быть связано с прогревом этих вод и интенсивным потреблением кислорода вследствие протекания биологических процессов.

За водообменном между Баренцевым и Белым морями можно проследить, в частности, по содержанию растворенного кислорода в горле Белого моря (рис. 2).

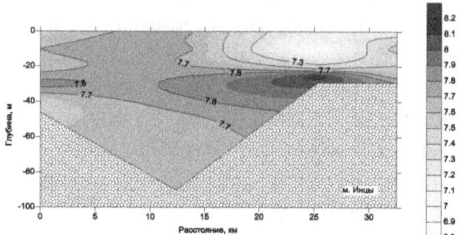

Рисунок 2 – Распределение растворенного кислорода (мл/л) в водах горла Белого моря

В поверхностном слое 0-20 м вблизи м. Инцы отмечены минимальные концентрации растворенного кислорода, не превышающие 7,50 мл/л. Вероятно, это воды Белого моря, которые под влиянием силы Кориолиса прижимаются к Зимнему берегу и уходят в Баренцево море. От центральной до северо-западной части рассматриваемого разреза концентрации растворенного кислорода выше и остаются постоянными (7,54-7,85 мл/л). Здесь, вероятно, в большей степени распространяются баренцевоморские воды.

Таким образом:

1. Между Баренцевым и Белым морями наблюдается интенсивный водообмен, в большей степени влияющий на пространственное распределение растворенного кислорода в водах Белого моря.

2. Воды как Баренцева, так и Белого морей достаточно обогащены кислородом, однако поверхностные воды Баренцева моря хорошо перемешаны и обогащены кислородом до глубины 50-100 м, с глубиной концентрация растворенного кислорода понижаются. В Белом море наоборот, поверхностный слой до 10 м характеризуется минимальными концентрациями растворенного кислорода. После 10 м уровень содержания растворенного кислорода резко увеличивается, но дальше с глубиной меняется незначительно.

Список использованных источников:

1. Галышева Ю.А. Экологические факторы морской среды: учеб. пособие. – Владивосток: Изд-во Дальневосточного университета, 2009. – 99 с.

2. Залогин Б.С., Косарев А.Н. Моря. – М.: Мысль, 1999. – 400 с.

3. Никаноров А.М. Гидрохимия: Учебник. – 2-е изд., перераб. и доп. – СПб.: Гидрометиздат, 2001. – 444 с.

Морозова О.В.

канд.пед.наук, доцент кафедры дошкольного образования

Владимирский государственный университет

г. Владимир

КОМПЕТЕНТНОСТНЫЙ ПОДХОД В ПЕДАГОГИЧЕСКОЙ ДИАГНОСТИКЕ ДОШКОЛЬНИКОВ

Вопросы педагогической диагностики сегодня недостаточно разработаны как на уровне научного знания, так и в опыте образовательной деятельности (это утверждение касается как общей, так и дошкольной педагогики). По мнению авторов сборника научных трудов «Педагогическая диагностика достижений учащихся в условиях современного образования» [3], обращение к проблемам педагогической диагностики продиктовано осознанием особой значимости теоретической и технологической разработки этой проблемы для решения ключевых задач современного образования, связанных с его качественными характеристиками, с выделением совокупности педагогических условий, ориентация на которые позволяет добиваться максимального соответствия между реально достигаемыми результатами и предварительно поставленными образовательными целями [3, 5].

С точки зрения технологического подхода к образовательному процессу, признается целесообразность толкования педагогической диагностики не столько как особой области педагогической деятельности, сколько ее необходимой составляющей. Многофункциональное представление о педагогической диагностике не сводится к контролю, по сути лишь фиксирующему внимание на достоинствах и недостатках педагогического процесса и достижениях детей. Одновременно ее сущность понимается как интерпретация полученных данных, связанная с выявлением причин, породивших обнаруженные достоинства и недостатки, с прогнозированием на этой основе возможных перспективных линий поступательного развертывания образовательного процесса.

Под *педагогической диагностикой в дошкольном образовании* авторы пособия «Педагогическая диагностика как инструмент познания и понимания ребенка дошкольного возраста» (СПб.,2009) понимают группу задач профессиональной деятельности педагога, направленных на изучение фактического состояния и специфических особенностей субъектов педагогического процесса, а также прогнозирование тенденций их развития как основы для целеполагания и проектирования педагогического процесса.

Педагогическую диагностику следует понимать как область педагогических знаний и как сферу практической деятельности, позволяющих исследовать целостный педагогический процесс, структурные составляющие и результаты этого процесса с целью его оптимизации. До недавнего времени педагогическая диагностика сводилась к фиксации некоторых показателей результативности педагогического процесса. Сегодня педагогическую диагностику нельзя сводить только к традиционным процедурам проверки, контроля и оценки, поскольку все они направлены большей частью лишь на констатацию достигнутых результатов педагогической деятельности.

Педагогическая диагностика в современном образовательном процессе - это целостная диагностическая деятельность, которая рассматривает результаты педагогического процесса в связи со способами их достижения, выявляет динамику их формирования и прогнозирует дальнейшее развитие. Диагностическая деятельность педагога становится одновременно условием гуманизации и технологизации педагогического процесса в дошкольном образовательном учреждении.

Проблемы педагогической диагностики в дошкольном образовании достаточно давно и всесторонне изучаются. Подчеркивается, что когда идет речь о познании растущего человека, об особом периоде дошкольного детства, то проблемы педагогической диагностики многократно усложняются [2, 9]. Это связано с тем, что ребенок дошкольного возраста во многом потенциален, поэтому познание его носит скорее прогностический и вероятностный характер. Кроме того, он не всегда может сообщить информацию о себе, участвовать в сложных психодиагностических процедурах. Это требует от исследователя высокого мастерства, истинной наблюдательности. Дошкольный возраст это этап, когда человек развивается чрезвычайно стремительно. Познание ребенка часто не успевает за его изменениями. «Увидеть» зону ближайшего развития, оценить индивидуальный темп достижений и на их основе спроектировать индивидуальный маршрут дошкольного образования – в этом и состоят задачи педагогической диагностики дошкольника.

Сегодня общепризнано, что педагогическая диагностика нацелена на помощь и поддержку ребенка в обучении и развитии и, *в отличие от психологической*, подходит к исследованию объекта не только ради его изучения, но, прежде всего, ради его преобразования. Педагог выступает одновременно и в роли диагноста, и в роли исполнителя его рекомендаций, таким образом, педагогическая диагностика помогает оптимизировать педагогическую деятельность, повысить ее результативность. Кроме того, педагогическая диагностика значительно более свободна в способах фиксации результатов и основана на понимании поведения ребенка, а не на его тестировании. Педагогическая диагностика осуществляется в привычной для ребенка обстановке, в основном с помощью наблюдения за детьми во время обычных видов деятельности, режимных моментов в детском саду, в виде игр, включается в обычные занятия.

М.Н.Полякова, доцент кафедры дошкольной педагогики РГПУ им. А.И.Герцена, в диагностической деятельности выделяет следующие аспекты: сравнение; анализ; интерпретация; прогнозирование [4, 41]. По ее мнению, назначение педагогической диагностики в дошкольном образовании определяется следующими функциями: *функция обратной связи или информационная, прогностическая, контрольно-корректировочная, оценочная* [4, с.42-43].

Тем не менее, в современных условиях усиление личностных, развивающих начал образовательной деятельности требует соответствующего изменения акцентов и в оценке качества педагогического процесса. В условиях намечающегося перехода от количественной логики, имеющей результативную окрашенность и зафиксированную в терминологии усвоения ЗУН к логике качественных подходов, которые имеют процессуальный, субъектно-деятельностный характер и представлены в терминологии образовательных достижений, т.е. положительных результатов усилий ребенка. Переносится акцент с деятельности педагога на деятельность самого ребенка. В научном сообществе все большее распространение получает представление о том, что оценка качества обучения и воспитания должна осуществляться в контексте анализа не столько изменений, происходящих в сфере конкретных знаний и умений, сколько в сфере качественного роста субъектно-личностных проявлений ребенка [3, 13].

Очевидно, что современному педагогу ДОУ необходима диагностика, предметом которой становится самобытность и самоценность дошкольного детства, сам ребенок, его потенциальные возможности. Существующие и доступные педагогу диагностические методики направлены преимущественно на изучение особенностей детской деятельности, разнообразных умений детей как показателя уровня развития той или иной детской деятельности, а еще чаще на изучение знаний, умений и навыков детей в разных областях познания и деятельности. Это устоявшийся традиционный подход к педагогической диагностике в ДОУ. И такая диагностика, безусловно, нужна детскому саду/

Этим, по-видимому, можно объяснить и тот факт, что экспертиза деятельности воспитателей ДОУ, аттестующихся на высшую категорию, также как и опыт руководства выпускными квалификационными работами студентов заочного отделения Педагогики и методики дошкольного образования (большинство из которых много лет проработало в ДОУ) обнаруживает приверженность педагогов методикам, которые помогают отслеживать соответствие результатов педагогического процесса программным задачам (прежде всего в плане усвоения знаний, умений и навыков дошкольниками). Использование подобных стандартизированных методик (сегодня они разработаны практически для каждой из вариативных программ, правда далеко не по всем их разделам), как правило, не требует от воспитателя специальной подготовки и больших временных затрат. В то же время, их результаты достаточно информативны, помогают воспитателю корректировать педагогический процесс, ориентируясь на уровень освоения конкретного программного содержания как группой в целом, так и каждым ребенком в отдельности.

Но, к сожалению, результаты традиционных диагностик не позволяют посмотреть на процесс развития ребенка именно с точки зрения развития, не изучают потенциал ребенка и его потенциальные возможности, поскольку оперируют только реальными результатами, полученными «здесь и сейчас». Они также не изучают субъектных оснований в ходе и результатах деятельности детей.

Сегодня предлагаются отдельные методики диагностики ребенка как субъекта детской деятельности и поведения, они, как правило, вбирают в себя несколько показателей (это и ценностное отношение, и интерес, и избирательность, и выбор). Наиболее адекватным методом становится метод естественного наблюдения, а предметом наблюдения может выступать *инициатива ребенка* (диагностика Н.А.Коротковой, П.Г.Нежнова), *самостоятельность* (Т.И.Бабаева), объединяющая несколько показателей субъектности ребенка (ценностное отношение, автономность, инициативность, творчество*), опыт деятельности* (опыт эмоционально-ценностного отношения к деятельности, опыт знаний (эрудиция), опыт умений деятельности, опыт творческой деятельности). Но, к сожалению, применение подобных диагностических методик пока не получило широкого распространения в работе воспитателей ДОУ. Даже опытные воспитатели, представляющие результаты использования этих диагностик в процессе экспертизы деятельности на высшую категорию, признаются, что используют их не как инструмент повышения качества образования, а потому что этого требуют «вышестоящие контролеры» (старший воспитатель, методист и т.п.). Они считают их малоинформативными, затратными (по времени), трудоемкими, предпочитают больше полагаться на собственный опыт и интуицию, нежели на результаты подобных комплексных диагностик.

Тем не менее, дошкольное образование, являясь ступенью системы непрерывного образования, должно строиться в соответствии с общей идеологией модернизации общего образования России, согласно которой основным результатом деятельности образовательного учреждения становится не система знаний, умений и навыков сама по себе, а *набор ключевых компетентностей.*

Понятие компетентность обладает интегративной природой и включает мотивационную, этическую, социальную, поведенческую, когнитивную, операционально-технологическую составляющие. *Под компетентностью дошкольника* понимают умение ребенка мобилизовать имеющиеся знания и умения, опыт деятельности, волевые качества для решения возникшей проблемы или задачи в конкретных жизненных обстоятельствах [2, 22]. Компетентность есть результат не только образования, но и влияния семьи, социума, культуры и, что чрезвычайно важно – самого субъекта. К старшему дошкольному возрасту психофизиологические, психические, личностные достижения развития, относительная автономность и самостоятельность ребенка в поведении, решении элементарных бытовых проблем, организации доступной деятельности (игровой, художественной, познавательной), характер взаимодействия со сверстниками и взрослыми свидетельствуют о становлении начальных ключевых компетентностей.

Исходя из этого, в качестве целевого ориентира, показателя результативности и качества образования детей старшего дошкольного возраста представители петербуржской научной школы (кафедра дошкольной педагогики РГПУ им.А.И.Герцена) предлагают рассматривать *начальные компетентности ребенка* – интегративные личностные характеристики, определяющие его способность к решению разнообразных доступных задач жизни и деятельности [1, 128-129]. Проявление начальных компетентностей в разных видах деятельности и поведения позволяет определить готовность перехода ребенка старшего дошкольного возраста на следующую – школьную образовательную ступень.

В системе начальных компетентностей ребенка выделяют *начальные ключевые компетентности и начальные специальные (допредметные) компетентности.* Проблема отбора начальных ключевых (базовых, универсальных) компетентностей является одной из центральных для проектирования содержания образования детей старшего дошкольного возраста.

Для начальных ключевых компетентностей характерна многофункциональность, их овладение позволяет ребенку решать различные проблемы в повседневной жизни и деятельности, они универсальны, применимы в различных ситуациях. Начальные ключевые компетентности требуют целостного развития ребенка (его личностной, эмоционально-чувственной, интеллектуальной сферы) как субъекта деятельности и поведения. Начальные ключевые компетентности многомерны, в них представлены результаты личного опыта ребенка во всем его многообразии (отношения, знания, умения, творчество, субкультура). К ключевым относят следующие виды компетентностей: *здоровьесберегающая компетентность, личностно-социальная компетентность, учебно-познавательная компетентность*

Начальные специальные («допредметные») компетентности обеспечивают специальную готовность ребенка к переходу к школьному образованию, содержание которого определяется набором учебных предметов. В структуре начальных специальных компетентностей выделяют: *начальные речевую, литературную математическую, экологическую, художественную компетентности* [1, 129-130].

Становление начальных компетентностей ребенка старшего дошкольного возраста происходит в условиях вариативной организации педагогического процесса, ориентированного на целостное развитие ребенка как субъекта разных видов деятельности и поведения.

Субъектные проявления старшего дошкольника связаны с самостоятельностью и творчеством при выборе содержания деятельности и средств ее реализации; с процессами эмоционально-положительной направленности в общении и стремлении к сотрудничеству в детском сообществе. Они выражаются в оформляющемся отношении к миру и осуществлении деятельности, инициируемой этими отношениями. Позиция субъекта деятельности, становится своего рода ядром целостности, обеспечивая интеграцию ребенка с миром и возможность творить этот мир. Природа ребенка изначально субъектна, дошкольник – прежде всего, деятель, стремящийся познать и преобразовать мир самостоятельно, он развивается как субъект доступных ему видов деятельности.

Субъектные проявления имеют эмоциональную и деятельностную направленность и выражаются в интересе к деятельности, в избирательном отношении к разным видам деятельности, в инициативности и желании заниматься тем или иным видов деятельности, в самостоятельности выбора и осуществления деятельности, в творческом характере способов действий и продуктов деятельности. Адекватным методом диагностики компетентности дошкольника могут выступать диагностические ситуационные задачи или задания. Специфика подобных задач заключается в выраженном практико-ориентированном характере. Разработка содержания диагностических ситуационных задач или заданий и алгоритма их применения в процессе диагностики таких интегративных свойств и качеств личности, как инициативность, самостоятельность, опыт деятельности и компетентность – это перспективная задача для дошкольной педагогики и педагогической диагностики ребенка как субъекта детской деятельности и поведения.

Таким образом, позиция субъекта деятельности и поведения является системообразующим условием и показателем становления того или иного вида оформляющихся компентностей ребенка. Поэтому и разработка образовательного стандарта, ориентированного на требования к качеству образования детей старшего дошкольного возраста, по-видимому, должна опираться на компетентностный подход.

1.Бабаева Т.И., Солнцева О.В. и др. Дошкольная педагогика: Учебно-методическое пособие/ Под ред. О.В.Солнцевой. – СПб: Издательство РГПУ им. А.И.Герцена, 2009.

2. Гогоберидзе А.Г., Деркунская В.А. К проблеме познания и понимания ребенка дошкольного возраста// Педагогическая диагностика как инструмент познания и понимания ребенка дошкольного возраста: Научно-методическое пособие: В 3 ч. Ч.1.: Теоретические и прикладные аспекты педагогической диагностики в дошкольном образовании. – СПб.: Изд-во РГПУ им. А.И.Герцена, 2009. - С.9-23.

3.Педагогическая диагностика достижений учащихся в условиях современного образования: Сборник научных трудов/ под общ. ред. Е.Н.Селиверстовой. – Владимир: ВГПУ, 2004.

4.Полякова М.Н. К проблеме педагогической диагностики как инструментария познания и понимания ребенка//Педагогическая диагностика как инструмент познания и понимания ребенка дошкольного возраста: Научно-методическое пособие: В 3 ч. Ч.1.: Теоретические и прикладные аспекты педагогической диагностики в дошкольном образовании. – СПб.: Изд-во РГПУ им. А.И.Герцена, 2009. – С.23-54.

Ж. И. Игумнова, В. В. Калинина, З. П. Пименова
профессор, кандидат педагогических наук, ИГЛУ; доцент, кандидат
филологических наук, ИГЛУ; доцент, кандидат
филологических наук, ИГЛУ

МАСТЕР-КЛАСС В ФОРМЕ ПОЛИЛОГА
КАК ИННОВАЦИОННАЯ ТЕХНОЛОГИЯ

Современный подход к образованию как результату усвоения систематизированных знаний, умений и навыков и отношение к деятельности предполагают переход от традиционных технологий обучения репродуктивного типа к образовательным технологиям развивающего типа, где предметные знания и умения используются в качестве средства развития познавательных и социальных способностей. При этом инновационные педагогические технологии являются многофункциональным средством познания, универсальными технологиями, обладающими адаптивными свойствами, способными объединить в себе элементы используемых ранее образовательных технологий, как обобщенный механизм взаимодействия сложившихся традиций и новаций.

Следует отметить, что в педагогической науке пока отсутствует единое понимание как самого феномена педагогических инноваций, так и условий, обеспечивающих эффективное развитие инновационных процессов в современных системах обучения. Под инновациями понимается и процесс улучшения путем внесения каких-либо новшеств; и введение чего-либо нового; и новая идея, метод или устройство; и успешное использование новых идей; и изменение, которое создает новые аспекты в деятельности; и нововведение, связанное с коренными преобразованиями существующей практики. Педагогические инновации отличаются от аналогичных процессов в других сферах тем, что объектом инновации является живая, развивающаяся, обладающая неповторимостью личность ученика, студента и любые нововведения должны быть направлены на ее развитие. Инновации не могут быть оценены положительно, если не оказывают позитивного влияния на личность [1].

Комплекс педагогических условий, обеспечивающий эффективное развитие инновационных процессов в вузе и способствующий эффективному формированию инновационных способностей у студентов, должен, по нашему мнению, включать:

- создание рефлексивной среды, способствующей личностно-профессиональному саморазвитию. В контексте рефлексии наиболее отчетливо выступает и взаимосвязь трех сторон общения: восприятие – обмен информацией – взаимодействие;

- развитие у студентов мотивации к достижению успеха в профессиональной деятельности. Данный подход ориентирован на развитие мотивации достижений как фактора саморазвития личности студента, его учебных достижений, обученности, творческих способностей;

- развитие креативно-творческого потенциала в процессе обучения в вузе. Последнее особенно важно, поскольку умение мыслить творчески, хорошо развитая креативность являются важнейшей экономической силой в XXI веке и существенной частью жизни людей.

Творческие способности и мотивации к достижению успеха сами по себе не развиваются, необходим некий «пусковой механизм», который запустил бы в работу механизмы мышления, а также знания такого механизма [2]. Одним из таких «пусковых механизмов» выступают инновационные технологии обучения. Внедрение инновационных технологий в профессиональную подготовку будущего специалиста является необходимым элементом формирования основ профессионализма.

Таким образом, актуальность использования инновационных технологий для формирования профессиональных умений у студентов не вызывает сомнений. Возникает вопрос: какие инновационные технологии использовать, а также какими должны быть их содержание и методика использования в учебном процессе, чтобы обеспечить эффективность формирования профессионально значимых умений у студентов, личностно-профессионального саморазвития, развитие мотивации и креативно-творческого потенциала.

В теории и практике обучения наиболее распространенными инновационными технологиями обучения являются информационно-коммуникационные, игровые, модульные, проектные и исследовательские технологии.

Одной из современных форм реализации инновационной технологии и методом обучения является мастер-класс. Мы опираемся на определение М.М. Поташника, согласно которого мастер-класс – активная форма творческой самореализации педагога, когда учитель-мастер передает свой опыт слушателям путем прямого и комментированного показа приемов работы [3,78]. Мастер-класс – это эффективная форма передачи знаний и умений, обмена опытом, центральным звеном которой является демонстрация оригинальных методов освоения определенного содержания при активной роли всех участников занятия. Мастер–класс – это особая форма учебного занятия, которая основана на «практических» действиях показа и демонстрации творческого решения определенной познавательной и проблемной педагогической задачи.

Основными задачами мастер-класса являются обобщение опыта по определенной проблеме, передача этого опыта, совместная отработка методических приемов, оказание реальной помощи участникам мастер-класса в определении задач саморазвития и формирования индивидуальной программы самообразования.

В рамках данной статьи мы представляем проведение мастер-класса в форме лекции-полилога, что является нововведением в педагогическую деятельность, имеющим целью повышение эффективности обучения и воспитания. Как известно, полилог это – способ обсуждения проблем с участием трех и более сторон, имеющих разные точки зрения на нее. Полилог возможен в формах беседы, дискуссии, конференции, диспута, организационно-деятельностной игры, использования тренинговых заданий и др. Полилог – это взаимное проникновение индивидуальных, исторических, национальных, территориальных, религиозных культур, опыт их взаимодействия и нахождения точек соприкосновения. Участие в полилоге учит студентов проникать в логику собеседника и понимать ее, терпению, нахождению общего и особенного, умению выслушивать и корректировать собственную систему взглядов. Как метод обучения полилог более сложен, чем диалог. Он строится на персонализации позиции каждого участника и требует учета большего числа факторов при своем личном участии.

Полилогическое общение представляет собой целенаправленное взаимодействие нескольких собеседников, которые разрабатывают одну или нескольких тем, исходя из условий ситуации, руководствуясь занимаемой позицией по отношению к проблеме, предмету общения, мнению и взглядам других партнеров по общению [4].

Мастер-класс в форме лекции-полилога интегрирует дисциплины выпускающих кафедр и языковой кафедры, что задает новый формат ведения лекций. Эта интерактивная форма обучения и обмена опытом объединяет черты тренинга и конференции. В ходе мастер-класса отрабатываются практические навыки студентов по различным методикам и технологиям с целью повышения профессионального уровня и обмена передовым опытом участников, расширения кругозора и приобщения к новейшим областям знания.

Для реализации данного подхода разработан мастер-класс «PR в странах изучаемого языка», где три преподавателя кафедры иностранных языков для специальных целей ведут полемику о PR в США, Германии и Франции. Родиной PR считается США, где термин «public relations» впервые был упомянут в 1807 третьим президентом Томасом Джефферсоном. На протяжении двух столетий американский PR занимается продвижением компаний и их товаров или услуг, личностей и даже самой страны. В настоящие дни в эпоху мирового кризиса в США актуально говорить об антикризисном PR. В Германии PR выступает как инструмент интеграции и интерпретации, с помощью которого обеспечивается взаимодействие людей в политической, экономической и социальных сферах. Во Франции PR является стратегией доверия, призванной соединить разорванные социальные связи между человеком-производителем, человеком-потребителем и человеком отношений.

Каждый преподаватель делится со слушателями собственными наблюдениями сквозь призму преподаваемого языка, анализирует сильные и слабые стороны себя и своих коллег в роли PR-специалиста, обогащается опытом. Такая форма проведения лекций представляет возможность познакомиться с новыми технологиями, методиками и авторскими наработками. Полилог является многосторонним процессом, где не только студенты учатся у преподавателей, но и преподаватели друг у друга, а также у студентов. Индивидуальный подход к каждому слушателю мастер-класса отличает его от традиционного проведения лекций.

Программа мастер-класса предполагает несколько лекций-полилогов. Лекции построены по схеме поочередного выступления каждого лектора (модератора), интерактивно работающего с аудиторией. В первой лекции вводятся понятия PR и рекламы в странах изучаемого языка, проводится небольшой экскурс в историю терминов, осуществляется ознакомление с особенностями учебного процесса будущих PR-специалистов в США, Германии и Франции. В дальнейшем планируются лекции-полилоги по антикризисному PR, известным PR-кампаниям, PR в политике и др. Апробированная первая лекция-полилог показала заинтересованность в инновационной форме лекций не только студентов, но и коллег. Таким образом, первую попытку проведения мастер-класса в форме полилога следует считать удачной.

Мастер-класс в форме полилога может стать результативным дидактическим средством развития мотивации учения при соблюдении совокупности педагогических условий, включающей дидактические условия, отражающие способы организации процесса обучения, и психолого-педагогические, в которых взаимодействуют психологические и педагогические составляющие процесса обучения.

Литература

1. Куранова, Т.Д. Педагогические инновации: их место и роль в подготовке учителя начальных классов [Текст]: автореф. дис. ... канд. пед. наук / Т.Г. Куранова. – Владикавказ, 2003. – 22 с.

2. Ферсман, Н.Г. Формирование и развитие инновационного (творческого) мышления специалистов в системе постдипломного образования: в рамках курса иностранного языка [Текст]: автореф. дис. ... канд. пед. наук / Н.Г. Ферсман. – Санкт-Петербург, 2010. – 24 с.

3. Поташник, М.М. Управление профессиональным ростом учителя в современной школе [Текст]: методическое пособие / М.М. Поташник. – М.: Педагогическое общество России, 2010. – 448 с.

4. Калинина, М.С. Обучение студентов-лингвистов коммуникативным стратегиям полилогического общения: французский язык [Текст]: автореф. дис. ... канд. пед. наук / М.С. Калинина. – Волгоград, 2011.– 25 с.

Жуйкова О.В.
соискатель по кафедре «Профессиональная педагогика» ФГБОУ
ВПО «Ижевский государственный технический университет
имени М.Т. Калашникова», Ижевск
zhuykovaolga2012@mail.ru

ИНДИВИДУАЛИЗАЦИЯ САМОСТОЯТЕЛЬНОЙ ИНЖЕНЕРНО-ГРАФИЧЕСКОЙ ПОДГОТОВКИ СТУДЕНТОВ БАКАЛАВРИАТА

Компетентностный подход в высшем профессиональном образовании предполагает большую *индивидуализацию обучения*, включая возрастающую вовлеченность студентов в самостоятельную учебную деятельность и их личную ответственность за ее результаты: индивидуальное планирование, самооценка, самоорганизация, саморазвитие, презентация и защита учебных достижений [3,4]. Благоприятная атмосфера для этого создается на первых курсах обучения, предусматривающих изучение графических дисциплин. Поэтому в ходе самостоятельной инженерно-графической подготовки важно применять такие методики преподавания, которые учитывают индивидуальные особенности восприятия учебной информации каждым студентом.

Одним из путей индивидуализации обучения при изучении графических дисциплин может стать проектирование *индивидуальных образовательных траекторий*. В Ижевском государственном техническом университете имени М.Т. Калашникова в целях индивидуализации самостоятельной инженерно-графической подготовки студентов, обучающихся по направлению подготовки «Приборостроение», спроектированы три индивидуальные образовательные траектории: профессионально - ориентированная, информационно-презентационная, научно-исследовательская.

Профессионально-ориентированная траектория направлена на формирование у студентов системного представления о профессиональной деятельности инженера, которое включает знания о его профессиональных функциях, действиях и профессионально-важных качествах. В рамках данной траектории предусмотрен, например, поиск материала, демонстрирующего основные этапы работы инженера-конструктора; а также наглядный показ самостоятельно освоенных конкретных операций и действий по созданию эскизов, рабочих чертежей деталей, сборочных чертежей современных приборов, конструкторских документов.

Целью *информационно-презентационной* образовательной траектории является формирование у студентов умений ориентироваться в информационных потоках, осваивать новые технологии, самообучаться. Решить такую задачу возможно, если студент становится инициатором обучения, приобретает активное самостоятельное начало. Основной формой отчетности о самостоятельной работе в рамках данной траектории являются самопрезентации студентов.

Целью *научно-исследовательской* образовательной траектории самостоятельной инженерно-графической подготовки является приобщение студентов к занятиям наукой, развитие их в творческом плане. Студенты привлекаются к научно-исследовательской работе кафедры «Инженерная графика и технология рекламы» по направлениям: «Теория и практика инновационной графической подготовки на основе интеграции учебных задач »; «Совершенствование графической подготовки на основе использования 3D моделей стандартных и типовых деталей» и др., участвуя в подготовке научных докладов и выступлений на конференциях, аспирантских и студенческих семинарах.

Выбор индивидуальной образовательной траектории сопровождается консультированием и оказанием дополнительной индивидуальной помощи студенту с целью получения максимальной «отдачи» от его работы. Построение совместной продуктивной деятельности преподавателя и студента можно представить в виде алгоритма, включающего подготовительный, консультационный, экспериментальный и заключительный этапы.

На *подготовительном этапе* проводится диагностика начального уровня графической подготовки, способностей, возможностей студентов при помощи собеседования, анкетирования, тестовых графических заданий. На основе тестирования определяется тип мышления: предметно-действенный; абстрактно-символический; словесно-логический или наглядно-образный, а с помощью модифицированной методики Г.В. Резапкиной выявляется уровень креативности студентов с целью более аргументированного выбора индивидуальной образовательной траектории [2].

Для студентов с практическим складом ума характерен предметно-действенный тип мышления, которому свойственно стремление к преобразованию информации с помощью предметных действий, последовательному выполнению операций.

Наглядно-образный тип мышления свойственен студентам с художественным складом ума, характерным для архитекторов, конструкторов, дизайнеров. Имея развитое наглядно-образное мышление, они наиболее всего готовы к выполнению деятельности, связанной с преобразованиями зрительных образов и представлений.

Для индивидов с ярко выраженным вербальным интеллектом характерно словесно-логическое мышление, благодаря которому они свободно формулируют свои мысли, рассуждают, делают логичные выводы и умеют их обосновать.

Студентов с математическим складом ума отличает абстрактно-символическое мышление, при котором преобразование информации происходит с помощью абстрактных формул и операций. Следует отметить, что людям с таким типом мышления принадлежит множество открытий во всех областях науки .

Конечно, в чистом виде рассмотренные типы мышления встречаются редко, поэтому при выборе индивидуальной образовательной траектории следует учитывать возможные их сочетания. Так студентам с преимущественно развитыми предметно-действенным и наглядно-образным типами мышления наиболее адекватна профессионально-ориентированая траектория. При сочетании креативности и словесно-логического мышления – информационно-презентационная траектория, креативности и абстрактно-символического мышления – научно-исследовательская траектория.

На *консультационном этапе* преподаватель знакомит студентов с целями и задачами индивидуальных образовательных траекторий их самостоятельной инженерно - графической подготовки. Студент соотносит с ними собственные цели и потребности в самостоятельном изучении начертательной геометрии и инженерной графики; выбирает согласно своему типу мышления индивидуальные образовательные траектории, темы выполняемых заданий и форму отчетности.

Экспериментальный этап подразумевает организацию самостоятельной работы студентов, контроль, самоконтроль и взаимоконтроль, который проводится на каждом занятии. Преподаватель инструктирует студентов по выполняемой работе, обеспечивает дидактическими материалами, проводит консультации. В течение этого этапа осуществляется планомерное, систематическое, последовательное продвижение студентов по индивидуальным образовательным траекториям. Они выполняют индивидуальные задания, используют материалы научно-практических конференций, публикаций в ведущих профильных журналах, овладевают навыками самопрезентаций. Занятия могут быть организованы как «Производственные». Такого рода деятельность представляется весьма привлекательной для студентов, так как создаются условия близкие к их будущей профессиональной деятельности. Выполненные работы проверяются, анализируются, оцениваются как преподавателем, так и самими студентами. Выявляются ошибки, недочеты, выбираются лучшие работы, анализируются причины успехов и неудач. Результаты выполненных работ представляются в качестве отчетов и фиксируются в папке портфолио. Опыт успешной презентации доклада, научно-исследовательской работы стимулирует деятельность студентов, повышает познавательный интерес к графической подготовке. Портфолио студента является эффективным средством развития способности самоконтроля и рефлексии. На *заключительном этапе* папка достижений наглядно демонстрирует объем выполненных работ, успешность самостоятельного поиска материала, а рейтинговая система позволяет оценить проделанную работу и выявить уровень сформированности инженерно-графической компетенции [1, 747; 4, 23].

Наш опыт показывает, что осознанный выбор студентом индивидуальной образовательной траектории при необходимой корректной помощи преподавателя, способствует мотивации самостоятельной инженернографической подготовки и повышению ее качества.

Литература:

1. Бушмакина Н.С., Жуйкова О.В. Структура инженернографической компетенции студента в техническом вузе. Молодые ученые–ускорению научно-технического прогресса в XXI веке: сборник трудов II Всероссийская научно-техническая конференция аспирантов, магистрантов и молодых ученых с международным участием. Ижевск, 2013.-1415 с.

2. РезапкинаГ.В.Психология и выбор профессии : Программа предпрофильной подготовки: Учебно-методическое пособие .- М. : Генезис, 2011.- 208 с.

3. Селезнева Н.А. Проблема реализации компетентностного подхода к результатам образования//Высшее образование в России. 2009. №8.

4. Шихова О.Ф.Модель проектирования многоуровневых оценочных средств для диагностики компетенций студентов в техническом вузе. Образование и наука.-2012.-№2.С.23-31.

Утепов М. Б.
кандидат педагогических наук,
Наренова А.Б.
доцент,
Ертлеуова Б.Б.
страший преподаватель
Республика Казахстан
Актюбинский государственный педагогический институт
г. Актобе

ИНТЕГРАЦИЯ ПЕДАГОГИЧЕСКИХ УСИЛИЙ ШКОЛЫ И ВУЗА В ПОДГОТОВКЕ СТУДЕНТА – БУДУЩЕГО УЧИТЕЛЯ

Как бы хорошо не раскрывали студенту на теоретических занятиях сущность и механизмы педагогического процесса, результат будет низким, пока теория не свяжется с надежной практикой. Этого как раз и не хватает в современном педагогическом образовании. У нас есть хорошие преподаватели-теоретики, в школах есть опытные педагоги-практики, но в их действиях существуют значительные расхождения в понимании и подходах к организации педагогической практики студента – будущего учителя. Вузовские преподаватели далеко не всегда готовы предъявить студенту реальные образцы практических способов педагогической деятельности, перевести теоретические сведения в практические умения. Школьные учителя не отчетливо видят место своего практического опыта в системе общепедагогических явлений, в целостном образовательном пространстве, оставаясь на качественно низком, ремесленническом уровне.

Осознание противоречий между педагогической теорией и педагогической практикой пришло к нам не сегодня. Проблема эта переходит из одной научной эпохи в другую. В некоторые моменты истории проявлялся недостаток теории при большом развитии практики, чаще же хромала именно практическая сторона, при разностороннем теоретическом обосновании. Например, Абдуллина О. А. пишет: «главным недостатком подготовки нынешних выпускников является разрыв между теоретическими знаниями и навыками их практического использования, отсюда слабое владение практическими умениями и навыками» [1, С. 34]. Это самое общее и больное место всех работ по педагогической практике без исключения. На настоящий момент проблему надо видимо ставить иначе: что нам мешает соединить теорию и практику, кроме нас самих? Ответ очевиден: ничто, кроме нас самих.

Белозерцев Е. П. отмечает как одну из проблем то, что «динамика бюджета времени иллюстрирует усиление теоретической подготовки студентов против практико-деятельной за последние более чем 20 лет». [2, С. 8] Данные сравнительный педагогики (Великобритания, Германия, США) показывают, что «педагогическая практика является обязательной частью образовательного процесса в высших образовательных учреждениях как России, так и за рубежом». [5, С. 412] При этом практика «в целом занимает академический год (иногда два года) всего образовательного процесса при получении студентом степени бакалавра». [5, С. 414] Анализ ГОСО РК от 2010 года показывает некоторое улучшение в этом вопросе. На все виды практик в совокупности по новому стандарту отводится не менее 20-ти кредитов (т.е. недель) [4]. Это уже больше прежнего, но как минимум в два раза меньше, чем в вышеуказанных странах.

Когда исследователь-экспериментатор берется за решение проблемы, он, как правило, видит только одну сторону проблемы, и работает над усовершенствованием практики как таковой, без анализа ее теоретической предтечи. Но нет понимания непрерывности, целостности педагогического процесса. Гребенюк Т. Б. отмечает, «целостный процесс отличается от не целостного тем, что противоречия его иерархизированы, представляют систему, подчиняются конкретной педагогической цели. Это становится возможным, если устанавливается единство между всеми составляющими – циклами дисциплин, содержанием и формами деятельности, наконец, всеми сторонами психики и личности студента». [8, С. 5] Если присмотреться к проблеме внимательно, то с очевидностью проступает противоречие внутри самих педагогических и психологических учебных курсов. Не соблюдается логика их развертывания, разворачивания одного из другого с постепенным переходом к практическому разрешению образовательных задач.

В настоящее время учебные курсы сокращаются, соединяются, сменяют названия и друг друга каждый учебный год. Все это происходит как требования министерства. Отсутствует полностью та академическая свобода, о которой так много и красиво говорят, и которая должна прежде всего проявляться в возможности самостоятельно на уровне самого вуза регулировать логику и объем учебных курсов. С точки зрения Абдуллиной О. А. «стандарты не должны жестко регламентировать учебный процесс в вузах, подавлять творческую инициативу профессорско-преподавательского состава. Стандартизация не исключает, а наоборот, предполагает поиск инновационных подходов к программированию вузовских знаний. В рамках стандартов должны закладываться возможности и условия для проявления творчества, в частности, при разработке учебных планов, специальных курсов, авторских учебных программ и др. Более того, сами стандарты — результат творческого поиска в определении базового ядра знаний, единого минимума требований к специалисту». [1, С. 80]

Никто из педагогов-исследователей не станет отрицать, что каждый новый учебный курс должен развивать предыдущий этого же цикла и каждая теоретическая составляющая должна соединяться с практической. Чем чаще и логичнее будет перекликаться теория с реальной практикой, тем надежнее будет эта связь и тем качественнее результаты образования. При этом, интеграционные процессы должны все глубже входить в структуру и содержание учебно-практических курсов.

Это возможно только в том случае, если интеграционные процессы будут размывать пока еще слишком отчетливые грани между практикумами, семинарами, так называемыми СРСП (смысл которых до сих пор не уточнен) и СРС и собственно педагогической, то есть школьной практикой. Воробьева О. В. указывает, что «в коренном изменении нуждается вся система семинарских, лабораторно-практических занятий и практикумов. Главным их назначением должно стать применение знаний в практической деятельности». [3] Это возможно также в том случае, если будут интегрированы деятельностные, компетентностные пространства педагога вуза и школьного учителя. Образно и буквально говоря, учитель школы, наконец, должен быть допущен в студенческие аудитории, чтобы там, на месте, сказать, свое веское, подкрепленное практикой слово. Вузовский высокомерный педагог должен также образно и буквально прописаться в конкретной школе, на базе практики, чтобы там, на месте, связывать свою теорию с пока еще далекой от него практикой.

Собственно говоря, кроме лекций и рейтингово-экзаменационных мероприятий, все остальные формы занятий в вузе: практикумы, семинары, СРС и пр. должны настолько интегрироваться в школьную практику, чтобы стать однородной в структурном и содержательном смысле деятельностью по присвоению студентом реального педагогического опыта. Опыт этот подразумевает и подготовку, и проведение уроков, и педагогическое общение, и психологическое обеспечение педагогического процесса, и все остальные его составляющие.

Такое положение дел привело нас к идее связать серьезным научным экспериментом воедино теоретическую подготовку студента по психолого-педагогическому направлению с аудиторными же практическими, семинарскими занятиями и с практикой на базе общеобразовательной школы. Эти три компонента должны превратиться в нечто цельное, последовательно приводящее студента к действенному присвоению психолого-педагогических знаний, умений, а также формированию на их основе творческого и мотивационного компонентов. Это связано также с необходимостью непрерывного продуктивного взаимодействия вузовского педагога, студента и школьного учителя, а также вуза и школы в целом. Целесообразнее всего это осуществить в пространстве педагогической практики студента, где пересекаются действия всех трех субъектов педагогического процесса.

Анализ современных исследований проблемы организации педагогической практики позволяет выявить некоторые новые тенденции в этой области. Например, есть опыт построения педагогической практики по модульной системе «сущность которого состоит в разделении единого потока содержания педагогической практики на отдельные блоки-модули, обладающие завершенностью и относительной самостоятельностью». Причем модульность в данном случае предполагает не элементарное структурирование по направлениям практики, а исходя из принципа целостности, поэтапно, не разнонаправлено, не нарушая логики педагогического процесса. [7]

Среди выдвигаемых Мкртчан Н. М. принципов особого внимания заслуживают, конечно же, принцип интегративности, предполагающий «взаимопроникновение теоретической подготовки и практической деятельности студентов, их учебной и исследовательской работы…» и принцип эйдетической редукции, «обусловливающий стремительное «погружение» студента в профессиональную деятельность, максимальное напряжение *личностно-смыслового пространства* [*выделено нами*], актуализацию творческого потенциала…». [7]

Наблюдается возврат к идеалу *ученичества* в самом высоком смысле этого слова, когда каждый студент – начинающий учитель – становится подлинным учеником у *наставника-мастера*, и под его руководством постепенно восходит к вершинам мастерства. По традиции ученик (в нашем случае – студент-практикант) должен предъявить мастеру и зрителям для оценки некоторый «*шедевр*». [7] В данном случае – это открытый урок, точнее – внеклассное мероприятие высокого уровня.

В научной статье Воробьевой О. В. мы находим интересные идеи об индивидуализации педагогической практики через разработки «разнообразных маршрутов», так как «процесс профессиональной подготовки учителя всегда дифференцирован», «не может быть одинаковых путей помощи становящемуся учителю». [5] По мнению исследовательницы, «управление качеством образования в рамках новой образовательной парадигмы, в которой личность обучающегося является основной социальной ценностью, представляется возможным лишь при наличии объективной информации о том, как осуществляется *траектория личностно-профессионального становления* [*выделено нами*] будущего учителя в педагогическом вузе…». [6] Индивидуальный маршрут обучения Колодкина Л. С. в контексте педагогической практики понимает как «свободный и ответственный выбор студентом собственного „трека“ движения в педагогическом пространстве». [6]

Опираясь на эти идеи и на опыт собственных наблюдений как методиста практики мы попытались выработать целостный подход к преодолению барьера между теорией и практикой профессиональной подготовки будущего учителя. *Цель* нашего проекта – разработка новых подходов и механизмов продуктивного, системного взаимодействия педагогического вуза и общеобразовательной школы в деле подготовки компетентных специалистов средствами непрерывной педагогической практики. Это подразумевает решение следующих *задач*:

1. Пересмотр структуры учебных курсов психолого-педагогического цикла, изыскание, для начала хотя бы на рекомендательном уровне, возможностей кардинальной его перестройки. Система психолого-педагогических учебных курсов должна представлять собой единый интеграционный курс всестороннего присвоения профессиональных компетенций, постепенного и непрерывного восхождения к вершинам профессионализма.

2. На внутрипредметном уровне необходимо интегрировать между собой и внутрь педагогической практики практикумы, семинары и СРСП. СРСП должны стать основой для создания творческой лаборатории по преодолению разрыва между теорией и практикой.

3. Путем заключения договоров со школами создать экспериментальные площадки, а в дальнейшем – творческую лабораторию для формирования особого интеграционного пространства между вузом и школой, через который бы осуществлялся непрерывный, интерактивный процесс практической психолого-педагогической подготовки студента к будущей профессиональной деятельности в организационном единстве педагогов вуза, школьных учителей и студенческих групп;

4. Создание целостной постоянной триады: преподаватель психолого-педагогических дисциплин – студент (студенческая группа) – школьный учитель предметник и классный руководитель, с привлечением лучших школьных педагогов (мастеров) и студентов на добровольных началах путем прямой агитации целостных студенческих групп (по одной учебной группе в 10-15 человек на педагога);

5. Перевод теоретических и практических занятий в вузе и школе, регулярных совместных научно-методических семинаров, педсоветов, совещаний, конференций (в основном на базе школы), в рамках экспериментальной программы в открытый режим и в режим «онлайн»;

6. Разработка единой экспериментальной программы с развивающими целями, с продолжительной перспективой на профессионально-личностное становление будущего учителя; организация для этого серии семинаров-тренингов по адаптации студентов и педагогов экспериментальных групп к продуктивному профессионально-личностному взаимодействию в условиях эксперимента в вузе и школе;

Как результат решения вышеуказанных задач – изменение отношений между педагогом и студентом, между педагогами вуза и школы с информативно-рецептивных, командно-административных, обезличенных в профессионально-личностные, творческие, формирование между педагогом и студентом позиции «Мастер-ученик»;

Интеграционные процессы должны идти, таким образом, в нескольких направлениях и на нескольких уровнях:

а) в направлении интеграции структуры и содержания учебных курсов психолого-педагогического и предметно-методического циклов на межпредметном, внутрипредметном (как синтез форм учебной работы) и тематическом уровнях;

б) во взаимосвязи когнитивных, деятельностных, коммуникативных и рефлексивных аспектов профессиональной подготовки будущих учителей на уровнях подготовки, осуществления и рефлексии школьной практики;

в) во взаимодействии субъектов целостного образовательного процесса педагогического вуза и школы: преподавателя-методиста вуза, студента и школьного учителя на учебно-методическом, научно-исследовательском и профессионально-личностном уровнях.

Список использованной литературы

1. Абдуллина О., Маркова Н. Инновации и стандарты. Мониторинг педагогического образования // Высшее образование в России. – №5, 1999. – С. 78-82

2. Белозерцев Е.П. Подготовка учителя в условиях перестройки. — М.: Педагогика, 2009-208 с.

3. Воробьева О. В. Профессиональная подготовка будущего учителя начальных классов в современных образовательных условиях / Материалы Межд. заочной научно-практ. конф. «Педагогические и психологические науки: актуальные вопросы». – Россия, г. Новосибирск, 31 окт. 2012 г.

4. Государственные общеобязательные стандарты образования Республики Казахстан. Высшее образование. Бакалавриат. – Астана, 2010

5. Исаева Т. А. Педагогическая практика в образовательном процессе высших учебных заведений России и за рубежом (на примере университетов Великобритании, США, Германии) // Молодой ученый. – 2012. – №4 – С. 412-414

6. Колодкина Л. С. Моделирование общедидактической подготовки студентов – будущих учителей в условиях педагогической практики в университете. Автореферат дисс. канд. пед. наук (13.00.01). – Ижевск, 2005

7. Мкртчян Н. М. Модульная организация педагогической практики как условие совершенствования педагогической культуры будущего учителя / Автореферат дисс. канд. пед. наук (13.00.08) – Ростов-на-Дону, 2007.

8. Организация, контроль и оценка педагогической практики студентов: Методические указания. / Автор-составитель Т.Б. Гребенюк. - Калирингр. ун-т. – Калининград, 2000. - 29 с.

Бушмакина Н.С.
аспирант ФГБОУ ВПО ИжГТУ имени М.Т. Калашникова
buschmakina2010@yandex.ru
Шихова О.Ф.
д.п.н., профессор кафедры «Профессиональная педагогика» ФГБОУ
ВПО ИжГТУ имени М.Т. Калашникова

ОЦЕНОЧНЫЕ СРЕДСТВА ДЛЯ ДИАГНОСТИКИ КАЧЕСТВА ИНЖЕНЕРНО-ГРАФИЧЕСКОЙ ПОДГОТОВКИ СТУДЕНТОВ—БУДУЩИХ СТРОИТЕЛЕЙ

Анализ современных научных публикаций показал, что основными *критериями качества инженерно-графической подготовки* в настоящее время являются ее фундаментальность, профессиональная направленность, проблемно-ориентированный и опережающий характер.

Фундаментальность образования является результатом процесса его фундаментализации, предполагающего отказ от узкой специализации и дифференциации знаний, которые не синтезируются в форме общей картины мира на личностном уровне [2]. Фундаментальность инженерно-графической подготовки будущих строителей предполагает формирование у студентов системы инвариантных методологически важных инженерно-графических компетенций, которые позволят им адаптироваться в строительной профессии и быть конкурентоспособными на рынке труда.

Проблемно-ориентированный характер инженерно-графической подготовки предполагает интерактивное взаимодействие субъектов учебного процесса, организацию творческой учебно-исследовательской деятельности с использованием информационно-коммуникационных технологий, ориентацию на решение проблемных задач, соответствующих актуальным вопросам науки и практики в сфере строительства.

Опережающий характер инженерно-графической подготовки рассматривается как определенный дидактический ритм преподавания и усвоения учебного материала, при котором создается связь между темами таким образом, чтобы в процессе изучения предшествующей темы захватить часть темы последующей. С другой стороны, содержание инженерно-графической подготовки не должно отставать от научно-технического прогресса, следуя за его непрерывным движением вперед.

Профессиональная направленность инженерно-графической подготовки должна соотноситься с ее личностной направленностью и подразумевать использование педагогических средств (форм, методов обучения), обеспечивающих усвоение студентами программного объема знаний, умений, компетенций, способствующих формированию профессионально значимых качеств личности инженера-строителя, которые проявляются в: понимании роли инженерной графики в инженерно-строительной деятельности, ее взаимосвязи с содержанием дисциплин специализации; умении осуществлять адекватный выбор метода решения и анализа прикладной графической задачи.

Рассмотренным критериям должны удовлетворять и оценочные средства для диагностики уровня сформированности инженерно-графической компетенции студентов. *Инженерно-графическая компетенция* рассматривается нами как совокупность квалификационных и профессионально-личностных характеристик: знаний, умений, способностей, обеспечивающих успешную деятельность по моделированию и графическому предъявлению инженерных объектов[1]. Для проектирования компетентностно-ориентированных оценочных средств в Ижевском государственном техническом университете имени М.Т. Калашникова использовался метод групповых экспертных оценок [1] с привлечением в качестве экспертов наиболее квалифицированных преподавателей инженерной графики. Эксперты выделили три уровня сформированности инженерно-графической компетенции: *базовый, программный* и *творческий*.

Базовый уровень требует: знания понятийно-терминологического аппарата инженерной графики и конструктивных особенностей используемых в строительстве устройств и механизмов; умения спроектировать аналогичные конструкции, а также применять свойства, теоремы, типовые алгоритмы при решении графических задач. С базовым уровнем соотносятся категории *знание, понимание, применение.* Студент не только объясняет термины, методы, принципы инженерной графики, преобразует словесный материал в графический, но и описывает возможные последствия их неграмотного использования. *Базовый уровень* контролируется стандартизированными многомерными тестами, измеряющими уровень подготовленности по нескольким разделам учебной дисциплины с единой процедурой проведения и подведения итогов тестирования. Тесты включают критериально-ориентированную и нормативно-ориентированные части. *Критериально-ориентированная часть* представляет собой систему заданий, позволяющую измерить уровень учебных достижений относительно полного объёма знаний, умений и навыков, которые должны быть усвоены студентами. *Нормативно-ориентированная часть* позволяет ранжировать обучающихся по уровню их подготовленности.

Программному уровню формирования инженерно – графической компетенции соответствуют категории анализ и синтез. Студент должен быть способен анализировать различные конструкции строительных изделий, выбирая наиболее оптимальную из них, вносить необходимые изменения, направленные на ее совершенствование. Данный уровень подразумевает применение законов, теоретических выводов в конкретных практических ситуациях; использование понятий и принципов построения изображений в новых ситуациях; вычленение частей чертежа, выявление взаимосвязи между ними; нахождение ошибок и упущений в чертежах; оценивание значимости и полноты исходных данных для их выполнения. *Программный* уровень сформированности инженерно-графической компетенции предполагает выполнение студентами *профессионально-ориентированных заданий* – задач комбинированного характера, решение которых требует профессионального взгляда на решаемую проблему, сопоставления инженерно- графических знаний и своего личного опыта из смежных дисциплин.

Творческий уровень, которому соответствуют категории *оценка* и *прогноз*, предусматривает способность студента решать проблемные профессионально-ориентированные задачи, самостоятельно разрабатывать чертежи оригинальных конструкций строительных устройств, прогнозировать потенциальные возможности их использования и совершенствования. Инженерно-графическая компетенция сформирована на *творческом уровне,* если студенты выполняют *многофункциональные* профессионально-ориентированные задания олимпиадного характера. Это задания, условия и требования которых определяют собой модель некоторой ситуации, возникающей в профессиональной деятельности строителя, а исследование этой ситуации средствами инженерной графики способствует формированию профессиональной компетентности будущего бакалавра [10]. Олимпиадный характер заданий требует глубоких комплексных знаний не только изучаемой дисциплины, но и смежных разделов других предметов.

Для комплексной оценки качества сформированности инженерно-графической компетенции и выявлении пробелов в ее структуре, разработаны комплексные задания, включающие все рассмотренные выше виды оценочных средств. Их системное применение обеспечивает многоуровневый контроль, позволяя всесторонне наблюдать за освоением студентами всех разделов учебной дисциплины, проверять уровень сформированности как теоретических знаний, так и практических умений и навыков.

Список литературы

1. Бушмакина Н.С., Шихова О.Ф. Олимпиада по инженерной графике как средство формирования творческих профессиональных компетенций студентов технического вуза/Образование и наука, 2013 г. - № 2.- С. 60-72.

2. Субетто, А.И. Проблемы фундаментализации и источников формирования содержания высшего образования: грани государственной политики. – Кострома - М.: КГПУ, Исслед. центр проблем качества подготовки специалистов,1995. - 332с.

Елканова Т. М.

доцент кафедры физики конденсированного состояния, канд. физ.-мат. наук, ФГБОУ ВПО «Северо-Осетинский государственный университет им. К.Л. Хетагурова»

Сергеева Л. В.

старший преподаватель кафедры физики, ФГБОУ ВПО «Горский государственный аграрный университет»

Чеджемова Н. М.

доцент кафедры иностранных языков для гуманитарных факультетов, канд. пед. наук, фгбоу впо «Северо-Осетинский государственный университет им. К.Л. Хетагурова»

КОНЦЕПЦИЯ ИНТЕГРАЦИОННО-КОРРЕЛЯЦИОННЫХ СВЯЗЕЙ В СТРУКТУРЕ ЛОКАЛЬНОЙ ГУМАНИТАРНО-РАЗВИВАЮЩЕЙ ОБРАЗОВАТЕЛЬНОЙ СРЕДЫ

В контексте складывающейся планетарной цивилизации стратегическим ориентиром развития образовательной среды и построения единого культуросообразного образовательного пространства выступает гуманитаризация современного образования. Это связано с осознанием обществом приоритетов гуманитарного миропонимания и необходимости переосмысления роли образования в решении глобальных проблем человечества, российского социума и каждого человека в отдельности. С гуманитаризацией образования связывают поиск эффективных педагогических средств инструментального, культурологического, аксиологического и личностно-развивающего характера. Особую актуальность приобретает гуманитаризация профессионального образования, направленная прежде всего на формирование личности специалиста, обладающего не только развитыми профессиональными компетенциями, но и поликультурным кругозором и гуманитарной грамотностью, способного к целостному и системному анализу сложных проблем современной жизни общества и окружающей среды. Антропоцентрическая парадигма общественного развития предполагает, что именно общекультурный уровень развития специалиста определяет его способность решать поставленные профессиональные задачи на высоком креативном уровне.

Проведенный нами системный анализ принципов и целей гуманитаризации привел нас к разработке концептуально-теоретической модели общегуманитарного базиса современного образования путем интегративно-содержательного подхода к формированию его структуры вне зависимости от частно-методических целей и направлений конкретных образовательных курсов. Необходимым условием эффективной гуманитаризации процесса обучения мы считаем создание соответствующей образовательной среды. В научно-педагогической и методической литературе достаточно полно рассмотрены, хотя и недостаточно конкретизированы в практическом плане, модели гуманитарной образовательной среды в учебном заведении как целостной образовательной структуре. На основе разработанной нами концептуально-теоретической модели общегуманитарного базиса [1 – 3] мы предлагаем концепцию создания локальной гуманитарно-развивающей образовательной среды непосредственно при изучении отдельных учебных дисциплин, опираясь на определение среды как зоны непосредственной активности индивида, его ближайшего развития и действия. Применительно к конкретному учебному предмету гуманитарно-развивающая образовательная среда – это личностно-ориентированный учебный процесс, основанный на совокупности специально организованных психолого-педагогических условий обучения, направленный на раскрытие гуманитарной специфики изучаемой области знаний, всесторонне реализующий гуманитарный потенциал изучаемой конкретно-научной дисциплины через включение специальным образом организованных личностно значимых для студента знаний и использование эргономичных и комфортных педагогических технологий, подкрепленный комплексом мер организационного, методического, психологического характера, обеспечивающих формирование целостной гуманитарной культуры [4]. При этом значительно усилена степень направленности учебно-воспитательного процесса на развитие и саморазвитие личности студентов, включая профессионально-важные качества личности.

Разработанная концептуально-теоретическая модель локальной гуманитарно-развивающей образовательной среды, предусматривающая формирование ключевых компетенций специалиста, включает следующие компоненты: этико-аксиологический, эколого-активационный; историко-амплификативный, интегративно-аппликативный, культурно-инфузионный, регионально-этнический, философско-методологический, интеракционно-гностический, информационно-аналитический, когнитивно-коммуникативный, антропогностический, сенситивно-рефлексивный, аппликативно-валеологический, психолого-адаптивный, креативно-развивающий, личностно-вариативный; контемпорально-презентативный, социально-правовой, социально-адаптивный. Один из компонентов в концептуальном содержании разработанной нами модели – интегративно-аппликативный – предусматривает генерализацию и интегративное расширение содержания межпредметных связей на координационно-корреляционном уровне и основан на предлагаемой нами концепции интеграционно-корреляционных связей, подразумевающих установление и использование в учебном процессе многосторонних разнообразных связей не только между учебными дисциплинами, но и между различными областями знания и культуры. Генерализация, координация и корреляция интеграционно-корреляционных связей происходит на различных уровнях: концептуально-теоретическом, категориальном, методологическом, объектном, аппликативно-прагматическом (прикладном), аксиологическом, культурологическом, ценностно-критериальном. Выявляются и исследуются научные и историко-культурные корреляции между явлениями и процессами, между формированием различных областей знания и культуры, устанавливаются общие принципы их развития, прослеживается логика и специфика историко-культурных взаимосвязей по синхронизационным, диахронным и корреляционным компонентам, производится анализ генезиса, эволюции и генерализации идей, понятий, терминов как в рамках изучаемой науки, так и в различных областях знания. Использование интеграционно-корреляционных связей способствует формированию и развитию системного, логико-вербального, продуктивного и дивергентного мышления, умения видеть объект в единстве его многосторонних связей и отношений; развитию способности использовать знания из разных областей в видах деятельности, связанных с профессией, видеть и решать общие проблемы, возникающие на стыке различных областей; формированию межсистемных ассоциаций, которые, согласно В.Ф. Ефименко [5], являются обобщениями высшего порядка и лежат в основе мировоззренческих взглядов и убеждений.

Особенно актуальной мы считаем проблему применения интеграционно-корреляционных связей в обучении студентов естественно-математических и технических специальностей, так как спектр изучаемых ими естественнонаучных, математических и технических дисциплин ограничен и не формирует целостной картины мира. Поэтому возникает опасность развития у студентов технократического стиля мышления, явившегося одной из причин многочисленных антропогенных катастроф. Использование разрабатываемой нами концепции интеграционно-корреляционных связей призвано обеспечить формирование целостного видения мира во всем многообразии связей и зависимостей, причем с усилением внимания к аксиологическим аспектам получаемых знаний. При этом особое внимание уделяется развитию кросскультурной грамотности и ценностных критериев будущей профессиональной деятельности студентов.

Литература

1. Елканова Т.М. Пути гуманитаризации преподавания естественнонаучных дисциплин // Высшее образование в России. – 1992. – №2. – С. 88-93.
2. Елканова Т.М., Белогуров А.Ю. Общегуманитарный базис современной системы образования (попытка концептуально-

теоретической модели) // Высшее образование в России. – №4. – 1995. – С. 64-66.

3. Elkanova T.M. To the problem of humanitarization of engineering education // International conference of engineering education: Abstracts. May, 23-25, 1995, Moscow, Russia. – Moscow, 1995. - P. 51-53.

4. Елканова Т.М. Концептуальная модель локальной гуманитарно-развивающей образовательной среды // Высшее образование сегодня. – 2009. – №7. – С. 56-59.

5. Ефименко В.Ф. Методологические вопросы школьного курса физики. – М.: Педагогика, 1976. – 224 с.

Юсупов Ш.Р.
доцент, кандидат политических наук
кафедра прикладной политологии
Казанского федерального университета
neoshom@rambler.ru

РОЛЬ ПЕЧАТНЫХ СМИ В ОСВЕЩЕНИИ МЕЖЭТНИЧЕСКОЙ ПРОБЛЕМАТИКИ (НА ПРИМЕРЕ МАТЕРИАЛОВ «Российской Газеты» С 01.01.2011 ПО 10.01.2012)

СМИ – один из значимых факторов, который должен способствовать формированию и утверждению в обществе идей гуманизма, равенства граждан и народов; идей толерантности и согласия.

В современных исследованиях, посвящённых изучению статей об этнических проблемах, принято выделять несколько «языков» межкультурного восприятия, которыми пользуются современные СМИ при освещении «этнических» ситуаций: *«язык согласия», «язык различий», «язык политкорректности», «язык социальной конкуренции», «язык вражды».*

«Язык согласия» - наиболее толерантный и уважительный, нацеленный на трансляцию и репрезентацию назидательных, мультикультурных установок.

«Язык различий» - описание, констатация этнических различий, но без враждебных установок. Данный прием способствует представлению о культурном разнообразии современного общества.

«Язык политкорректности» - это нейтральный способ освещения событий, носящий внешне толерантный характер.

Два «языка» освещения «этнических» ситуаций (**«язык социальной конкуренции»** и **«язык вражды»**) нацелены на транслирование интолерантного восприятия других культур. Если с помощью «языка социальной конкуренции» описывается ситуация, в которой не содержится прямой и откровенной враждебности, но вселяется недоверие к представителям других этнических групп, то во втором случае имеет место язык, способствующий разжиганию межэтнической вражды.

Для иллюстрации данной темы была проведена выборка публикаций из «Российской газеты» за 2011 год. Всего было выпущено 296 номеров. В качестве объекта исследования был выбрано упоминание государства «Таджикистан» и национальности «таджик»: количество упоминаний, характер статьи и эмоциональная окраска употребления слова или соответствующих ему определений.

Слово «Таджикистан» было употреблено в 178 выпусках, это 2/3 от годового выпуска газет.

Из них 101 статья имела нейтральный характер (носила перечисляющий или назывательный характер), что составляет 57% от общего числа упоминаний; 34 статьи – положительный характер (привязка к культурным и развлекательным событиям, несущим положительные эмоции) – 19%; 43 статьи негативного характера (криминал и происшествия) – 24%. Так же при анализе рубрики происшествия в целом выявляется тенденция, что при освещении негативных событий национальность приезжих граждан обязательно упоминается, даже если они уже имеют российское гражданство. В то время как коренные для России национальности в разделе криминала стараются не употреблять.

Слово «Таджик» использовано 27 раз – 1/10 от количества выпусков газеты за исследуемый период..

22% (6 статей) - положительного использования, 37% (10 статей) – нейтрального и 41% (11 статей) – негативного характера. Причём в 3-х статьях слово использовано не как фактическое упоминание уроженца Таджикистана, а как эмоционально негативно окрашенный стереотип (пример: **«Но ведь это касается не только мексиканцев в США или таджиков и узбеков в России.»**[1].

Так же из данного сравнения можно сделать вывод, что само слово «таджик» приобрело негативную окраску, так как используется как стереотип, своего рода ярлык.

В результате проведенного исследования, можно сделать следующие выводы:

I. Существует много точек соприкосновения СМИ и этничности, такие как:

1. Организация и функционирование самих "этнических" каналов СМИ (как федеральных, так и региональных, их этно-языковой аспект, проблема журналистских кадров, объемов разноязычного вещания, финансирования и т.д.).

2. Аудитория "этнических" СМИ (этнический состав и интересы многонациональной аудитории отдельно прессы, радио и ТВ в разных регионах России).

3. Собственно этническая информация, ее содержание и направленность, а также потенциальный эффект. В связи с этим необходимо изучение многих проблем, важных для регулирования межэтнических отношений в стране, а именно:

• направление и разнообразие этнической проблематики в федеральных, этно-республиканских, областных и др. СМИ.

• представленность разных этносов в СМИ;

• особенности этнической проблематики, освещаемой федеральными и республиканскими СМИ;

• этнорегиональные особенности и акценты в подаче политической, экономической, культурной этнической информации;

- распространение через СМИ этнических стереотипов (образы русских и россиян);
- образы титульных этносов и республик;
- образы этнических меньшинств в российской прессе;
- научно-экспертная оценка толерантной и этноконфликтной направленности конкретных изданий: изучение проблем авторства этнопозитивной и проблемной этнической информации и др.

4. Роль и гражданские позиции журналистов и других авторов, освещающих этничность в СМИ и формирующих этноконфликтное или этнотолерантное сознание масс (профессионально-этические и правовые аспекты проблемы).

Исследуемая проблематика требует постоянного мониторинга прессы, телевидения, радио, сети Интернет как на федеральном, так и региональном уровне. Многонациональность России и острота межэтнических отношений в крупных российских мегаполисах (Москва, Санкт-Петербург и т.д.), а также некоторых регионах страны подтверждают актуальность данной темы.

ЛИТЕРАТУРА (ИСТОЧНИКИ):

1. "Российская газета" - Столичный выпуск №5627 (251).

Н. С. Черных
соискатель кафедры политологии Волгоградского государственного
университета
mistral2003@mail.ru

ВЫСШЕЕ УЧЕБНОЕ ЗАВЕДЕНИЕ КАК ЦЕНТР ФОРМИРОВАНИЯ ИННОВАЦИОННОГО ТИПА ЛИЧНОСТИ

В процессе модернизационных преобразований государством и обществом инициируется значительное количество изменений в различных сферах социальных отношений. За счет них ускоряется темп общественной жизни, активно изменяющаяся социальная среда, что требует от личности не пассивного приспособления к инновациям, а активной позиции в преобразовательной деятельности. Наиболее остро данные изменения в жизни общества ощущает такая группа молодежи как студенчество. Студенческий период жизни имеет примерные хронологические границы от 17 до 21 - 22 лет, который, по словам психологов, «открывает ступень индивидуализации и совпадает с периодом кризиса юности» [1,303]. Данный период является началом становления авторского взгляда на жизнь и индивидуального способа существования.

Студенческая молодежь, в силу своей профессиональной занятости, большое количество времени прибывает в высшим учебном заведении. Вуз представляет собой образовательною среду, приоритетной задачей которой, является обеспечение условий формирования компетенций инновационной деятельности. Исследователь В. А. Владимиров отмечает, что в настоящее время большинство стран мира стремятся перейти на инновационный подход в образовании - «…это веление времени, альтернативы ему нет» [2,6]. Основной образовательной задачей вуза, с точки зрения автора, является научить студента четко проектировать свои цели в жизни, быть самостоятельным и нести ответственность за принятые решения. Высшее учебное заведение должно помочь молодому человеку сформировать творческую личность, заложить профессиональные компетенции, овладеть широким кругозором, чтобы на выходе из данной среды он мог ориентироваться в жестких условиях конкуренции.

Под инновационным развитием вуза, Р. А. Ставратий предлагает понимать «инновационный процесс от новой идеи до ее реализации в образовательном продукте, услуге или технологии, а также дальнейшее распространение нововведения для повышения качества образования и усиления конкурентоспособности образовательного комплекса и национальной экономики в целом» [3]. Другими словами это способность высшего учебного заведения производить новые знания, осуществлять обучение студентов инновационными методами и технологиями, вести научные разработки, стремиться удовлетворять потребности общества нововведениями.

Е. Н. Ивахненко утверждает, что основной формулой американского и западноевропейского вуза является желание «находить/открывать/создавать негосударственные источники финансирования», «...университет на «рынке производства знаний» создает трансдисциплинарные центры, вступая в альянс с различными организациями, фондами, экспертными агентствами, предприятиями по производству товаров, услуг, медиапродуктов...» [4,39]. Это значит, что инновационный потенциал студентов вуза должен быть направлен на реализацию инновационных продуктов во всех сферах человеческой жизнедеятельности.

Высшее учебное заведение можно отнести к инновационной среде, с точки зрения О. Б. Филатовой, только если оно обладает в своей структуре особыми внутренними компонентами и подготавливает выпускников с учетом современных требований. Под внутренними элементами среды, понимается наличие:

• профессорско–преподавательского состава, досугово–культурного ресурса;

• программно – методического, нормативно – правового обеспечения;

• организационной структуры (центр информационных технологий, центр формирования качества выпускников, служба мониторинга и т.д.);

• привлечение интеллектуально - практических ресурсов для проведения специальных дисциплин;

• финансово – экономического ресурса (полное обеспечение необходимым оборудованием, площадками для интеллектуального и физического развития студента);

• информационного обеспечения.

Инновационная образовательная среда придает образовательному процессу, такие черты как:

• формирование профессиональных знаний по специальности;

• воспитание межличностных, инструментальных, системных компетенций [5].

В целом, высшее учебное заведение должно способствовать развитию инновативной компетенции студента, - такой характеристики личности, - которая содействовала бы активной интеграции индивида в общественно-политические и экономические процессы. Н. М. Лебедева выделяет набор характеристик - инновативных качеств личности: стремление заниматься творчеством; независимость; любознательность; поощрение креативности в других людях; готовность вкладывать денежные средства в инновации; готовность к риску; смелое отношение к неизвестному; активный поиск новых возможностей; конструктивное отношение к ошибкам [6]. Данные черты можно свести к трем факторам: креативность, риск ради успеха, ориентация на будущее.

Для преодоления застаивания любой политической системы, существует необходимость ее постоянного обновления и модернизации, что невозможно без будущих профессионалов. В результате чего современные вузы должны стать активными партерами институтов государственной власти и гражданского общества в процессе формирования человеческого капитала. Только с помощью совместного взаимодействия данных компонентов у молодых людей появится возможность активного и творческого участия в общественно – политических делах, что, в конечном счете, станет эффективной основой укрепления принципов демократического общества в нашей стране.

Список литературы.

1. Слободчиков В.И., Исаев Е.И. Основы психологической антропологии. Психология развития человека: Развитие субъективной реальности в онтогенезе. М.: Школьная Пресса, 2000. 416 с.
2. Владимиров А. И. Об инновационной деятельности вуза. – М: ООО «Издательство дом Недра», 2012. – 72 с.
3. Ставратий Р. А. Управление инновационным развитием образовательного комплекса в современной экономике России: авотреф. диссер. канд. экон. наук. 08.00.05. – СПб. 2011. URL: http://www.dissercat.com/content/upravlenie-innovatsionnym-razvitiem-obrazovatelnogo-kompleksa-v-sovremennoi-ekonomike-rossii
4. Ивахненко Е. Н. Идея университета: вызовы современной эпохи/Е. Н. Ивахненко // Высшее образование в России. 2012. № 7, с. 36-64.
5. Филатова О. Б. Сущность и основные компоненты инновационной среды в учреждениях высшего профессионального образования/О. Б. Филатова // Экономические и социальные перемены: факторы, тенденции, прогноз, 2012, № 6 (24), - с. 231-240.
6. Лебедева Н.М., Татарко А.Н. Методика исследования отношения личности к инновациям. // Альманах современной науки и образования, Тамбов: Грамота, 2009, №4 (23), часть 2, с. 89-96.

Морозова Т.Ю.

научный сотрудник Центра развития ребенка и здоровьесберегающей деятельности МГПУ, соискатель Института психологии, социологии и социальных отношений МГПУ

ПРОБЛЕМА ПСИХОЛОГИЧЕСКОГО СОВЛАДАНИЯ СО СТРЕССОМ В ЮНОШЕСКОМ ВОЗРАСТЕ

Высокая степень сложности, неопределенности и противоречивости социума предъявляют особые требования к адаптивным ресурсам молодого человека, его способности быстро и адекватно реагировать на постоянно меняющиеся условия. В психологической науке процессы преодоления человеком трудных жизненных событий принято обозначать как совладающее, адаптивное поведение или копинг-поведение (от англ. cope- преодолевать, справляться). В многочисленных работах отмечается, что при недостаточном развитии конструктивных форм копинг-стратегий увеличивается патогенность жизненных событий, и эти события могут стать «пусковым механизмом» в процессе возникновения психосоматических и других заболеваний [3]. Принципиально остро, как в научном, так и практическом плане, эти вопросы встают в период кризиса юности, когда инициируются процессы личностного, профессионального и жизненного самоопределения, по сути своей задающие качественные основы будущей жизни юношей и их профессиональной судьбы.

Проблема психологического совладания со стрессом интенсивно разрабатывается как в мировой, так и отечественной психологической науке. В большинстве исследований отмечается, что копинг-стратегия («совладающее поведение») – это механизм, который используется человеком в стрессовых ситуациях с целью адаптации к новым жизненным условиям и включает систему целеполагающих действий, прогнозирование результата, творческое порождение новых выходов и решений проблемной ситуации (Т.Л. Крюкова). Это понятие объединяет когнитивные, эмоциональные и поведенческие стратегии. Основная функция копинга, по мнению зарубежных и отечественных ученых состоит в адаптации человека к требованиям ситуации.

Проблема копинга начала разрабатываться еще в 60-х годах. Первым кто применил этот термин, был Л. Мёрфи. Исследуя способы преодоления детьми требований, выдвигаемых кризисами развития, он выделил врожденные и приобретенные формы поведения индивидуума в процессе приспособления к стрессовой ситуации. Последние он обозначил термином «копинг». Фактически Л.Мёрфи уже на начальном этапе изучения копинга обратил внимание на его связь с индивидуально-типологическими особенностями личности и предыдущим опытом преодоления стрессовых ситуаций, а также выделил две составляющие копинг-механизма – когнитивный и поведенческий [1].

Наиболее известной теорией «копинга», получившей всеобщее признание, является концепция Р. Лазаруса и С. Фолкмана, в которой копинг определяется как «…когнитивные и поведенческие попытки управлять специфическими внешними/внутренними требованиями, которые оценены как вызывающие напряжение или чрезвычайные для ресурсов человека» [5]. Это означает следующее: требования ситуации необычны; они подвергают индивида испытанию; требования ситуации превышают ресурсы индивида; им предпринимаются когнитивные и поведенческие усилия, чтобы справиться с требованиями ситуации. Однако авторы этого определения говорят лишь о попытках, об усилиях человека, т.е. о самом копинге. При этом усилия могут быть успешными, а могут и не дать желаемого результата. Как бы то ни было, задача копинга совладая с негативными жизненными обстоятельствами состоит в том, чтобы либо преодолеть трудности, либо уменьшить их отрицательные последствия, либо избежать этих трудностей, либо просто терпеть их присутствие [2]. С. Фолкман и Р. Лазарус также отмечают, что важно различать автоматизированные и волевые усилия в преодолении. Когда человек сталкивается с новой ситуацией, скорее всего его реакции не будут автоматическими. Однако если с данной ситуацией сталкиваться снова и снова то, ответы будут становиться все более автоматизированными путем научения [5].

Копинг-ресурсы представляют собой относительно стабильные личностные характеристики, обеспечивающие психологический фон для преодоления стресса и способствующие развитию стратегий преодоления. К ним относятся личностно-средовые копинг - ресурсы – это ресурсы личности и среды. Для личности они включают: уровень интеллекта (способность и возможность осуществлять когнитивную оценку проблемной ситуации), сформированность позитивной Я-концепции – важнейшего копинг-ресурса (самооценки, самоуважения, самоэффективности), интернальный локус контроля (умение контролировать свою жизнь, своё поведение, брать за это ответственность на себя), социальная компетентность (умение общаться с окружающими и знания о социальной действительности), эмпатия (умение сопереживать окружающим в процессе общения, умение быть эмоциональным), аффилиация (желание и стремление общаться с людьми). Помимо ресурсов личности крайне важны и ресурсы социальной среды (окружение, в котором человек живет, а также то, как он умеет находить, принимать и оказывать социальную поддержку), которая также определяет ее поведение [4].

Несмотря на большое количество работ, посвященных изучению копинг-поведения, недостаточно рассмотрена тема совладающего поведения у лиц юношеского возраста в период проживания ими кризисного периода.

Наше исследование было направлено на изучение применяемых копинг-стратегий у юношей и девушек 17-19 лет.

С целью изучения копинг-стратегий у современной молодежи, было проведено исследование по методике E. Heim. Методика позволяет исследовать 26 ситуационно-специфических вариантов копинга, распределенных в соответствии с тремя основными сферами психической деятельности на когнитивный, эмоциональный и поведенческий копинг-механизмы. Виды копинг-поведения были распределены E. Heim на три основные группы по степени их адаптивных возможностей: адаптивные, относительно адаптивные и неадаптивные. Методика адаптирована в лаборатории клинической психологии Психоневрологического института им. В. М. Бехтерева, под руководством д. м. н. профессора Л. И. Вассермана.

В исследовании было задействовано 185 человек, из них 81 юноша и 104 девушки в возрасте 17-19 лет (табл.1)

Таблица 1

Юноши			
	Адаптивный копинг	Относительно-адаптивный копинг	Неадаптивный копинг
Когнитивный копинг-механизм	23%	**41%**	36%
Эмоциональный копинг-механизм	27%	9%	**64%**
Поведенческий копинг-механизм	27%	**50%**	22%
Девушки			
Когнитивный копинг-механизм	21%	**39%**	**40%**
Эмоциональный копинг-механизм	**46%**	10%	**44%**
Поведенческий копинг-механизм	**42%**	36%	22%

Результаты психологического тестирования указывают, что наиболее используемый юношами копинг - это неадаптивный вариант эмоционального копинг-механизма (64%), когда выбираются варианты поведения, характеризующиеся подавленным эмоциональным состоянием, состоянием безнадежности, покорности и недопущения других чувств, переживанием злости и возложением вины на себя и других. У девушек также больше используется эмоциональный копинг-механизм, но только две его формы: адаптивный вариант – 46% (который говорит об эмоциональном состоянии с активным возмущением и протестом по отношению к трудностям и уверенностью в наличии выхода в любой, даже самой сложной, ситуации) и чуть меньше – неадаптивный вариант – 44%.

Использование адаптивных вариантов поведения в основных сферах психической жизни (эмоциональной – 46% и поведенческой – 42%) преобладает у девушек.

У юношей преобладают относительно-адаптивные варианты поведения в когнитивной и поведенческой сферах (41% и 50% соответственно). Конструктивность относительно-адаптивных вариантов зависит от значимости и выраженности ситуации преодоления. В когнитивной сфере эти формы поведения направлены на оценку трудностей и придание особого смысла их преодолению. «Использование когнитивных копинг–стратегий указывают на высокий уровень психологической зрелости юношей, ощущение собственной значимости, высокую самооценка» (B.J.Felton, T.A.Revenson). В поведенческой сфере относительно-адаптивные варианты характеризуются стремлением к временному отходу от решения проблем.

Анализируя полученные результаты можно предположить, что в современном мире юноши и девушки более свободны от социальных стереотипов, и легче переходят от традиционно женских занятий к мужским и наоборот. Этим может быть объяснено высокий процент эмоционального копинг-механизма у юношей и большой процент адаптивный копингов в поведенческой сфере у девушек.

Литература:
1. Аведисова А.С., Канаева Л.С., Ибрагимов Д.Ф. Копинг и механизмы его реализации (аналитический обзор) // Российский психиатрический журнал. 2002, № 4, С.59- 64
2. Муздыбаев К. Стратегия совладания с жизненными трудностями // Журнал социологии и социальной антропологии; 1998 г. том 1, выпуск 2.С.1-4
3. Набиуллина Р.Р., И.В. Тухтарова Механизмы психологической защиты и совладания со стрессом (определение, структура, функции, виды, психотерапевтическая коррекция); Учебное пособие. – Казань., 2003, С .10
4. Сирота Н.А., Ялтонский В.М. Профилактика наркомании и алкоголизма. -М.: Издательский центр «Академия», 2007. - 176 с.
5. Lazarus R.S., Folkman S. Transactional theory and research on emotion and coping. // Europ. J. Personality. – 1987. – Vol. 1. – P. 141-169

Вечтомова Е.А., к.т.н.,
Рудницкий С.О., аспирант,
Дундукова Л.М., аспирант,
Косых Ю.П., магистрант,
ФГБОУ ВПО «Кемеровский технологический институт пищевой промышленности», г. Кемерово
vechtomowa.lena@yandex.ru

ЭФФЕКТИВНОСТЬ ИСПОЛЬЗОВАНИЯ ПРИРОДНЫХ СОРБЕНТОВ В ПРОИЗВОДСТВЕ ОСВЕТЛЕННЫХ НАПИТКОВ

Качество большинства пищевых продуктов меняется во времени, что существенно влияет на срок их годности. В настоящее время одним из главных вопросов технологии приготовления соков, морсов, пива и ликероводочных изделий является повышение коллоидной стойкости при хранении.

Для решения этой задачи используются классические способы и средства, и ведется непрерывный поиск более эффективных стабилизаторов. К таким относится природный гидроколлоид хитозан. Химическое строение и большое количество реакционноспособных групп определяют его полигамные сорбционные свойства, отвечающие за широкий спектр области применения. В сравнении с принятыми в отраслях стабилизаторами хитозан обладает неоспоримым преимуществом в виде одновременной сорбции белковых, пектиновых и полифенольных соединений, незначительных дозировок и непродолжительного, но достаточного для получения устойчивой коллоидной системы времени воздействия, что особенно важно с точки зрения экономической эффективности.

Перспективность использования хитозана в качестве современного стабилизатора соков, морсов, пива и ликероводочных изделий от коллоидных помутнений доказана в условиях лаборатории кафедры «Технология бродильных производств и консервирования» и апробирована в условиях промышленного производства на ОАО «Мариинский ликероводочный завод». Параметры обработки для каждой категории напитков зависят от состава коллоидной системы и должны быть определены предварительно путем проведения пробной оклейки.

Так, проведенные исследования показали, что для осветления пива (на примере сорта «Жигулевское») хитозан целесообразно вносить на стадии приготовления молодого пива в дозировке 62,5 мг/дм^3 за сутки до окончания процесса дображивания с целью обеспечения естественного протекания процесса, ускорения седиментации дрожжей и увеличения сроков стабильной прозрачности до четырех месяцев, в то время как контрольные образцы пива, приготовленные с использованием вирфлока, обеспечивают стабильность против коллоидных помутнений лишь в течение одного месяца.

Использование хитозана в производстве безалкогольных напитков позволяет существенно снизить потери на стадии осветления. Внесение хитозана (на примере яблочного сока прямого отжима) в количестве 0,3 г/дм^3 не только обеспечивает стойкость готового сока, но и существенно влияет на органолептические показатели, делая цвет напитка более прозрачным, с характерным блеском. При этом продолжительность обработки составляет 1 час. При приготовлении ягодных морсов из клюквы и брусники увеличили продолжительность воздействия сорбента на напиток при этой же дозировке до 24 часов, в виду большего количества мутеобразующих компонентов, и прежде всего пектиновых веществ.

Для осветления ликероводочных изделий хитозаном обрабатывали полуфабрикаты - спиртованные морсы, не поддающиеся спонтанному осветлению и фильтрованию. Параметры обработки (дозировка - 0,1 г/дм^3, продолжительность 24 часа) позволили достичь кристальной прозрачности полуфабриката и предотвратить помутнение готового напитка после купажирования. При одновременном сокращении цикла обработки с 10 суток при использовании бентонита до 24 часов.

Повысить прибыль от выпуска напитков различных категорий (безалкогольных, слабоалкогольных и крепких), осветленных хитозаном станет возможным за счет увеличения объема выпуска готовой продукции путем сокращения производственного цикла предприятия, снижения затрат и количества отходов.

Для подтверждения экономической эффективности применения хитозана в производстве различных категорий напитков произвели расчет относительного уменьшения цены единицы готовой продукции (Цед, %) исследуемых образцов, с учетом затрат на сырье при прочих равных условиях.

При производстве ликероводочных изделий и пива цена 1-го дала напитка с использованием хитозана уменьшится в среднем на 0,32 и 0,25 % соответственно. Наибольшее снижение цены наблюдается в случае использования хитозана для осветления безалкогольных напитков, так цена 1-го дала яблочного сока, обработанного хитозаном, уменьшится на 13,71 % в сравнении с тем же соком, обработанным бентонитом.

Эффективность обработки ликероводочных изделий хитозаном подтверждена результатами производственного эксперимента. На основании которого провели оценку конкурентоспособности продукции по системе частных (единичных) показателей конкурентоспособности. В качестве продуктов-конкурентов были взяты ликероводочные изделия на основе спиртованных морсов, приготовленные по классической технологии. Максимальная оценка показателей качества принята за 10 баллов. Результаты показателей конкурентоспособности спиртованных морсов представлены в таблице 1.

Таблица 1 – Показатели конкурентоспособности спиртованных морсов

Показатели конкурентоспособности продукта	Величины показателей		Удельный вес (значимость) показателя, %
	исследуемого продукта	продукта-конкурента	
1	2	3	4
Продолжительность технологического процесса	10	5	5
Стойкость при хранении	10	8	10
Вкусовые качества	10	8	24
Внешний вид	10	8	15
Расширение сырьевой базы	9	7	6
Цена	9	8	40
Итого:			100

Присвоение баллов по показателям конкурентоспособности продукта было сделано исходя из следующих соображений:

- значительное сокращение продолжительности производственного цикла приготовления спиртованных морсов с использованием хитозана доказано опытным путем;

- значение показателя стойкости при хранении принято в зависимости от результатов убыли белков и полифенольных веществ в спиртованных морсах.

- значение показателя «вкусовые качества» указанно в соответствии с проведенными органолептическими исследованиями – установлено значительное смягчение вкуса и улучшения цвета напитков при использовании хитозана;

- высокий балл «расширение сырьевой базы» в случае с хитозаном присвоен на основании того, что хитозан – это полигамный сорбент, способный удалять большую группу веществ, участвующих в формировании коллоидной системы напитков, в том числе и липидные компоненты.

По результатам расчетов коэффициент конкурентоспособности составил 1,17. Все это в сочетании с преимуществом в экономии денежных средств говорит об экономической целесообразности и эффективности применения данного сорбента в технологии соков, морсов, пива и ликероводочных изделий.

Белюченко И.С., профессор, д.б.н., **Мельник О.А.**, доцент, к.б.н., **Никифоренко Ю.Ю.**, ассистент, **Славгородская Д.А**, ассистент ФГБОУ ВПО «Кубанский государственный аграрный университет» кафедра общей биологии и экологии

ИСПОЛЬЗОВАНИЕ СЛОЖНОГО КОМПОСТА ПРИ ВЫРАЩИВАНИИ САХАРНОЙ СВЕКЛЫ В ПЯТИЛЕТНЕМ СЕВООБОРОТЕ

В связи с необходимостью снижения деградации почвенного покрова и восстановления его экологических функций важной задачей на сегодняшний день является совершенствование приемов возделывания сельскохозяйственных культур (в частности сахарной свеклы), суть которых заключается в использовании сложных компостов в системе удобрений этой культуры. Сложные компосты, предназначенные для рекультивации нарушенных почв, представляют собой новое направление в практической экологии и земледелии на основе создания комплексных смесей различных отходов быта, промышленного и сельскохозяйственного производства, а также природных материалов, обогащенных органическими и минеральными дисперсными и коллоидными системами, совершенствующих их физико-химические и биолого-экологические функции.

Методика исследования. Полевой опыт проводился в ОАО «Заветы Ильича» Ленинградского района Краснодарского края на черноземе обыкновенном и состоял из 2 вариантов: контроля и сложного компоста (до 70 т/га, включая навоз полуперепревший, фосфогипс, солому пшеничную, отходы кормления и обработки зерна, шелухи подсолнечника, остатки сахарной свеклы и опилки с продолжительностью общего компостирования до 4-5 месяцев) при снижении нормы расхода азотного удобрения на 20 кг д.в./га. Остальные технологические требования по выращивания сахарной свеклы во все годы выполнялись одинаково в обоих вариантах опыта. Сложный компост вносился один раз за 5 лет весной 2008 г. под посев сахарной свеклы. В период с 2008 по 2012 гг. в севообороте выращивали сахарную свеклу (2008 г.), озимую пшеницу (2009 г.), кукурузу (2010 г.), озимый ячмень (2011 г.), сахарную свеклу (2012 г.).

Наблюдения за развитием растений сахарной свеклы велось в период ее вегетации в 2008 и 2012 гг. Растения для определения биометрических показателей, продуктивности и качества продукции отбирались перед уборкой урожая. Отбор почвенных образцов проводили в конце вегетации культуры в пахотном слое почвы (0-20см). В лабораторных условиях определяли – содержание органического вещества, подвижного фосфора, общего и нитратного азота, кальция и серы, pH; из физических характеристик – структурно-агрегатный состав и общие физические свойства; подвижные тяжелые металлы (Pb, Zn, Co, Mg, Cd, Cu, Ni).

Результаты исследований и их обсуждение. Внесение в почву сложного компоста оказывает положительное влияние на ее физические, химические и биологические свойства: повышалось содержание органического вещества, азота, фосфора, кальция, серы, снижалась реакция почвенной среды (табл.1); усиливалась микробиологическая активность почвы, способствующая повышению ее поглотительной способности и снижению выщелачивания элементов питания; подвижные тяжелые металлы находились на уровне 0,4-0,5 ПДК.

Таблица 1 – Агрохимические свойства чернозема обыкновенного в посевах сахарной свеклы (в среднем по годам)

Вариант	pH H_2O	Органическое вещество, %	N общ, %	P_2O_5, мг/кг	SO_4^{2-}, %	CaO, %
Сахарная свекла, 2008 г.						
Контроль	7,64±0,16	3,67±0,08	0,20±0,01	35,80±0,98	0,08±0,01	0,16±0,01
Компост	6,76±0,14	3,75±0,08	0,29±0,01	42,50±1,55	0,12±0,01	0,32±0,01
Сахарная свекла, 2012 г.						
Контроль	7,23±0,15	3,22±0,05	0,38±0,01	12,26±0,33	0,07±0,01	0,15±0,01
Компост	6,94±0,14	3,43±0,09	0,42±0,01	32,26±0,89	0,10±0,01	0,21±0,01

Оценка агрегатного состава почвы показала, что применение сложного компоста способствовало улучшению ее структуры и водопрочности. В первый год исследования в посевах сахарной свеклы (2008 г.) содержание ценных агрегатов в почве с внесением сложного компоста составило 67,9, а на контроле – 62,1%, что соответственно вызвало повышение ее структурности. По результатам исследований последействия сложного компоста на 5-й год на контроле этот показатель составил – 64,2, а с компостом – 69,8%.

Содержание водопрочных агрегатов (>0,25мм) на контроле составило 45,9, а в варианте со сложным компостом 60,2%; при последействии на пятый год в посевах сахарной свеклы составило 60,47 по сравнению с контролем – 46,58%. В посевах сахарной свеклы отмечено снижение плотности сложения пахотного слоя почвы с внесением сложного компоста в среднем на 6,6 в 2008 г. и на 7,5% 2012г. по сравнению с контролем, что способствовало повышению удельного объема пор и общей пористости пахотного слоя чернозема обыкновенного [1,40;3,40].

Увеличение численности микробного сообщества с внесением сложного компоста выражается в нарастании разнообразия актиномицетов и микроскопических грибов, выполняющих важнейшую функцию редуцентов; усиление мацерации растительных остатков и накопление влаги в почве благоприятствует развитию популяций дождевых червей (*Lumbricidae*) и энхитреидов (*Enchytraeidae*), являющихся незаменимыми участниками почвообразования.

Сложный компост, увеличивая агрегирование пахотного слоя почвы, повышает его аэрацию, что способствует нормальному развитию корнеплодов сахарной свеклы и лучшему формированию их товарного вида. При внесении сложного компоста доля корнеплодов свеклы нетоварного вида составляет всего 5,2, а на контроле доходит до 17,1% [2,113]. Средняя масса одного корнеплода на участке с использованием сложного компоста в 2008 г. была на 182, а в 2012 г. – на 147 г выше, чем на контроле, что сказалось и на продуктивности этой культуры. Урожай на участках с использованием сложного компоста в 2008 г. составил 450,5, а в 2012 – 388,0 т/га, существенно превысив контроль (табл. 2).

Таблица 2 – Биологическая продуктивность и качество сахарной свеклы в первый и пятый год действия сложного компоста

Вариант опыта	Год	Масса корнеплода, г	Масса ботвы, г	Урожай корнеплодов, т/га	Сахаристость, %
Контроль	2008	$381,5 \pm 4,9$	$403,0 \pm 3,1$	$410,2 \pm 18,3$	$14,3 \pm 0,8$
Компост		$563,5 \pm 12,1$	$506,5 \pm 7,4$	$450,5 \pm 21,7$	$18,3 \pm 1,2$
Контроль	2012	$254,9 \pm 8,1$	$293,4 \pm 5,0$	$362,0 \pm 10,1$	$15,0 \pm 1,0$
Компост		$402,3 \pm 10,5$	$377,3 \pm 9,6$	$388,0 \pm 12,9$	$17,5 \pm 1,1$

Таким образом, использование сложного компоста с участием отходов промышленности и сельского хозяйства при посеве сахарной свеклы в пятилетнем севообороте способствует улучшению агрохимических свойств почвы, повышению противоэрозионной устойчивости ее структуры, снижению плотности сложения и порозности. Оптимизация агрофизических и химических характеристик пахотного слоя почвы способствует созданию благоприятных пищевого и водно-воздушного режимов для вегетации сахарной свеклы, развития ее корнеплодов и формирования качественного урожая. Экономическая эффективность технологии выражается в снижении себестоимости продукции растениеводства на 17% и повышении уровня рентабельности производства на 23%.

Литература

1. Белюченко И.С., Славгородская Д.А. Изменение плотности и аэрации пахотного слоя чернозема обыкновенного под влиянием сложного компоста // Доклады РАСХН. – 2013. – № 2. – С. 40-42.

2. Белюченко И.С., Муравьев Е.И., Гукалов В.В., Мельник О.А. Влияние фосфогипса на развитие растений сахарной свеклы в степной зоне Краснодарского края // Экол. Вестник Сев. Кавказа. – 2009. – Т.4. № 4. С. 113-115.

3. Славгородская Д.А. Воздействие сложного компоста на структуру чернозема обыкновенного и его физические свойства // Экол. Вестник Сев. Кавказа. – Краснодар, 2012. – Т. 8. – № 4. – С. 3–50.

УДК 633.11(477.53):632.15-032.32

Колесникова Л.А.
преподаватель Полтавская государственная аграрная академия

ЭКОЛОГО-БИОЛОГИЧЕСКИЕ ПОКАЗАТЕЛИ ВЛИЯНИЯ НЕФТЕЗАГРЯЗНЕННЫХ ПОЧВ НА РАЗВИТИЕ ПРОРОСТКОВ ПШЕНИЦЫ ЛЕСОСТЕПНОЙ ЗОНЫ ПОЛТАВСКОЙ ОБЛАСТИ

Введение. Отдельную экологическую проблему современной Полтавщины составляет нефтехимическое загрязнение верхнего плодородного слоя почвы в районах размещения нефтедобывающих и нефтеперерабатывающих предприятий. Исходя из актуальных экологических проблем современности, проводятся интенсивные исследования влияния нефтяных загрязнений почвы на формирование хозяйственноценных органов растений и урожайность различных сельскохозяйственных культур [4,24], в том числе пшеницы яровой, что является ценной страховой культурой для пересева погибших посевов озимой пшеницы нашей области. В научных работах Афанасьева Г. А. 2006, Багдасарян А. С. 2005, Седых В. Н. 2002, Киреева Н. А. 2004, указывается на зависимость отрицательного влияния воздействия нефтезагрязненных почв от содержания нефти в пахотном слое и проявляется в значительном снижении проростания, торможении развития культурных растений [1,32; 2,116; 3,26; 6,48]. В зависимости от содержания загрязнителя в пахотном слое, рост проростков пшеницы тормозится на 50–77 %, у ржи - на 25–30 %, ячменя – 35–40 %. Однако следует отметить, что, несмотря на значительное количество научнообоснованной информации относительно биоиндикации вопрос использования тест-растений остается пока открытым для агроэкосистем в связи с изучением процессов роста и развития сельскохозяйственных культур в конкретных условиях.

Цель исследований - изучение особенностей влияния различных доз нефтяного загрязнения почвы на морфометрические показатели поперечного среза листовой пластинки модельной сельскохозяйственной тест-культуры.

Методика и условия проведения исследований. В сосуды с почвой вносили сырую нефть плотностью 0,7969 г/мл, характеризующуюся повышенным содержанием парафина – 4,55 %, низким содержанием смол, асфальтенов и серы, высеяли по 100 калиброванных семян пшеницы, осуществляя наблюдение за ее всхожестью, ростом и развитием на ранних фазах вегетации. Повторность в опытах – четырех-кратная, закладка одновременная. Контрольную группу составили четвертые листья проростков пшеницы яровой, выращенные на почве, не содержащей компонентов сырой нефти.

Одним из проявлений адаптации растений к воздействию экологических стрессов является изменение геометрических характеристик растущих листьев. Поперечные срезы листовой пластинки (ЛП) проростков пшеницы имеют довольно сложную форму представленную «выпукло-вогнутой» протяженной плоской фигурой. Это создает существенные трудности при выборе первичных метрических показателей для характеристики динамики формы срезов ЛП, которые затем используются для определения производных параметров и сопоставления количественной информации, получаемой в результате проведенных экспериментов.

Для характеристики срезов биообъектов сложной формы, нами разработан и предложен способ апроксимации формы срезов ЛП гомотопными геометрическими моделями [5]. В основу способа положен принцип «деформированного преобразования изображения среза ЛП» в форму гомотопного прямоугольника, периметр (Р), площадь (S) и фактор формы (Ф) которого равнен по значению этим метрическим показателям реального исследуемого среза ЛП.

Для микроскопических морфометрических исследований вырезали центральную часть ЛП шириной ≈ 1–2 мм у 5 проростков в каждой группе наблюдений. Биообразцы готовили согласно классической методике для электронной микроскопии. С полимеризованных блоков с помощью ультрамикротома УМТП-6 изготавливали серию полутонких срезов. Микроскопические исследования и морфометрический анализ препаратов проводили с помощью микроскопа МБИ-15 при общем увеличении 700*. В морфометрических исследованиях применяли стандартную квадратно-сетчатую стеклянную вставку (N=225 точок) для измерительного окуляра К 7*.

Результаты исследований. В таблице 1 приведены числовые значения морфометрических показателей реальных ЛП (индекс 1), аппроксимированных геометрических моделей (индекс 2, 3) и гомотопных геометрических фигур (индекс 4) в форме различных протяженных прямоугольников. Результаты этих вычислений показывают, что параметры S, P, Ф (индекс 4) соответствуют реальным ЛП.

Таблица 1

Морфометрические показатели поперечных срезов ЛП четвертого листа проростков пшеницы яровой и аппроксимированных геометрических моделей (M ± m)

Параметры листовой пластинки (1)			Параметры гомотопных прямоугольников (4)		
Показатель	контроль	эксперимент	показатель	контроль	эксперимент
*S	406000±220	300 000±150	S	406 000	300 000
L_3	3330±80	3670±70	A	3430	2770
$L_в$	3560±100	2740±50	B	122	108

L$_c$	3100±100	2372±100			
P	6890±150	5410±120	P3	6890	5410
Ф	0,0085	0,010	Ф	0,0085	0,010
H$_{max}$	216±10	208±10			
h$_{min}$	80±50	70±5			
H$_c$	148	139			
L$_c$/H$_c$	21:1	17:1	A/B	28:1	25,6:1
Параметры аппроксимированных прямоугольников (2)			**Параметры аппроксимированных эллипсов (3)**		
Показатель	**контроль**	**эксперимент**	**Показатель**	**контроль**	**эксперимент**
S	509 860	375 995	S	525 887	387 485
A	3445	2705	A*	1550	1180
B	148	139	B*	108	104
P1	7186	5688	P2	5209	4052
Ф	0,011	0,013	Ф	0,019	0,024
A/B	23:1	19:1	A/B	14:1	11:1

Примечание: * S – площадь поперечного сечения ЛП (мк^2) Lз – длина наружного контура среза ЛП (мк) Lв – длина внутреннего контура среза ЛП (мк) Lc – средняя длина ЛП (мк), A – большая сторона прямоугольника (2, 4) (мк), B – меньшая сторона прямоугольника (мк), A* – больший диаметр эллипса (2) (3) (мк), B* – меньший диаметр эллипса (3) (мк) P – периметры поперечного сечения ЛП и ее геометрической модели (P1, P2, P3) (мк) Ф – фактор формы, A/B – соотношение сторон геометрических моделей ЛП; Нмах – толщина поперечного разреза ЛП на вершине центрального гребня (мк) Nmin – минимальная толщина среза ЛП в глубине впадины, расположенной на краю ЛП (мк) Hc – средняя толщина ЛП (мк) Lc/Hc – соотношение средней длины ЛП к средней толщине ЛП (мк).

В таблице 2 приведены числовые данные линейных параметров однотипных гомотопных моделей срезов ЛП проростков пшеницы яровой, выращенной на почвах с разной дозой нефтяного загрязнения. Полученные результаты свидетельствуют, что в случае незначительного загрязнения почвы сырой нефтью (5 мл/кг), увеличение площади среза ЛП четвертого листа пшеницы яровой происходит за счет увеличения размеров (A), (B).

Таблица 2

Динамика значений линейных показателей гомотопных моделей срезов при разной дозе нефтяного загрязнения почвы

Параметры модели ЛП	Доза сырой нефти в почве						
	0 контроль мл/кг	5 мл/кг	10 мл/кг	20 мл/кг	30 мл/кг	40 мл/кг	50 мл/кг
A (мк) %	3430 100	4100 120	3300 96	3100 90	2770 81	2570 75	2500 73
B (мк) %	122 100	160 131	124 102	113 93	108 88	97 80	95 78
P=2(A+B)(мк) %	7100 100	7900 111	6840 96	6400 90	5760 81	5360 75	5200 73
К$_э$ = A/B	28:1	25,6:1	27:1	27:1	26:1	26,5:1	26,3:1

Примечание: числитель: А – большая сторона (ширина ЛП), В – меньшая сторона (толщина ЛП) гомотопной модели, Р – периметр ЛП; Кэ – коэффициент элонгации формы ЛП (А/В); знаменатель: значение параметра в % относительно нормы.

Большая сторона модели (А), что соответствует ширине ЛП, при концентрации нефти 50 мл/кг, уменьшается и составляет 73 % относительно контроля, а меньшая сторона модели (В) соответствует толщине ЛП и составляет по сравнению с контролем 78 %. Несмотря на уменьшение площади и числовых значений линейных показателей А и В гомотопных моделей поперечного сечения, коэффициент элонгации их формы (Кэ = А/В) изменяется в довольно ограниченном интервале значений Кэ ϵ (26, 28). Это свидетельствует о том, что даже при неблагоприятных условиях (нефтяное загрязнение почвы) в развитии проростков пшеницы яровой прослеживается закон подобия формы ЛП.

При увеличении содержания в почве сырой нефти (от 10 мл/кг до 50 мл/кг), определяется прогрессивное уменьшение линейных размеров гомотопных моделей, и, как следствие, – существенное изменение размеров реальных срезов ЛП.

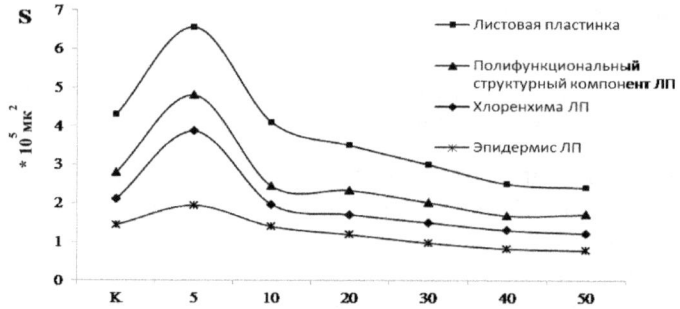

Рис. 1. Графики изменения площади среза ЛП и ее структурных компонентов в зависимости от концентрации сырой нефти в почве. По оси абсцисс – концентрация сырой нефти (мл/кг) по оси ординат – площадь поперечного среза (мк^2). К – контрольные (норма) значения показателей.

Результаты проведенного морфометрического анализа (рис.1) дали возможность установить, что относительно параметров ЛП в норме (почва без нефтяного загрязнения) при концентрации сырой нефти в почве 5 мл/кг определяется существенное увеличение площади поперечного сечения ЛП в 1,53 раза, от $4,30 * 10^5$ мк^2 – в норме, в $\approx 6,56*10^5$ мк^2 (m $\pm 10^3$ мк^2). Прирост площади поперечного среза ЛП относительно нормы составляет 53 %. Нами установлено, что увеличение размеров поперечного среза ЛП обусловлено существенным ростом содержания количества элементов в полифункциональном структурном компоненте (ПСК), который представляет собой совокупность клеток хлоренхимы, сосудистых пучков. Если в норме площадь ПСК равна $\approx 2,47*10^5$ мк^2, то в условиях нефтяного загрязнения (5 мг/кг) эта величина увеличивается в 1,75 раза и составляет $\approx$

$4,21*10^5$ мк^2 (m ±103 мк^2). По нашим данным, в срезах ЛП четвертого листа наблюдается увеличение площади хлоренхимы в 1,85 раза, от $2,10*10^5$ мк^2 (в контроле) до $3,90*10^5$ мк^2 (m ±10^3 мк^2). Суммарная площадь наружного и внутреннего слоев эпидермиса среза ЛП возрастает от $1,44*10^5$ мк^2 в норме до $1,94*10^5$ мк^2 (m ±10^3 мк2) – в случае загрязнения почвы (5 мл/кг). С увеличением концентрации сырой нефти в почве (10 мл/кг), морфометрические параметры структурной организации ЛП четвертого листа проростков пшеницы яровой мало отличаются от показателей нормы. Однако эти метрические показатели ЛП намного меньше, чем у растений, вырощенных на нефтезагрязненной почве (5 мл/кг). Если площадь ЛП в норме принять за 100 %, то в условиях нефтяного загрязнения почвы (10 мл/кг) ее площадь составляет 95 % и в метрическом выражении равна $4,10*10^5$ ±10^5 мк^2. На долю ПСК ЛП приходится ≈ 84 % от значения нормы, что равно $2,44*10^5$ мк^2. Площадь хлоренхимы на поперечном сечении ЛП уменьшается до ≈ 94 % от нормы и равно $1,97*10^5$ мк^2. Суммарная площадь внешнего и внутреннего эпидермиса ЛП (в пределах погрешности измерений) не отличается от контрольных значений и составляет 97 % от нормы, а в метрическом выражении составляет $1,40*10^5$ (±10^3мк^2). Приведенные морфометрические значения дают основания утверждать, что в условиях нефтяного загрязнения почвы (10 мл/кг) составляющие нефти не оказывают стимулирующего или ингибирующего действия на рост и развитие тест-культуры. С увеличением дозы нефтяного загрязнения почвы – от 20 мл/кг до 50 мл/кг – наблюдается существенное замедление процессов роста вегетативных органов проростков пшеницы. Площадь ЛП уменьшилось от $3,50 * 10^5$ мк^2 (20 мл/кг) до $2,40 * 10^5$ (50 мл/кг). При максимальном нефтяном загрязнения почвы (50 мл/кг) размеры поперечного среза ЛП четвертого листа (относительно нормы) уменьшаются в 1,85 раза, площадь покровной ткани (эпидермиса) уменьшилась в 1,85 раза, ПСК – в 1,63 раза, хлоренхимы – в 1,69 раза. Доза нефтяного загрязнения почвы (40–50 мл/кг) приводит к гибели проростков пшеницы яровой.

Заключение:

Установлено, что в условиях нефтяного загрязнения почвы (5 мг/кг) происходит стимуляция процессов метаболизма в клетках эпидермиса и хлоренхимы ЛП. Происходит увеличение размеров и массы ЛП четвертых прикорневых листьев проростков пшеницы яровой. Нефтяное загрязнение почвы (10–20 мл/кг) существенно не влияет на рост и развитие вегетативных органов проростков пшеницы, параметры структурной организации в пределах погрешности измерений приближенны к норме, а в условиях нефтяного загрязнения почвы – от 20 мл/кг до 50 мл/кг – выявляются признаки замедления процессов роста вегетативных органов проростков пшеницы. Морфологически это определяется в значительном уменьшении цифровых значений морфометрических показателей структурной организации ЛП.

Литература

1. Афанасьев Р. А. Пригодность почв, загрязненных нефтью, для сельскохозяйственного использования / Р. А. Афанасьев, Г. Е. Морзлая, Н. А. Русанов // Плодородие. – 2006. – №3. – С. 32–34.

2. Багдасарян А. С. Биотестирование почв техногенных зон городских территорий с использованием растительных организмов: дис. канд. биол. наук: 03.00.16 / Багдасарян Александр Сергеевич. – Ставрополь, 2005.–159 с.

3. Киреева Н. А. Комплексное биотестирование для оценки загрязнения почв нефтью / Н. А. Киреева, М. Д. Бакаева, Е. М. Тарасенко // Экология и промышленность России. – 2004. – №2. – С. 26–29.

4. Писаренко П.В. Оцінка екологічного стану сільськогосподарських угідь Полтавської області / П.В. Писаренко, О. О. Ласло // Вісник Полтавськоїдержавної аграрної академії. – 2009. – №2 – С. 23–25.

5. Свідоцтво №37634 від 28.03.2011 р. про реєстрацію авторського права на науковий твір. Визначення параметрів листкової пластинки з використанням гомотопних геометричних моделей / Колєснікова Л. А., Писаренко П. В., Загоруйко Г. Є.

6. Седых В. Н. Влияние отходов бурения и нефти на физиологическое состояние растений / В. Н, Седых, Л. А. Игнатьев // Сибирский экологический журнал. – 2002. – №1. – С. 47–52.

Cheglov D.I., Gorbunova N.S., Koljada O.A.

Cheglov D.I. the professor, Dr. Sci. Biol., Biology and soil science faculty of the Voronezh State University, E-mail: dpoch@mail.ru

Gorbunova N.S. Cand. Biol. Sci., Biology and soil science faculty of the Voronezh State University, E-mail: vilian@list.ru

Koljada O.A., Cand. Biol. Sci., Biology and soil science faculty of the Voronezh State University, E-mail: XOA.1986@yandex.ru

FEATURES OF MN AND ZN DISTRIBUTION IN THE SOILS ADJACENT LANDSCAPES

INTRODUCTION

The hydrological regime in many respects determines the change of soils acidity, the character of oxidation-reduction processes and as the investigation shows the hydrological regime has the determining influence on mobility of heavy metals (HM), causing the sedimentation or formation of complex connections of various durability with organic substance, clay minerals, iron and manganese oxides and other soil components. The connections with variable valency are subjected to such transformations to the most extent. But alongside as a result of superfluous humidifying alkaline earth metals can pass in a solution. Therefore the question of studying the influence of a various degree of humidifying on the character of accumulation and intraprofile distribution of HM is actual. Besides the character of moistening with the influence on the metals mobility determines their availability to plants as well.

MATERIALS AND METHODS

The surface soils samples were obtained from the Stone steppe (the area 'Talovsky' of the Voronezh region) were the objects of our research. Our aim was to find out the degree of humidifying influence on accumulation and on behaviour of various forms of HM. The investigation was carried out in a genetically connected line submitted by segregations chernozems, hydrometamorphized and humic-hydrometamorphic soils. Soil cuts were done down up to the depth of 150 sm, samples were selected through every of 10 sm (0-10, 20-30, 40-50 … 140-150 sm). Top soils of calcareous heavy loams and clay have served as the rocks of soil forming.

A granulometric structure, pH of a water extract, hydrolytic acidity, the exchangeable Ca2 + and Mg2 +, the contents of humus were determined by the standard techniques [1]. Total contents of HM - Mn and Zn was determined by a method of soil sintering with carbonate of sodium [2]. The acid-soluble connections of HM were determined in an extract 1 n. HNO_3 in the ratio soil - solution 1:5; the exchanged connections were determined in the extract of acetate-ammonium buffers (AAB) pH 4,8; the ratio soil - solution was 1:10. All definitions were carried out on the nuclear-absorption spectrophotometer 'KVANT2A'. The statistical processing of the received data was carried out with the use of 'Stadia and Microsoft Excel' programs.

RESULTS AND DISCUSSION

The investigated soils are characterized by the heavy granulometrical structure. The content of physical clay in the top part of the humus profile changes from 55 up to 60 %. Prevailing fractions are silty and course-dusty components yielding in the sum about 65 %. Among the considered types the heaviest granulometrical structure has humidified soils which are characterized by a maximum quantity of silt fraction in the top horizon, it equals about 30 % and a minimum quantity of a dust, it equals 29 %. Further on decreasing of physical clay and silt hydrometamorphized chernozems follow and segregation chernozems are at the last place.

Besides the character of the distribution of granulometric fractions in the structure of soils is unequal; so the maximal content of silt is marked in the bottom part of segregation chernozems (12 %), the smaller percent of silt increasing is marked with the depth (8 %) in hydrometamorphized chernozems, and the smallest (7 %) is marked in the profile of humic-hydrometamorphic soils. The essential differentiation of the investigated profile according to granulometrical structure can be caused clay-illuvial process, weathering or argillification at the bottom part of the profile and by the hydrological regim features of the investigated soils.

As for as the total humic contents at the top 0-10 sm layer is concerned segregation chernozems are characterized as average humus (6,6 %). Thus the capacity of a humus layer profile is 70 sm. It is typical for chernozems of hydrometamorphized and humic-hydrometamorphic soils to have approximately the about same humic content (6,2-6,6 %) in the top 0-10 sm thickness, but downwards in the profile the quantity of humic in humidified soils decreases more appreciablly, than in chernozems.

The content of exchangeable Ca2 + in the investigated soils varies from 42,0 up to 47,0; the exchangeable Mg2 + from 6,0 up to 8,0 mmol/100 g of soils is marked. Hydrolytic acidity is marked only in the top 30 sm thickness and it is about 1,0 mmol/100 g of soil. The reaction of environment varies on the profile from close to neutral (pH = 7,2) up to alkaline (pH = 8,4).

In humidified soils the quantity of exchangeable magnesium (up to 9,8 mmol/100 g of soils) appreciablly increases at maintaining the same quantity of exchangeable calcium. Hydrolytic acidity is absent, and the size of pH is the most alkaline in the investigated line of soils and it changes on the profile from pH 7,5 in the top horizon up to pH 8,6 in the bottom horizon.

The received data have shown that the investigated soils of the connected lines are characterized not only by a various hydrological regime, but also by some essential distinctions in their composition and by the properties that should affect HM contents and the profile distribution of them.

Manganese. The results of the investigations have shown, that the maximal content of Mn total does not exceed the maximum concentration limit = 1500 mg/kg [3] and it is marked in 0-10 sm a layer of hydrometamorphized soils and makes 846 mg/kg (tab. 1). The distribution of total Mn is characterized by biogenic accumulation, and also by the ability of it to form almost insoluble connections in the oxidizing conditions at the top thickness of soils. Besides in conditions of the alkaline environment migration Mn.

Taking into consideration the general law of Mn distribution in the profile of the researched soils the following subtypes of its distribution are observed: in automorphed chernozems it is a progressive - accumulative subtype; in hydrometamorphized chernozems in the top part of the profile it is a uniform - accumulative subtype and from depth of 80 sm the signs of a regressive - accumulative distribution appears; in humidified soils the Mn distribution occurs along all profile according to a regressive - accumulative subtype. It is the evidence of close connection between the contents and profile distribution of total Mn with a hydrological regime of soils.

The results of the correlation analysis suggested the close connection between intraprofile distribution of Mn and the humus content (r = 0,99). On a level with humus the distribution of Mn total in the soils profile is influenced by pH and the content of silt. The closest negative connection between Mn, pH and silt is marked in humidified soils and make - 0,97 and - 0,94 accordingly.

The contents of acid-soluble connections of Mn is also unequal in the investigated line. The least amount of them is marked in segregations chernozem and a maximum quantity occurs in humidified soils (tab. 1). Thus the contents of Mn acid-soluble connections in the soil-forming rock is at the same level of all soils. Such feature at least is due to analogous distinction of the total Mn content in these soils. At the same time the profile distribution of the acid-soluble connections of the element in the investigated soils does not repeat the distribution of the total forms.

In automorphed chernozems the distribution of these connections is characterized by the differentiated profile with the presence of two maxima: the top - absolute and the bottom in the soil-forming rock with sharply expressed minimum of the contents coincided with the lower bottom of the humic thickness (80 sm). In half-humidified soils the character of the profile distribution of Mn acid-soluble connections is close to chernozems and differs only by more deep occurrence in the profile of minimum content (100 sm) and less expressed second maximum in the underlying thickness, that probably is due to the presence of seasonal superfluous humidity and Mn instability in this part of the profile. In hydromorphed soils the distribution of the given forms of Mn connections repeats to a certain extent a course of a profile curve of the content distribution of total Mn and humus.

Table 1

Intraprofile distribution of the total and mobile forms of Mn and Zn connections in the investigated of soils

Depth, sm	Total forms of connections		Acidsoluble connections		Exchangable connections	
	Mn	Zn	Mn	Zn	Mn	Zn
Segregational chernozems						
0-10	522	109	402	15,6	20,9	3,01
20-30	519	102	392	15,4	23,9	3,10
40-50	515	92,9	355	14,0	26,9	3,31
60-70	504	86,1	308	14,6	28,5	3,62
80-90	501	72,4	266	15,5	28,5	3,78
100-110	491	61,6	283	16,0	30,5	4,31
120-130	473	68,8	305	17,9	32,2	4,91
140-150	453	98,1	319	18,6	33,2	5,90
Hydrometamorphized soils						
0-10	522	124	411	18,4	28,3	3,12
20-30	514	107	395	17,8	27,4	3,29
40-50	500	99,4	366	15,7	27,9	3,77
60-70	488	91,3	338	16,9	28,3	3,91
80-90	475	78,8	300	17,5	29,3	4,11
100-110	465	75,3	290	18,1	30,4	4,95
120-130	460	80,1	328	18,6	33,2	5,38
140-150	453	82,7	318	19,4	37,4	6,59
Humic-hydrometamorphic soils						
0-10	846	140	470	19,4	29,2	3,33
20-30	788	118	462	18,0	30,8	3,68
40-50	688	100	431	17,4	30,9	3,77
60-70	591	94,1	395	15,9	34,4	3,99
80-90	529	77,9	360	17,4	34,8	4,17
100-110	499	72,2	340	17,8	36,6	4,32
120-130	470	77,7	332	18,3	38,8	6,94
140-150	454	81,4	319	19,9	40,8	7,55

Special interest is represented by exchange forms of Mn connections, the quota of which is 3-5 % from the total contents in the top horizons of soil. As for the previously considered connections it is stated that the content of the exchangeable Mn increases in the line of soils from automorphed to humidified but in its profile distribution an eluvial type of distribution is observed. Thus in the automorphed chernozems Mn exchangeable is distributed on progressive - eluvial subtype, in half-humidified it is distributed on well expressed regressively – eluvial subtype, but in the humidified soils it is distributed on even - eluvial subtype. The investigated Mn connections are mobile enough, the degree of mobility changes in the limits from 53,1 up to 78,8 %. The factor of a variation does not exceed 12 %.

Zinc. The data received by us concerning the total Zn content in the investigated soils testify the absence of soil pollution as the amount of Zn does not exceed the value of maximum concentration limit = 150 mg/kg [3]. The degree of the total Zn variation in the investigated soils is low and in all cases it does not exceed 19 %. For the total Zn the well-expressed biological accumulation is characteristic. Thus the accumulative thickness of the soil profile of all examined soils is approximately identical and it is 90-100 sm. It is important to note that in the connected line of soils the unidirectional increase in the content of total Zn from automorphed to humidified soils is observed (tab. 1), that apparently is connected with heavier granulometrical profile and specificity of oxidation-reduction conditions of humidified soils.

Downwards on the profile the total Zn content is gradually reduced after the reduction of humus, and in the horizon BC the metal increase is observed once again. More noticible increase of Zn in the subsoil thickness is observed in automorphed soils, that is probably connected with the features of hydrological and calcareous regime of soils. The data of the correlation analysis suggested that there is a high dependence between the distribution of total Zn, silt, humus and pH (r = - 0,92; 0,96 and - 0,97 accordingly).

The contents of acid-soluble Zn connections equals 14-16 % from total. In the connected line of soils the quantity of it increases from automorphed to humidified soils (tab. 1). In profile distribution of acid-soluble Zn forms the uniform for all soils law is observed: the formation of two centers of accumulation – the top - biogenic and the bottom in the soil-forming rock, probably it is due to enrichment of this part a profile by silt particles. The transition of the top eluvial parts of profile distribution of Zn in the bottom illuvial is marked in chernozems at the depth of 40 sm, but in hydrometamorphic soils it is at the depth of 60 sm and it is coincided with the top border of calcareous horizon.

The share of the exchangeable Zn in the top part of the profile of the investigated soils makes about 2,5 % from the total. In the profile of all investigated soils the exchangeable Zn is distributed to eluvial type. Thus in automorphed chernozems the distribution of metal occurs to regressive - eluvial subtype; in half - humidified soils on a background of similar distribution at the depth of 80-100 sm a more sharp change in observed and in humidified soils there is nearly a threshold increase in the contents of Zn exchangeable. The last case is connected with the development of humidifying, with the change of oxidation-reduction conditions in this part of a profile.

CONCLUSIONS

In the connected line of soils (segregacion chernozems - hydrometamorphized - humic-hydrometamorphic soils) the unidirectional increase in the contents of total and acid-soluble connections of Mn and Zn is observed, that is connected with the proper suitable change of a hydrological regime, a granulometrical composition and the specificity of oxidation-reduction conditions of soils. Exchangeable forms of metals are concentrated mainly in the bottom part of the soil profile that is probably connected with the features of their migration and calcareous regime of the investigated soils.

Total and acid-soluble forms of Mn and Zn connections in the profile of the investigated soils are distributed to accumulative type, the exchangeable forms have eluvial type of distribution. Thus depending on the degree of humidifying the profile distribution of total, acid-soluble and exchangeable connections is characterized by various subtypes.

In the investigated soils the contents and intraprofile distribution of the total Mn and Zn connections is connected, first of all, with quantity and distribution of organic matter. The behavior of acid-soluble connections of Mn is also connected with humic distribution. In calcareous horizon acid- soluble Zn connections and exchangeable Mn connections are deposited.

The least mobile metals among the investigated heavy metals there are both exchangeable and acid-soluble connections of Zn that characterizes this element to have some difficultly with the access to plant feeding. The of the total forms of TM in all investigated soils do not exceed the maximum concentration limit, defined for chernozem soils.

THE LIST OF THE LITERATURE

1. Vorobyova L.A. Chemical analysis of soils. M.: MSU, 1998. 272 p.

2. Kuznetzov A.B., Fesjun A.P., Samohvalov S.G., Mahonko E.P. Methodical recommendations for heavy metals determination in agricultural soils and in the vegetable production. M.: CINAO, 1992. 61 p.

3. Obuhov A.I. Scientific principles for working out of the maximum concentration limit of heavy metals in soils. - Heavy metals in an environment. M.: MSU, 1980. P. 20-28.

Ткаченко А.В.

кандидат исторических наук, доцент, ИПССО ГБОУ ВПО МГПУ, Москва

ДУХОВНЫЕ ПРЕДСТАВЛЕНИЯ СОВРЕМЕННОЙ МОСКОВСКОЙ МОЛОДЕЖИ

Уровень развития духовно-нравственной культуры московской молодежи напрямую имеет отношение к уровню ее духовных притязаний. Нравственное поведение формируется под влиянием соответствующей системы ценностных ориентаций и может быть высоким лишь тогда, когда духовные ценности превалируют в сознании людей над материальными. В свою очередь, духовные ценности базируются на духовных традициях общества, а духовные традиции лучше всего сохраняются в традиционных религиях в виде нравственных запретов и предписаний. Поэтому даже то, что принято называть светской этикой, на деле является производным от древних, проверенных временем и выстраданных многими поколениями предков религиозных представлений о добре и зле. Именно традиционные религии создали и бережно донесли до нашего времени основополагающие принципы и критерии морального и аморального поведения, чуждые моральному релятивизму, какой-либо абстрактности и всякого рода желанию заменить черное на белое или перемешать хорошее с дурным.

Получается, что понятие о нравственности неразрывно связано с религиозным мироощущением и религиозными представлениями людей. Если религиозные представления абстрактны и размыты, то такими же абстрактными и размытыми должны быть и моральные представления. И наоборот, если религиозные представления конкретны и опираются на давно сформировавшееся четкое вероучение, то нравственная позиция должна быть такой же конкретной, четкой и недопускающей даже временных отступлений от убеждений, основанных на вере и совести. Поэтому от отношения к традиционным религиям во многом зависит нравственное благополучие современного общества.

Распространение абстрактных религиозных представлений и порожденного ими морального релятивизма — это проблема, которая является причиной большинства современных и ожидаемых в будущем социальных проблем. Представляется устаревшим мнение о том, что атеизм и религиозный фанатизм обязательно приводят людей к девиантному поведению. Да, атеист меньше интересуется вопросами морали, чем верующий. Однако атеист может не верить в Бога, но придерживаться в быту определенных правил светской этики, которая, как уже было выше сказано, является производным от религии, или секуляризованной модификацией религиозного учения о морали. Точно так же глубоко верующий человек может дойти до фанатизма при исполнении религиозных обрядов, но в силу безукоснительного признания конкретных религиозных догматов должен осознавать ту моральную черту, перейти за которую ему не позволяют четкие религиозные заповеди. Поэтому наибольшую опасность для общества представляет позиция тех людей, которые не имеют внятного представления о религии, Божьих заповедях и о моральных критериях допустимого и недопустимого поведения.

Но, как показывают проведенные Институтом психологии, социологии и социальных отношений МГПУ социологические исследования, именно такие люди составляют в наше время большинство. Складывается парадоксальная ситуация: общество работает против себя самого, так как наибольшая угроза для него исходит не от социального меньшинства, а от большинства. Размытая вера и основанная на ней система ценностей становятся раковой опухолью, разъедающей общественный организм.

Социологические опросы однозначно свидетельствуют о преобладании в молодежной среде религиозного мировоззрения, названного голландскими учеными словом «итсизм». Итсизм — это интуитивная вера в существование некой абстрактной Высшей Силы. Таким образом, Бог-Творец, в соответствии с учением авраамических религий, создавший человека по Своему образу и подобию, подменяется в итсизме на нечто неопределенное и аморфное. На первый взгляд безобидная подмена неизбежно приводит к социально опасным последствиям: через отвержение антропоморфного по духу Бога, отвергаются говорящие о Нем религии; через отвержение традиционных религий, отвергаются содержащиеся в них моральные предписания; через отвержение морали, отвергаются духовные ценности; через отвержение духовности отвергается нравственность.

В итоге безнравственные поступки если не совершаются большинством молодежи, то одобряются им или рассматриваются равнодушно. Поскольку современная молодежь проецирует наше общество в недалеком будущем, следует признать неизбежность возрастания антагонизма между традиционными моральными ценностями и ценностными ориентациями большинства населения. Неимеющее четких убеждений большинство — это та неопределившаяся масса, на которую легко повлиять и которую легко склонить в свою сторону, и если Церковь не обратит на него внимание, то инертностью масс воспользуются чужеродные для российской религиозной системы элементы. Своими расплывчатами определениями Божества итсизм размывает границы религиозной системы, делая их открытыми для проникновения извне как западного религиозного неолиберализма, сектантства и эзотерики, так и восточных культов, одинаково чуждых традиционному мировосприятию россиян и их представлению о морали.

Итсизм породила духовная безграмотность, которую вызвал к жизни духовный вакуум, образовавшийся в России и христианских странах Европы в результате физических и словесных гонений на Церковь в XVIII-XX вв. Столетиями общество убеждали, что традиционные религии — это пережиток мрачного прошлого, и стоит их отвергнуть — наступит светлое будущее, в котором религию заменит наука. В Европе распространение итсизма шло плавно, по мере отступления Католической и протестантских церквей от роли, определяющей духовные потребности общества. Поэтому до 1990-х гг. итсизм был малозаметен, и его трудно было отличить от христианского теизма и постепенно вытесняющего старую веру атеизма. Ведь и христианин, и атеист во что-то верят: один в то, что Бог есть, а второй в то, что Бога нет — по крайней мере, в том виде, как Его преподносит Христианство. И лишь когда социологи начали понимать, что нельзя примитивно делить всех людей на верующих и неверующих, стало ясно, что очень многие европейцы, даже называя себя христианами или атеистами, на деле не являются ни теми, ни другими, а чем-то третьим, а именно верящими в Нечто свыше итсистами.

В России итсизм проявился все в те же 1990-е гг., хотя зафиксирован был в 2000-е и до сих пор не подвергался изучению никем, кроме сотрудников ИПССО МГПУ [10-17]. Беспрецедентные гонения на Православную Церковь в советский период отечественной истории [4] с последующим кризисом коммунистической идеологии, на которую в XX веке пытались заменить религию, к началу 1990-х гг. привели к тому же духовному вакууму, что породил итсизм на Западе [10, 114]. Однако для российского общества итсизм гораздо опаснее, чем для европейского, потому что его распространение совпало с распадом прежней политической системы, дезинтеграцией, глубоким социально-экономическим кризисом, а не с наступлением сытого благополучия, характерного для Европейской цивилизации инерционной фазы ее развития. Неизменный спутник итсизма — моральный релятивизм — наложился в российском обществе на антисистемные процессы, в то время как в Европе наоборот, шел процесс межгосударственной итеграции. Но последствия итсизма везде одинаковы: подмена Бога абстракцией и конкретной морали выборочной по своему усмотрению.

Абстрактная религиозность внеконфессиональна и враждебна традиционным религиям, которым итсисты не доверяют. Итсисты не знают об истории религий и их догматике, не читают Священное Писание, редко ходят в храмы и имеют поверхностные, некомпетентные суждения о вере и о всем, что с ней связано. Поэтому бороться с итсизмом можно через распространение знаний, пробелы в которых московская молодежь имеет по объективной причине: социализация родителей, дедушек и бабушек современных молодых москвичей пришлась на годы господства атеистической пропаганды, из-за чего страшие поколения попросту не могли передать современной молодежи информацию о смысле церковного вероучения и религиозных обрядов.

Источники такой информации не просто умалчивались, а сознательно уничтожались на протяжении нескольких десятилетий. Это немалый срок для того, чтобы забыть о национальных корнях, но недостаточный для того, чтобы забыть о Боге. В результате, когда были сняты запреты на профессиональную деятельность духовенства и по всей стране начали восстанавливаться храмы, оказалось, что основная религия россиян — Православие — сохранилась в сознании граждан в ущербном виде, нередко сводящимся к признанию существования некого Высшего Существа или даже некой Сущности, от которой весь мир находится в неясной степени зависимости. Духовное невежество — лучшее условие для возникновения итсизма, а преодоление этого невежества — лучший способ возвращения народа к своим нравственным истокам.

Итсистов не следует путать с православными, даже если большинство из них заявляют о своей приверженности Православию. Самоидентификация с любой из классических религий — не более, чем дань этнической традиции, но вместе с тем, она свидетельствует о сохранении памяти о традиции в условиях, когда сама традиция забыта. Следовательно, нужно осторожно относиться к результатам социологических опросов, по которым большая часть молодежи относит себя к Православию. Но так же верно и то, что причисление себя к православным упрощает восприятие церковного учения.

В ноябре 2012 года кафедра общей и прикладной социологии ИПССО МГПУ провела в Интернете онлайн-опрос на тему отношения московской молодежи к религии. Гипотезой исследования было предположение о склонности большинства молодежи к итсизму, а не к атеизму, Православию или какой-либо иной вере. Были опрошены 540 человек в возрасте от 14 до 30 лет, преимущественно учащиеся московских вузов. Как и следовало ожидать, абсолютное большинство (более 60%) отнесли себя к Православию, 25% — к атеистам, остальные — к неправославным конфессиям. Но являются ли заявленные православные православными, а атеисты атеистами? Очевидно, в большинстве своем нет, так как, отвечая на вопрос «Верующий ли Вы человек?», почти 40% сказали, что испытывают сомнения (то есть половина от числа тех, кто назвался православным или верующим в другую религию), и лишь 15% определенно сказали «Нет».

Таким образом, реальных атеистов не 25%, а 15, а настоящих православных в разы меньше, чем 60%. Полученные данные подтверждаются большинством проведенных ранее исследований. Так, по опросу ИПССО 2011 года, заявленных атеистов среди молодых москвичей — около 15%, а реальных — 12, заявленных православных — 76%, а искренне верующих — 11,5, причем среди последних не все православные [13, 99]. Получается, что полученые данные о 15% атеистов очень близки к истине, а воцерковленных православных как минимум в 6 раз меньше, чем людей, готовых назваться православными (не более 11,5% против 61-76%).

Отличить реальных верующих от неверующих позволяет шкалирование ответов респондентов, произведенное социологами ИПССО в 2011 г. для выявления интенсивности мнения респондентов касательно их собственного религиозного чувства [10, 117-118]. Социологи попросили всех опрошенных указать степень своей религиозности по 10-балльной шкале, где 1 балл означал полное безверие, а 10 баллов — безукоснительное признание веры в Бога. Самым популярным стал ответ «5 баллов», то есть середина между верой и безверием (16,25%). Можно было бы подумать, что речь идет об агностицизме московской молодежи, то есть о ее сомнениях в существовании Бога. Однако ясно, что в данном случае следует говорить об итсизме — аморфной вере «во что-то», поскольку абсолютное большинство — 76 % опрошенных — все же признали, что, пусть и сомневаясь в традиционном представлении о Боге, они во что-то верят. Это те респонденты, которые оценили свои религиозные чувства от 2 до 9 баллов. Точно так же агностиками не являются те 40%, которые в ходе вышеупомянутого опроса 2012 г. заявили о своих религиозных сомнениях, так как сомневаются они не в существовании Бога вообще, а в точке зрения Церкви по этому вопросу, о которой они, по сути, ничего определенного не знают.

Сравнивая данные ИПССО с данными других социологических центров, можно увидеть схожую картину. Фонд «Общественное мнение» оценивает количество атеистов среди взрослого населения России в 17%, а православных по самоидентификации — в более чем 60% [8]. Левада-центр насчитывает в России 22% атеистов и 69% православных по самоидетификации [9]. ВЦИОМ определяет число атеистов в 16%, а назвавшихся православными — в 63% [2]. Ошибкой всех этих центров является преувеличение численности православных, которая проистекает из наивного убеждения, будто сказать, что ты православный, и быть православным — это одно и то же. Отсюда же возникают и противоречия, которые невозможно объяснить, не зная об итсизме. Например, ВЦИОМ установил, что 11% неверующих время от времени посещают храмы [5], в то время как очевидно, что речь идет не о неверующих, а о внеконфессионально верующих, каковыми и являются итсисты.

Принадлежность большинства молодежи к итсистам особенно хорошо показывают ответы респондентов на вопрос об их представлении о Боге. Этот вопрос социологи ИПССО задавали молодым москвичам в 2012 году. Не вызывает удивления самый распространенный ответ (60%): «Есть что-то свыше, от чего мы все зависим», а между тем, данный ответ абсолютно типичен для итсистов, но не для реальных православных, мусульман, иудеев, католиков или протестантов. Для последних характерен ответ «Есть Бог, Который создал человека по Своему образу и подобию», но такой ответ дали всего 29% опрошенных. Наконец атеистический ответ «Ничего сверхъестественного не бывает» был получен от 11% респондентов, что в точности соответствует определенному ИПССО в 2011 году числу реальных атеистов.

На вопрос об их доверии духовенству юноши и девушки дали наполненные самомнения, расплывчатости и скепсиса в отношении других ответы. Духовенству доверяют 15%, не доверяют 41%, а кому-то доверяют, а кому-то нет — 44%. 15% доверяющих духовенству немногим превышают общее число глубоко верующих (10 балл по шкале религиозности). Среди 41% недоверяющих атеисты не могут составлять даже половины, так как их всего около 15%. Следовательно, более половины недоверяющих духовенству — это люди верующие, но верующие не в традиционном понимании этого слова, то есть скептически относящиеся к Церкви итсисты. А ответ 44% «Кому-то доверяю, а кому-то нет» — типичная позиция итсизма с его расплывчатостью, релятивизмом и свободомыслием. Итсист считает себя свободным как в выборе собственной линии поведения, так и в оценке поведения других, особенно, если эти другие намерены, подобно священнику, говорить неприятные для него истины.

В 2011 г. духовенству не доверяли 58% опрошенных ИПССО молодых москвичей [13, 102], но надо учитывать, что в том году в анкету не был включен третий вариант ответа — «Кому-то доверяю, а кому-то нет». Для сравнения, по данным Левада-центра, Церкви не доверяют 46% взрослого населения [1], а по сведениям Фонда «Общественное мнение» — 33% [3]. Большинство недоверяющих и колеблющихся — ставящие себя вне существующих традиционных конфессий итсисты. В этом плане характерен самый популярный ответ на вопрос ИПССО «Поддерживаете ли Вы точку зрения традиционных религий о том, что женщина должна отличаться от мужчины своим внешним видом и поведением?»: «Поддерживаю, но совершенно не по религиозным соображениям».

Только склонностью к итсизму можно объяснить ответы молодежи на вопросы анкеты, розданной социологами ИПССО в 2011 г.: почти 70% не имеют четкого представления о религиозных традициях и не придают им значения, 85% не справляют религиозные праздники или немного осведомлены лишь о самых известных из них, 76% не ходят в храмы или могут не посещать их годами [10, 118] (60% по данным ВЦИОМ [5], 68% по данным Левада-центра [6]). При этом уместно напомнить, что примерно столько же респондентов называют себя православными.

Для того, чтобы расставить все точки над i, следует отметить, что по итогам опроса ИПССО 2012 г. почти 40% молодых москвичей полагают, что современному обществу нужны только те религиозные традиции, «которые проверены временем». Это слова итсистов, но не православных людей. В представлении итсиста мораль и традиции носят временный характер, поэтому человек волен избавляться от тех духовных ценностей, которые, с его точки зрения, устарели и мешают свободно жить.

Молодым респондентам был задан прямой вопрос: «Если Вам скажут, что Ваш поступок не одобряется религией, это Вас насторожит?» Лишь 15% ответили «Да» (примерное количество истинно верующих), 27% — «Нет», а абсолютное большинство, 58%, в соответствии с итсистскими воззрениями, заявили: «Смотря какой поступок». Иными словами, для молодежи важно не само моральное предписание, так как им можно и пренебречь, а совершаемый поступок, который все равно будет совершен, если совершающий его человек вздумает признать данное действие для себя удобным.

То, как распространенный среди молодежи итсизм сочетается с моральным релятивизмом, можно понять, задав респондентам вопрос вроде заданного в 2011 г.: «Способны ли Вы совершить поступок, который является неприемлемым с позиции Вашего вероисповедания, но не порицается, а, может быть, даже одобряется обществом?» Результат оказался предсказуемым — абсолютное большинство (65%) юношей и девушек ответили: «А почему бы и нет? Сейчас в обществе принято много такого, что не одобряется религией» (41%) или «Вероисповедание не влияет на мои поступки» (24%) [13, 104]. Первый вариант ответа дали в основном итсисты, а второй — атеисты. Что касается приверженцев традиционных религий, то для них подобные ответы неуместны.

Это значит, что хотя молодежь формально идентифицирует себя с конкретными религиями, на деле вера ее слаба и зависима от обстоятельств. Именно такую позицию принято называть моральным релятивизмом: нет вечных моральных ценностей, и вопрос о том, следовать или не следовать морали, зависит от конкретной ситуации. И хотя к релятивизму более склонна молодежь, даже старшее поколение испытывает его влияние: по мнению аналитиков ВЦИОМ, лишь 1/3 россиян согласны, что следует жить в соответствии с традиционными моральными нормами, а относительное большинство в 43% полагают, что некоторые из таких норм приемлемы, а другие — нет [7].

Такой же вывод можно сделать из ответов, полученных на вопрос об отношении респондентов к совершению безнравственных, но внешне безвредных поступков: более 80% относятся к ним с пониманием или с безразличием. Эти 80% почти совпадают с общим количеством тех респондентов, которые называют себя православными и представителями иных традиционных религий, хотя ни одна традиционная религия не призывает относиться к безнравственным поступкам терпимо или равнодушно. А значит вновь перед нами сочетание итсизма и морального релятивизма, которое вытесняет традиционные ценностные ориентации.

Выводы:

1) Основная форма религиозных представлений современной московской молодежи — итсизм.

2) Итсизм является общеевропейским явлением, но для российского общества представляет большую опасность, так как время распространения итсизма совпало с дезинтеграционными процессами в российском обществе.

3) Главная идея итсизма — замена веры в Бога на абстрактное представление о том, что существует Нечто более значимое, чем человек.

4) Итсизм не признает авторитет традиционных религий, но не порывает сразу с этнической традицией. Поэтому большинство молодых москвичей, будучи итсистами, по традиции называют себя православными.

5) Итсисты имеют размытые суждения о Боге, религии и морали.

6) Итсисты склонны к моральному релятивизму и с легкостью отказываются от нравственных норм, если в данный момент это выгодно.

7) Распространение итсизма среди молодежи неизбежно приводит к падению нравственного состояния всего общества.

8) Православие и другие традиционные религии институционально сильнее итсизма, так как опираются на конкретные моральные предписания, традиции и глубокую веру и имеют свою организацию, в то время как итсизм полностью аморфен.

9) При всей своей слабости итсизм трудноуловим, и в борьбе с ним следует научиться вычленять это явление из множества религиозных течений.

10) Итсизм представляет угрозу для общества не сам по себе, а потому, что открывает дорогу в страну чуждым для ее традиционной культуры внешним влияниям.

11) На итсиста можно повлиять, так как он не определился ни с моральными принципами, ни с духовным мировоззрением.

12) Итсизм порождается духовным невежеством, и лучший способ борьбы с ним — духовное просвещение молодежи.

Источники и литература:

1. В какой мере заслуживает доверие церковь? / Религия. / Архив. // http://www.levada.ru/archive/religiya/v-kakoi-mere-zasluzhivaet-doverie-tserkov

2. В России можно только верить? / Аналитика. / Тематический каталог. // http://wciom.ru/index.php?id=266&uid=3769

3. Доверие Русской православной церкви. / Религия. / База данных ФОМ. // http://bd.fom.ru/pdf/d01rpts.pdf

4. Емельянов Н.Е. Оценка статистики гонений на Русскую Православную Церковь (1917–1952 годы). // Golden Time. //

http://www.goldentime.ru/nbk_31.htm

5. Зачем россияне приходят в храм? / Пресс-выпуск ВЦИОМ № 1963. / Тематический каталог. // http://wciom.ru/index.php?id=459&uid=112543

6. Как часто Вы посещаете религиозные службы? / Религия. / Архив. // http://www.levada.ru/archive/religiya/kak-chasto-vy-poseshchaete-religioznye-sluzhby

7. Новые православные. / Аналитика. // http://wciom.ru/index.php?id=266&uid=2599

8. Отношение к атеизму и атеистам. / Религия. / База данных ФОМ. // http://bd.fom.ru/report/cat/cult/rel_rel/d072323

9. Религиозная вера в России. / Пресс-выпуски. // http://www.levada.ru/26-09-2011/religioznaya-vera-v-rossii

10. **Ткаченко А.В.** Итсизм как основная форма религиозной веры современной московской молодежи. // Системная психология и социология: Всероссийское периодическое издание научно-практический журнал. М.: МГПУ, 2012. — № 6. — С. 112-120.

11. **Ткаченко А.В.** Осторожно: итсизм! Контент-анализ сообщений об итсизме на Интернет-форумах. // Молодежь и общество. М.: Связь-Принт, 2012. — № 4. — С. 86-95.

12. **Ткаченко А.В.** Отношение молодых москвичей к религиозным традициям. // Психология нравственности и религия: XXI век: Сборник статей. МО, Щелково: Издатель Мархотин П.Ю., 2011. — С. 418-424.

13. **Ткаченко А.В.** Отношение московской молодежи к религии и нравственности. // Системная психология и социология: Всероссийское периодическое издание научно-практический журнал. М.: МГПУ, 2012. — № 5. — С. 97-107.

14. **Ткаченко А.В.** Религиозные представления московской молодежи: как и во что верят старшеклассники и студенты Москвы. // Молодежь и общество. М.: Связь-Принт, 2012. — № 2. — С. 78-84.

15. **Ткаченко А.В.** Социологический анализ религиозных представлений современной молодежи. / Основные проблемы современной социологии: Сборник статей. / Сост. А.В. Ткаченко. М.: ООО НИЦ Инженер, 2012. — С. 63-72.

16. **Ткаченко А.В.** Социологическое исследование отношения московской молодежи к религии. // Проблемы современности в зеркале гуманитарных и экономических наук: Сборник статей. М.: НОУ МИСАО, 2012. — С. 232-242.

17. **Ткаченко А.В., Таппасханова М.А. и др.** Социологическое исследование религиозного сознания современной московской молодежи: Монография. М.: НОУ ВПО МИСАО, 2011. — 92 с.

Кочергин М.И.
аспирант 1-го года обучения ФГАОУ ВПО
«Северо-Кавказский федеральный университет»
cochergin.m@mail.ru

ЛИЧНОСТНОЕ И ПРОФЕССИОНАЛЬНОЕ СТАНОВЛЕНИЕ СТУДЕНТА ВОВЛЕЧЕННОГО В ДЕЯТЕЛЬНОСТЬ ОБЩЕСТВЕННЫХ ОБЪЕДИНЕНИЙ

Формирование личности в период обучения в высшем учебном заведении – важнейший этап социализации молодого поколения, связанный с воспитанием социально-значимых качеств. Системная постановка воспитательного процесса в вузе, в котором организована деятельность общественных объединений органически способствует повышению учебы и научно-исследовательской подготовки студентов. Взаимосвязь и взаимозависимость учебной, научной и воспитательной работы определяется целой совокупностью качеств, установок и ценностных ориентаций личности, определяющих профессиональную и социальную компетенцию специалиста. Значительную роль в формировании будущего специалиста, как социально-зрелой личности играет система воспитательной работы в высшем учебном заведении, одним из неотъемлемых компонентов которой должна быть коллективная самоорганизация в студенческой среде.

До 90-х годов XX в. ВЛКСМ был единственной (и единой для всей молодежи) организацией, работающей в студенческой среде и решающей проблемы молодежи в целом, и студенчества, как передовой ее части. На смену комсомолу в вузы пришли другие организации – студенческие профсоюзы, Российский Союз Молодежи, Ассоциация студенческой молодежи, студенческие союзы, студенческие советы, другие органы студенческого самоуправления. Если первоначально их приход был формальным, то во второй половине 90-х годов XX века, эти организации становятся массовыми и весомыми как в студенческой среде, так и в обществе в целом. На современном этапе все больше возрастает общественная активность студенческой молодежи. Она выражается, прежде всего, в развитии студенческого движения. Во всех регионах Российской Федерации появляется с каждым годом все больше разноплановых общественных студенческих организаций. Сам факт их появления указывает на то, что студенты чувствуют необходимость объединяться для реализации своих интересов и потребностей.[1,23]

Стремление студентов объединяться разрушает современный миф об эгоцентризме, об ориентации лишь на личную свободу, о духовном отчуждении молодых людей. Об этом говорит огромное число зарегистрированных молодёжных организаций и ещё большее число неформальных клубов.

В любом молодежном объединении остро встает проблема лидерства, межличностных взаимоотношений. И эта здоровая конкуренция среди ровесников способствует выявлению лучших общепризнанных качеств личности у претендентов на лидерство, потенциальных возможностей каждого, определенному раскладу социальных ролей в созданном микромире. Таким образом, любые студенческие общественные объединения (как формальные, так и неформальные) способствуют ускорению процесса социализации личности. Молодой человек, в период обучения, в ВУЗе активно вовлеченный в коллективно-творческую общественную деятельность, гораздо легче вливается в общество, трудоустраивается и адаптируется в новом коллективе. Общественные организации можно рассматривать как "кузницы" кадров будущих руководителей разных уровней.

В настоящее время проблема социальной активности, самоорганизованности студентов становится чрезвычайно важной, так как она напрямую связана с системой высшего образования как ценностно-значимого для общества института. Понятно, что стремление внести активность в студенческую среду "свыше" (от кураторов, деканатов, ректората) понятны и необходимы, однако наиболее живучими оказываются общественные формы, в которых учитывается интерес и инициатива самих студентов. Педагогическая задача - вовремя поддержать инициативу, показать широту возможностей для ее приложения в вузе, заинтересованность вуза в студенческой общественной активности. Важно, что участие студентов в процессе управления вузом (как коллективом, так и хозяйствующим субъектом) в сочетании с передачей им определенных полномочий воспитывает в них чувство ответственности за себя и других.

Направления деятельности студенческих объединений можно условно разделить на четыре основные группы:

1. Социальное направление. Одно из самых массовых, к которому, в первую очередь, стоит отнести первичные профсоюзные организации действующие на базе высшего учебного заведения. Это сообщество имеет свои представительства на разных уровнях, которые подчиняются председателю, избираемому из числа студентов. Так же к этому направлению стоит отнести волонтерское движение, которое в том или ином виде существует практически в каждом учебном заведении. Студенческие волонтерские отряды создаются на разных уровнях и поддерживаются администрацией вуза, поскольку эта деятельность носит конструктивный воспитательный характер и соотносится с концепцией воспитательной работы в целом. Кроме того к социальному направлению стоит отнести возможные студенческие объединения, такие как – студенческий совет общежитий, совет строй отрядов, которые решают

студенческие проблемы социального характера в рамках своей компетентности.

2. Творческое направление. Охватывает большое количество студентов стремящихся проявить свой творческий потенциал в период обучения. Создаются специальные структуры призванные объединить творческие коллективы, действующие в студенческом сообществе, поскольку процесс формирования и становления подобных групп носит стихийный характер. В «Северо-Кавказском федеральном университете» к примеру, существует отдел культурно-эстетического воспитания при управлении воспитательной работы, который координирует и развивает это направление. [2,12]

3. Спортивное направление. В первую очередь сюда стоит отнести спортивные команды, действующие в рамках спортивного клуба вуза. Это направление носит массовый характер и организуется под руководством спортивного клуба. Спортивные студенческие команды не только представляют свой вуз на соревнованиях разного уровня, но и сами могут выступать инициаторами проведения спортивных мероприятий. Существуют официально зарегистрированные общественные объединения регионального уровня, функционирующие в этом направлении и имеющие свое представительство в различных учебных заведениях.

4. Научное направление. Практически в каждом учебном заведении существует студенческое научное общество, которое координирует работу всех молодежных структур работающих в данной сфере в рамках учебного заведения. Это направление студенческих объединений носит системный характер и всесторонне поддерживается администрацией. Здесь так же могут существовать официально зарегистрированные общественные объединения, что позволяет им получать грантовую поддержку и участвовать в системной проектной деятельности.

Отдельно стоит сказать и о студенческих советах различных уровней, которые являются органами студенческого самоуправления и решают проблемы как в рамках внеучебной воспитательной деятельности, так и процесса обучения. Зачастую, это главный координационный студенческий орган, который совместно с воспитательными структурами вуза участвует в работе по развитию студенческого самоуправления. Важно подчеркнуть, что практически все студенческие общественные объединения в структуре высшего учебного заведения, так или иначе, действуют в системе студенческого самоуправления.[3,17]

Период студенчества – это время личностного и профессионального роста человека. Получая профессиональные навыки, студент должен быть в дальнейшем готовым не только к работе в узкопрофессиональном понимании, но и успешно включиться в различные виды деятельности, обладать мировоззренческим потенциалом, быть готовым к профессиональному, интеллектуальному и социальному творчеству. Сформировавшись как социально активная личность, студент по окончании вуза будет конкурентно способен на рынке труда. Достичь этого невозможно без включения студента в различную общественную созидательную деятельность, организованную в вузах, как правило, через общественные студенческие объединения.

Литература

1. Балыхин Г.А. Современный этап модернизации российского образования и проблемы развития студенческого движения // Вестник молодежной политики. Специальный выпуск, 2005.
2. Нормативно-правовые основы воспитательной работы: сборник материалов / под общ. ред. А.Н. Козлова. – Рязань, 2007.
3. Костенко С. Модели жизнеутверждающей адаптации студентов в вузе // Высшее образование в России.-2007.-№7.

Иванов С.Г., к.т.н., докторант ФБГОУ ВПО АлтГТУ
Гармаева И.А., доцент, к.т.н., докторант ФБГОУ ВПО АлтГТУ
Бильтриков Н.Г., аспирант ФБГОУ ВПО АлтГТУ
Гурьев А.М., проф., д.т.н., зав. кафедрой ФБГОУ ВПО АлтГТУ

ПОВЫШЕНИЕ ЭКСПЛУАТАЦИОННЫХ ХАРАКТЕРИСТИК СТАЛЬНЫХ ИЗДЕЛИЙ МЕТОДОМ ОДНОВРЕМЕННОГО БОРОТИТАНИРОВАНИЯ

Современной промышленности требуются современные материалы, обладающие рядом высоких характеристик, таких как: высокие прочность и пластичность, износо- и коррозионная стойкость и многие другие. Эта проблема в настоящее время решается преимущественно производством дорогих объемнолегированных сталей. Однако наряду с объемным легированием все большее распространение начинают приобретать и способы поверхностного легирования – нанесение различных покрытий.

Одним из распространенных и наиболее простых способов нанесения покрытий является диффузионный способ - когда деталь подвергают высокотемпературной выдержке в диффузионно-активной среде (химико-термическая обработка). Данный способ позволяет получать практически весь спектр известных на сегодняшний день покрытий, и даже такие покрытия, получить которые другими способами либо невозможно, либо дорого. Например: цементация, азотирование, борирование, хромирование, борохромирование, боротитанирование и т. д.

Диффузионное борирование является одним из наиболее распространенных методов химико-термической обработки сталей и сплавов на основе железа. Покрытия, получающиеся в результате диффузионного борирования, имеют характерное игольчатое строение. Боридные слои, полученные диффузионным борированием на стальных деталях значительно (в 5-30 раз) повышает износостойкость, теплостойкость (в 1,5 — 2 раза) и коррозионную стойкость. Однако, боридным покрытиям присущ серьезный недостаток – высокая хрупкость, что значительно сужает области применения борироваанных изделий. Кроме того, боридные покрытия имеют низкую стойкость в воде, слабых водных растворах минеральных кислот и особенно в растворах азотной кислоты. В качестве методов снижения хрупкости боридных слоев возможно следующее:

– шлифовка поверхности борированного изделия со снятием слоя материала толщиной до 5-10 мкм;

– многокомпонентное насыщение бором и, например, хромом, медью, никелем, титаном и т.д.;

Наиболее предпочтительным способом снижения хрупкости является комплексное насыщение бором и другим элементом. В данной работе проведены исследования боридного и боротитанированного покрытий, полученных способом химико-термической обработки из насыщающих обмазок.

В качестве насыщающих сред использовали порошковые среды на основе карбида бора следующего состава – таблица 1. В качестве образцов использовали цилиндры из стали 45 диаметром 22 мм и высотой 15 мм. Образцы обмазывали пастообразной насыщающей средой, сушили на воздухе до получения твердой корки и помещали в предварительно разогретую до 950°C камерную печь типа СНОЛ, оснащенную ПИД-контроллером TERMODAT 16Е-3. Образцы выдерживали при температуре насыщения в течение 2ч, после чего охлаждали в воде, подвергали низкому отпуску, по окончании которого производили охлаждение на воздухе и удаляли остатки обмазки.

Микроструктуру полученных слоев изучали на поперечных и косых шлифах, которые изготавливали путем резки на электроискровом станке при режимах, исключающих деформации, после чего производили полировку на автоматическом полировальном станке metkon Digiprep 250S. Травление производили в травителе «Ниталь» (4% раствор HNO_3 в спирте), а также в 5% спиртовом растворе иода, после чего исследовали на инвертированном микроскопе Carl Zeiss AxioObserver модификации Z1m с применением программного обеспечения AxioVision 4.8. Элементный состав насыщающей среды изучали при помощи рентген-флуоресцентного анализатора X-MET 7500, а также энергодисперсионного анализатора X-MAX Pro.

Таблица 1. Элементный состав насыщающих сред для ХТО

Среда для борирования												
Ti	Fe	V	Cr	Ca	Nb	B	C	N	H	F	Na	Примеси
0,4	3,6		0,1	0,6		63,7	25,5			0,5	4,9	остальное
Среда для боротитанирования												
Ti	Fe	V	Cr	Ca	Nb	B	C	N	H	F	Na	Примеси
38,1	6,8	1,7	0,4	0,2	0,2	28,2	8,7	5,6	1,9	4,1	3,7	остальное

Полученные микроструктуры диффузионных покрытий на стали 45 показаны на рисунке 1.

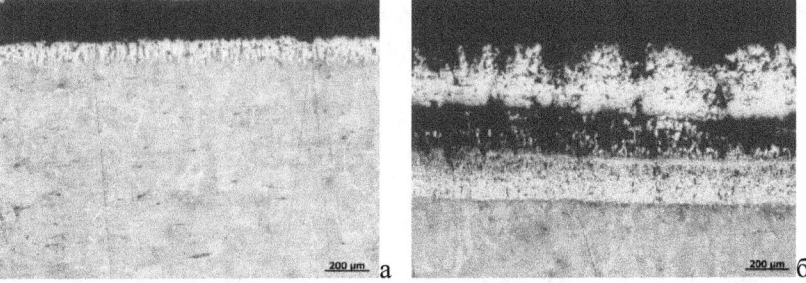

Рисунок 1. Микроструктура диффузионных покрытий на основе бора на стали 45: а) борохромированный б) боротитанированный слои

При борировании получается слой характерно текстурованный игольчатый слой (рисунок 1, а). В процессе одновременного боротитанирования получаются слои сложной морфологии, представленные на рисунке 1, б. Условно боротитанированный слой можно разделить на 5 частей: верхняя, нетравящаяся часть диффузионного слоя по всей вероятности представляет собой смесь боридов титана и чистого титана, следующий (темный) подслой представляет собой преимущественно смесь диборида и карбоборидов титана, в пользу данного предположения говорит тот факт, что данный подслой является таким чрезвычайно хрупким, что выкрашивается в процессе приготовления шлифа. Третий по счету подслой, расположенный под темной прослойкой является переходным и состоит из титана и боридов титана, которые находятся в порах титанированного слоя. Предпоследний подслой представляет собой столбчатые кристаллы титана, легированные бором и углеродом. И непосредственно к основному материалу прилегает карбидный слой, состоящий из карбидов титана. Межфазные границы, разделяющие фазы между собой являются гладкими, что в комбинации с высокой твердостью и хрупкостью приводят к низкой работоспособности данных покрытий, так как при приложении нормальных и тем более касательных напряжений данные слои скалываются, а их осколки, обладающие высокой твердостью, являются абразивом, значительно увеличивающим износ. Однако, коррозионная стойкость боротитанированного слоя в 5-8 раз превышает стойкость боридного: при выдержке в воде боридный слой покрывается налетом ржавчины уже через 3-4 часа, боротитанированный слой не изменяет цвета даже после 50 часов выдержки. При взвешивании выдержанных в воде в течении 50 часов образцов прибыль массы на 1 см^2 для борированного образца составила 0,0015г, для боротитанированного образца прибыль массы была нулевой. При выдержке диффузионно-упрочненных образцов в 30% растворе азотной кислоты в течение 10 часов убыль массы на 1 см^2 поверхности составляет: для борированного образца – 0,78 г, для боротитанированного – 0,0006 г.

Таким образом, исходя из вышеизложенного, наиболее вероятная область применения боротитанированных покрытий – детали и узлы, работающие в условиях гидроабразивного и коррозионного износа: рабочие колеса насосов, детали запорной арматуры и т.п.

Список литературы:

1. **Особенности диффузии атомов бора и хрома при двухкомпонентном насыщении поверхности стали ст3** Иванов С.Г., Гармаева И.А., Гурьев А.М. Фундаментальные проблемы современного материаловедения. 2012. Т. 9. № 1. С. 86-88.
2. **Механизм диффузии бора, хрома и титана при одновременном многокомпонентном насыщении поверхности железоуглеродистых сплавов** Гурьев А.М., Иванов С.Г. Фундаментальные проблемы современного материаловедения. 2011. Т. 8. № 3. С. 92-96.

3. **Технология нанесения многокомпонентных упрочняющих покрытий на стальные детали** Гурьев М.А., Фильчаков Д.С., Гармаева И.А., Иванов С.Г., Гурьев А.М., Околович Г.А. Ползуновский вестник. 2012. № 1-1. С. 73-78.

4. **Фазовые превращения и структура комплексных боридных покрытий** Иванов С.Г., Гармаева И.А., Андросов А.П., Зобнев В.В., Гурьев А.М., Марков В.А. Ползуновский вестник. 2012. № 1-1. С. 106-108.

5. **Исследование фазового состава и дефектного состояния градиентных структур борированных сталей 20Л, 45, 55 и 5ХНВ** Лыгденов Б.Д., Гармаева И.А., Попова Н.А., Козлов Э.В., Гурьев А.М., Иванов С.Г. Фундаментальные проблемы современного материаловедения. 2012. Т. 9. № 4-2. С. 681-689.

6. **Анализ влияния природы легирующих элементов в высоколегированных сталях на процессы комплексного многокомпонентного диффузионного борирования** Гурьев М.А., Гурьев А.М., Иванов А.Г., Иванов С.Г. Международный журнал прикладных и фундаментальных исследований. 2010. № 5. С. 155-157.

7. **Распределение атомов бора и углерода в диффузионном слое после борирования стали 08кп.** Гурьев А.М., Лыгденов Б.Д., Мосоров В.И., Инхеев Б.С. Современные наукоёмкие технологии. – №5, 2006, С 35–36.

8. **Совершенствование технологии химико-термической обработки инструментальных сталей** Гурьев А.М., Лыгденов Б.Д., Власова О.А. Обработка металлов: технология, оборудование, инструменты. 2009. № 1. С. 14-15.

9. **Изменение фазового состава и механизм формирования структуры переходной зоны при термоциклическом борировании феррито-перлитной стали** Гурьев А.М., Козлов Э.В., Жданов А.Н., Игнатенко Л.Н., Попова Н.А. Известия высших учебных заведений. Физика. 2001. № 2. С. 58.

10. Гурьев А.М., **Многокомпонентное диффузионное упрочнение поверхности деталей машин и инструмента из смесей на основе карбида бора** / А. М.Гурьев, А. Д. Грешилов, Е. А. Кошелева, С. Г. Иванов, М.А. Гурьев, А. Г. Иванов, А. А. Долгоров // Обработка металлов.- 2010.- №2.-С. -19-23.

11. Гурьев, М. А. **Комплексное диффузионное упрочнение тяжелонагружен-ных деталей машин и инструмента** / М. А. Гурьев, С. Г. Иванов, Е.А. Кошелева, А. Г. Иванов, А. Д. Грешилов, А. М. Гурьев, Б. Д. Лыгденов, Г. А.Околович // Ползуновский вестник.- 2010.- №1.- С.114 -121.

12. **Transformation of the phase composition and the mechanism of transition region structuring in a ferrite-pearlite steel subjected to thermal-cycling borating** Gur'ev A.M., Kozlov E.V., Zhdanov A.I., Ignatenko L.I., Popova I.A. Russian Physics Journal. 2001. Т. 44. № 2. С. 183-188.

13. **Фазовый состав и механизм образования диффузионного слоя при борировании сталей в условиях циклического теплового воздействия** Гурьев А.М., Лыгденов Б.Д., Власова О.А., Иванов С.Г., Козлов Э.В., Гармаева И.А. Упрочняющие технологии и покрытия. 2008. № 1. С. 20-27.

14. **Диффузионное термоциклическое упрочнение поверхности стальных изделий бором, титаном и хромом** Гурьев А.М., Лыгденов Б.Д., Иванов С.Г., Власова О.А., Кошелева Е.А., Гармаева И.А., Гурьев М.А. Фундаментальные проблемы современного материаловедения. 2007. Т. 4. № 1. С. 30-35.

15. **Структура и свойства упрочненных бором и бором совместно с титаном поверхности штамповых сталей 5ХНВ и 5Х2НМВФ** Гурьев А.М., Иванов С.Г., Гурьев М.А., Иванов А.Г., Лыгденов Б.Д., Земляков С.А., Долгоров А.А. Фундаментальные проблемы современного материаловедения. 2010. Т. 7. № 1. С. 27-31.

Л.Н. Федянина[1], Е.С. Смертина[2], В.А. Лях[3]

1. Д.м.н., профессор, ФГАОУ ВПО «Дальневосточный федеральный университет», Школа биомедицины
2. К.т.н., доцент, ФГАОУ ВПО «Дальневосточный федеральный университет», Школа экономики и менеджмента
3. Аспирант, ФГАОУ ВПО «Дальневосточный федеральный университет», Школа биомедицины

ВЛИЯНИЕ НА ПРОЦЕССЫ ХРАНЕНИЯ ХЛЕБОБУЛОЧНЫХ ИЗДЕЛИЙ БАД К ПИЩЕ ИЗ ГИДРОБИОНТОВ ЖИВОТНОГО ПРОИСХОЖДЕНИЯ

В последнее время потребители всё чаще обращают внимание на своё здоровье. В современной городской среде при традиционном питании человек обречен на макро и микронутниентные недостаточности, которые провоцируют снижение защитных функций организма, что резко повышает риск многих заболеваний [1,76].

В настоящее время повышен спрос на продукты питания морского происхождения и продукты их переработки. Нами предложено вносить в рецептуру продуктов массового спроса, которыми являются хлебобулочные изделия, биологически активную добавку (БАД) к пище, полученную из сырья морского происхождении - БАД Тинростим, разработанную в ТИНРО-Центр.

Тинростим получают из оптических ганглиев кальмаров всех промысловых видов. Он представляет собой белый с желтоватым или кремовым оттенком аморфный порошок с запахом, свойственным сухому рыбному белку. Препарат состоит на 84 % из низкомолекулярных пептидов и на 16 % – из свободных аминокислот. Пептидные компоненты представлены несколькими фракциями, состоящими из 17 аминокислот. Преобладают аспарагиновая и глутаминовая кислоты; их сумма составляет 37,5 % общего количества аминокислот. Около 10 % от общего количества свободных аминокислот составляет таурин. Тинростим корректирует деятельность иммунной системы, повышает сопротивляемость организма человека ко всем неблагоприятным факторам внешней среды [2,16].

Для изучения влияния БАД Тинростим на сохранение свежести хлеба готовые образцы хлеба в закрытых лотках закладывали на хранение при температуре $18 \pm 4 \,^{0}C$ в лабораторных условиях, согласно ГОСТ 8227-56. В процессе хранения вели наблюдение за изменениями их органолептических, физико-химических свойств. Оценку качества изделий проводили через 24, 48, и 72 часов хранения.

Для оценки качества хлеба использовали следующие характеристики: органолептические показатели (внешний вид, вкус и запах, состояние мякиша); структурно-механические свойства мякиша; способность мякиша к набуханию и усушку изделий.

Для изучения процесса черствения хлеба применяли также метод определения гидрофильности мякиша – способность мякиша к набуханию в воде, и выражали величиной удельной набухаемости, которая определяется в см^3 набухшей массы на 1 г сухого вещества исследуемого образца (см^{3}1 г СВ).

Наблюдение за изделиями показало, что в процессе хранения хлеба постепенно ухудшались аромат и вкус, хлеб становился более жестким, а мякиш менее эластичным. Однако интенсивность этих процессов в образцах была различной. В хлебе с добавлением БАД Тинростим изменения органолептических показателей при хранении были менее заметными.

Одним из основных показателей, по которому оценивали степень свежести хлеба, являлась сжимаемость мякиша. Анализ эластичности (упругой деформации $\Delta H_{упр}$) мякиша хлеба без добавки и с БАД Тинростим свидетельствует, что в процессе хранения идет снижение этого показателя с разной скоростью. При хранении происходит усыхание хлеба, т.е. потеря массы. При усыхании хлеба мякиш теряет определенное количество влаги и частично утрачивает мягкость в результате снижения влажности, что оказывает значительное влияние на качество хлеба при хранении. За весь период хранения (72 часа) в образцах с добавлением БАД Тинростим потеря массы хлеба на 21%. ниже, чем в контрольном образце. Как видно, у экспериментальных образцов потеря массы происходила медленней, чем у контрольного образца, следовательно, можно предположить что, биологически активная добавка способна удерживать влагу.

Установлено уменьшение влажности хлеба в процессе хранения. За 72 часа наиболее интенсивно уменьшилась влажность у контрольного образца (на 4,5 %). У образцов с содержанием биологически активной добавки наибольшее изменение отмечено при добавлении Тинростима в количестве 2,0 %, а именно на 3 %. Менее заметно влажность изменилась у образца с содержанием добавки в количестве 1,0 % – на 2 %. Следовательно, можно сделать вывод, что при хранении хлеба с использованием БАД Тинростим влага из мякиша перемещается к корке и с ее поверхности испаряется в окружающую среду медленней, чем в контрольном образце, т.е. добавка продлевает сроки хранения хлеба.

Пористость хлеба в процессе хранения исследуемых образцов заметно изменялась. Значительно снизилась пористость по истечению 72 часов у контрольного образца на 3 %. Менее интенсивно пористость снижалась у образцов с содержанием добавки в количестве от 1,0 до 2,5 % на 0,7 % – 1,3 % (рисунок 1).

Рисунок 1 – Динамика изменения пористости хлеба в процессе хранения

В наибольшей степени к концу хранения снизилась набухаемость мякиша контрольной пробы – на 28 %. Лучшие результаты были у образцов с содержанием БАД Тинростим в количестве 2,5 %, набухаемость мякиша снизилась – на 14 %, у образцов с содержанием добавки в количестве 1,0; 1,5 и 2,0% – на 23, 20 и 18 % соответственно. Набухаемость мякиша зависит от процесса, связанного с изменениями коллоидов хлеба. Крахмальный коллоид в процессе черствления снижает свою способность удерживать воду и отдавать ее в клейковину. Поэтому можно предположить, что БАД Тинростим замедляет процесс черствления хлеба, соответственно способность мякиша хлеба с добавкой к набуханию и поглощению воды выше, чем у контрольных образцов.

Таким образом, наблюдения за образцами хлеба в процессе их хранения показали, что образцы с добавлением биологически активной добавки Тинростим лучше сохраняют свои потребительские свойства в течении 72 часов по сравнению с контрольным образцом. Полученные данные и доказанные биологически активные свойства БАД Тинростим делают ее перспективным сырьем для увеличения биологической ценности хлебобулочных изделий и расширения их ассортимента.

Литература:

1) Лях В.А., Федянина Л.Н., Смертина Е.С. Перспективные биологически активные добавки морского происхождения для производства хлебобулочных изделий функциональной направленности // Технические науки - от теории к практике: материалы XII международной заочной научно-практической конференции. (30 июля 2012 г.); [под ред. Я.А. Полонского]. Новосибирск: Изд. "Сибирская ассоциация консультантов", 2012. - С.76-80.

2) Гажа А.К. Биологически активные добавки к пище (БАД) Приморского края / А.К. Гажа, Н.Н. Беседнова, Т.С. Запорожец, С.П. Крыжановский, Л.Н. Федянина, Л.М. Эпштейн. -Владивосток. ТИНРО-Центр,2006. - 119 с.

М.Н. Московский

к.т.н., доцент кафедры «Технологии и оборудование переработки продукции АПК» ДГТУ, maxmoskovsky74@yandex.ru

СНИЖЕНИЕ МАКРО И МИКРОПОВРЕЖДЕНИЙ ЗЕРНОВОГО МАТЕРИАЛА ЗЕРНОУБОРОЧНОГО КОМБАЙНА ЗА СЧЕТ ПРИМЕНЕНИЯ ИЗДЕЛИЙ ИЗ ПОЛИМЕРНЫХ ПОКРЫТИЙ

При получении семенного материала непосредственно в хозяйствах, путем репродукции семян зерновых (элита или суперэлита), на стадии уборочных и послеуборочных работ возникает вопрос снижения их степени травмированности.

На стадии уборочного процесса одним из способов решения данной проблемы является применение новых полимерных материалов в отделениях комбайна, где наиболее травмируется поток убираемого материала.

Целью данных исследований была оценка травмируемости зерновых культур, пшеница и ячмень, в отделениях рабочей части наклонной камеры комбайна.

Наклонная камера комбайна является одним из элементов комбайна, где травмируется поступающий материал за счет воздействия рабочего органа (цепного транспортера) и взаимодействия с рабочей поверхности наклонной камеры.

Нами была создана лабораторная установка «Модернизированная наклонная камера», которая позволяет применять различные типы рабочей поверхности зернового потока (Рис.1.).

Рис.1. Лабораторная установка «Модернизированная наклонная камера»

На предварительном этапе был проведен анализ различных типов полимеров и их сравнение с конструкционными сталями, в результате чего, были выявлены основные эксплуатационные характеристики: коэффициент трения, модуль упругости, прочностные свойства и др. Данные исследования подтвердили возможность использования полимеров в качестве рабочих органов в отделениях зерноуборочного комбайна.

Одним из полимеров возможность применения, которого была изучена ранее, является сверх высокомолекулярный полиэтилен СВМПЭ[1].

В рамках данной работы нижняя рабочая часть (ложе) лабораторной установки наклонной камеры (тип комбайна ДОН-1500), где наиболее травмируется зерновой материал и наблюдается повышенный износ, была обшита листом белого СВМПЭ с толщиной δ=8мм.

Исследование по травмированности зерна на лабораторной установке наклонной камеры комбайна были произведены при технологических параметрах работы зерноуборочного комбайна в полевых условиях.

Результаты оценки по травмированности представлены на Рис.2.

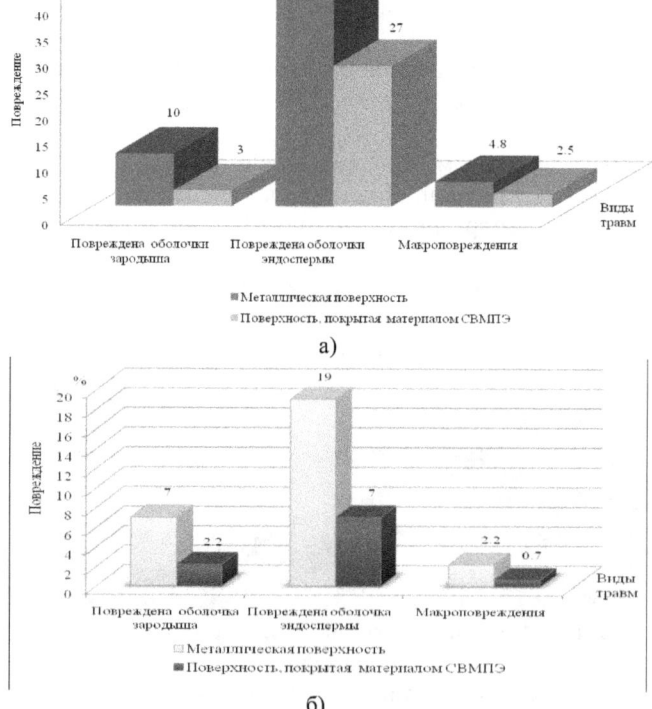

Рис.2. Сравнительный анализ основных повреждений зернового материала (а- пшеница, б -ячмень) поле прохода в наклонной камере лабораторной установки различных типах покрытия.

По итогам исследования получены следующие результаты: снижение повреждения оболочки зародыша с 10 до 3%, снижение повреждение оболочки эндосперма с 42 до27%, снижение доли травмированности материала с 4,8 до 2,5% при использовании полимерного покрытия СВМПЭ.

По культуре ячмень при проходе по покрытию наклонной камеры пластиком СВМПЭ наблюдается снижение травмированности оболочки эндосперма с 19 до 7%, снижение травм зерна с 2,2до 0,7%,при увеличении количество зерна без повреждений с 81до 93%.

Снижение травмированности семенного материала на стадии уборочных процессов позволит повысить процент всхожести семян, снизить потери и зараженность зерна при хранении.

СПИСОК ИСПОЛЬЗОВАННЫХ ИСТОЧНИКОВ

1. Методика расчета на износоустойчивость почворежущих рабочих органов, изготовленных из полимера ТИАЛ-К на основе СВМПЭ / М. Н. Московский [и др.]// Естественные и технические науки. - 2011. - № 6(56). - С. 565-571.

Степаненко И.А.
аспирант, Волгоградский государственный технический университет
Stepanenkoigor1988@yandex.ru
Лукьянов В.С.
доктор технических наук, профессор, Волгоградский государственный
технический университет

ИССЛЕДОВАНИЕ ХАРАКТЕРИСТИК СИСТЕМЫ ЭЛЕКТРОННЫХ ПЛАТЕЖЕЙ МЕТОДОМ ИМИТАЦИОННОГО МОДЕЛИРОВАНИЯ

В рамках статьи рассматривается разработанная имитационная модель системы, которая построена на базе финансового криптографического протокола "анонимные денежные чеки"[1,140].

Сама система формализуется в виде сети массового обслуживания [2,55] (рис.1).

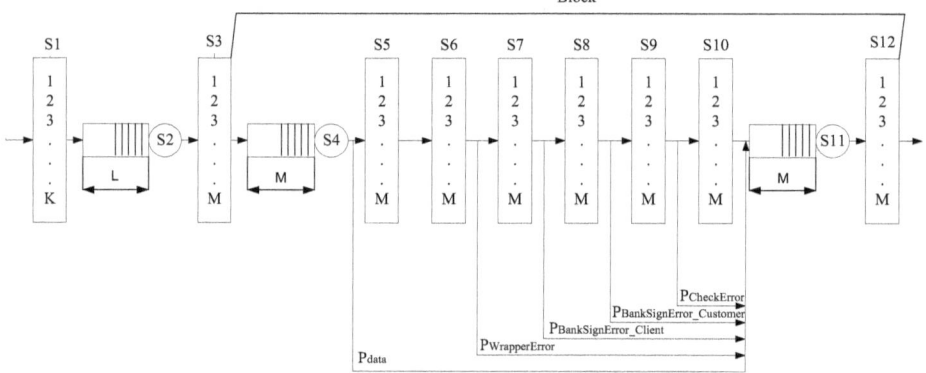

Рис.1. Схема формализации СЭП в виде сети массового обслуживания

Разработанная имитационная модель, которая представляет собой программный модуль, реализованный на языке программирования C#, необходима для получения более точных и детальных характеристик исследуемой системы по сравнению с аналитической моделью [2].

Исследование разработанной модели позволило получить зависимости основных характеристик системы от нагрузки. Под нагрузкой понимается совокупность таких параметров как интенсивность входного потока заявок ([lambda]) и общее число абонентов (N).

Моделирование проводилось при следующих входных параметрах:
1. Время оборота TCP пакета по каналу связи - RTT (с) = 0.05
2. Время извлечения из очереди и постановка на обслуживание = 0.01
3. Время проверки ЭЦП и статуса сертификата (с) = 0.1;
4. Время генерации конвертов клиентом (с)= 0.5;

5. Время проверки конвертов банком (с) = 0.7;

6. Время проверки ЭЦП банка на чеке клиентом (с) = 0.1;

7. Время проверки ЭЦП банка на чеке продавцом (с) = 0.1;

8. Время генерации информации к чеку для продавца клиентом (с) = 0.3;

9. Время проверки доп. информации продавцом (с) = 0.4;

10. Время подтверждения платежа банком (с) = 3;

На рисунках 1,2 показаны полученные в ходе имитационного моделирования зависимости.

Рис.2. Зависимость среднего времени пребывания заявки от числа абонентов

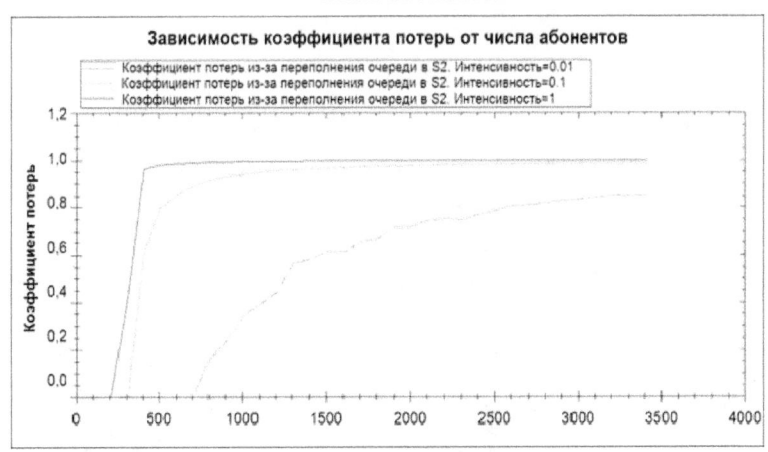

Рис.3. Зависимость коэффициента потерь заявок от числа абонентов

В результате имитационного моделирования были получены выходные характеристики системы: среднее время обслуживания заявки в системе, длины очередей, коэффициенты потерь. Данные характеристики в зависимости от входной нагрузки позволяют охарактеризовать эффективность функционирования системы, а также исключить серьезные допущения, сделанные при аналитическом моделировании [2,57].

Литература:

1. Шнайер, Б. Прикладная криптография / Б. Шнайер // Москва: Триумф. – 2002. – С. 137–150.

2. Степаненко И.А. Исследование характеристик системы электронных платежей методом аналитического моделирования / Степаненко И.А., Лукьянов В.С. // Сборник научных трудов SWorld : матер. междунар. науч.-практ. конф. «Современные направления теоретических и прикладных исследований '2013» (19-30 марта 2013 г.). - 2013. - Вып. 1, т. 8. - С. 54-57.

Степаненко И.А.
аспирант, Волгоградский государственный технический университет
Stepanenkoigor1988@yandex.ru
Лукьянов В.С.
доктор технических наук, профессор, Волгоградский государственный
технический университет

ПАРАМЕТРИЧЕСКАЯ ОПТИМИЗАЦИЯ СИСТЕМЫ ЭЛЕКТРОННЫХ ПЛАТЕЖЕЙ

В рамках статьи рассматривается разработанная гибридная модель для параметрической оптимизации системы электронных платежей, которая построена на базе финансового криптографического протокола "анонимные денежные чеки"[1,140].

Сама система формализуется в виде сети массового обслуживания [2,55] (рис.1).

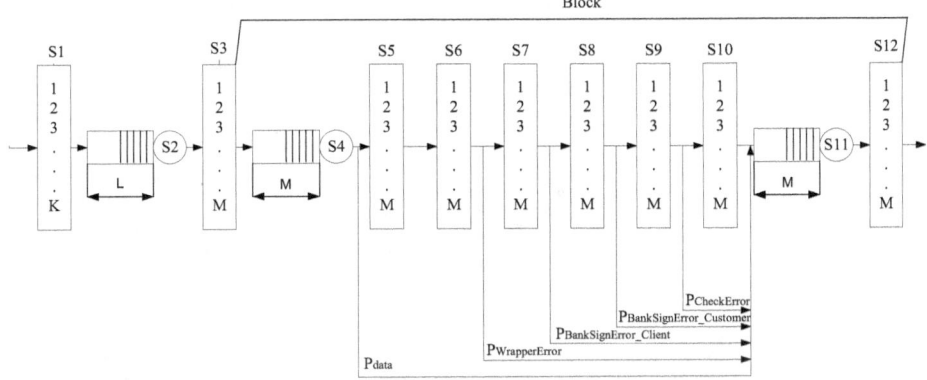

Рис.1. Схема формализации СЭП в виде сети массового обслуживания

Сложность анализа данной системы заключается в переборе большого числа входных параметров(K,M,L и др. см. рис.1), чтобы отследить реакцию системы при изменении сразу нескольких входных характеристик. Поэтому было принято решение использовать гибридную систему параметрической оптимизации для повышения эффективности системы.

Разработана гибридная система на основе имитационной модели и генетического алгоритма [3] (рис. 2). Для определения функции пригодности используется нормированный аддитивный критерий [4, 51]:

$$E = \sum_{i=1}^{n} b_i \psi_i(q_i),$$

где функции $\psi_i(q_i)$ подбираются так, чтобы исключить размерность i-й характеристики и обеспечить условие $\psi_i(q_i) \in [0,1]$, а весовые коэффициенты b_i удовлетворяют условию

$$\sum_{i=1}^{n} b_i = 1; \; b_i > 0.$$

Алгоритм функционирования гибридной системы представлен на рис.2.

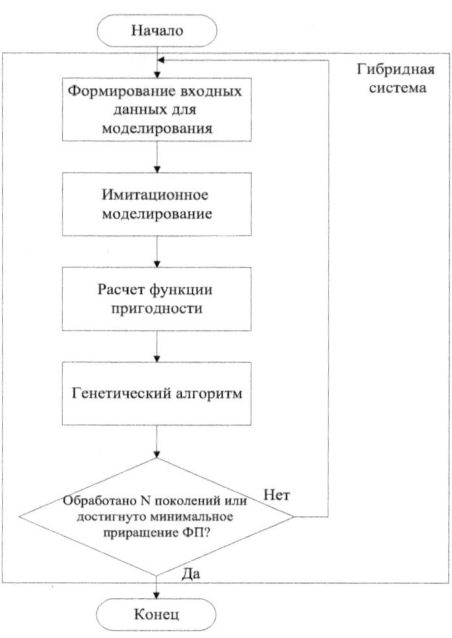

Рис.2. Гибридная система параметрической оптимизации

Таблица 1

Результат работы гибридной системы параметрической оптимизации СЭП

Параметр	Диапазон изменения	Оптимизированное значение
Длина очереди на обслуживание (L)	[0,1000]	258
Число параллельных потоков сервера (М)	[0,500]	85
Количество подключений к серверу (К)	[0, 20]	7
Среднее время обработки заявки		23,38
Коэффициент потерь из-за превышения		0,0070755

времени обработки над тайм-аутом		
Коэффициент потерь заявок из-за отсутствия места в очереди сервера		0
Коэффициент потерь заявок из-за нехватки открытых подключений к серверу		0

Моделирование проводилось при следующих параметрах генетического алгоритма:
- количество особей в поколении - 20;
- количество обрабатываемых поколений – 40;
- вероятность скрещивания – 0.6;
- вероятность мутации – 0.2.

Параметры требования к СЭП по нагрузке:
- число абонентов – 600;
- интенсивность входного потока заявок 0.01 c^{-1}.

Использование разработанной гибридной системы позволяет обоснованно выбирать технические параметры компонентов СЭП в условиях меняющихся внешних и внутренних факторов.

Литература:

1. Шнайер, Б. Прикладная криптография / Б. Шнайер // Москва: Триумф. – 2002. – С. 137–150.

2. Степаненко И.А. Исследование характеристик системы электронных платежей методом аналитического моделирования / Степаненко И.А., Лукьянов В.С. // Сборник научных трудов SWorld : матер. междунар. науч.-практ. конф. «Современные направления теоретических и прикладных исследований '2013» (19-30 марта 2013 г.). - 2013. - Вып. 1, т. 8. - С. 54-57.

3. Гладков Л.А., Курейчик В.В., Курейчик В.М. Генетические алгоритмы / Под ред. В.М. Курейчика. – 2-е изд., испр и доп. – М.:ФИЗМАТЛИТ, 2006. – 320 с. – ISBN 5-9221-0510-8.

4. Железнов И. Г. Сложные технические системы (оценка характеристик). М.: Высш. шк., 1984. 119 с.

Журавлева С.В[1]., Прокопец Ж.Г.[2], Бойцова Т.М.[3]
[1]к.т.н., Дальневосточный федеральный университет
[2]к.т.н., доцент Дальневосточный федеральный университет
[3] д.т.н., профессор Владивостокский государственный университет
экономики и сервиса

РЕОЛОГИЧЕСКИЕ ХАРАКТЕРИСТИКИ ФРУКТОВО-ЖЕЛЕЙНЫХ КОНФЕТНЫХ МАСС НА ОСНОВЕ БРУСНИКИ

Целью данной работы являлось исследование реологических характеристик фруктово-желейных конфетных масс с пониженным содержанием сахара, выработанных по рецептурам, разработанным на кафедре Товароведения и экспертизы товаров ДВФУ.

Конфетные массы вырабатывали на основе протертой брусники, сахара, воды. Содержание сахара во всех образцах составляло 35 %.

В качестве структурообразователей использовали пектин АРС 167 В и альгинат натрия. Проведенные предварительные эксперименты показали, что плотный студень образуется при внесении в конфетную массу не менее 4 % структурообразователей.

Для характеристики консистенции в абсолютных единицах использовали анализатор текстуры СТ3 - LFRA TA (Leatherhead Food Research Association Texture Analyzer) производства Brookfild Engineering Labs., Inc., (Германия).

Тестирование образцов проводилось в режиме обычного, единственного цикла сжатия (Normal Test). В ходе испытаний мы получили:

- значение пиковой нагрузки (Piak Load), которая характеризует максимальное значение нагрузки, измеренное датчиком;

- значение деформации при пиковой нагрузке (Def@Peak) – это расстояние, на которое был сжат образец в момент пиковой нагрузки;

- значение выполненной работы (Work);

- значение конечной нагрузки (Final Load) – это нагрузка при максимальной деформации.

Для достоверности результатов все измерения проводили в трех параллелях, после чего вычисляли среднее арифметическое значение показателей (среднее значение в таблице указано в числителе, снятые показания прибора в знаменателе).

Результаты определения реологических показателей фруктово–желейных конфетных масс с помощью анализатора текстуры СТ3 - LFRA ТА приведены в таблице 1.

Таблица 1 – Реологические показатели фруктово-желейных конфетных масс

Продукт (№ образца)	Реологические показатели			
	Piak Load, (г)	Def@Peak, (мм)	Work, (мДж)	Final Load, (г)
Брусника, сахар, вода, альгинат натрия 2%, пектин 2% (№1)	86,5 85,5; 90,5; 83,5	8,0 8,0; 8,0; 8,0	4,25 4,44; 4,58; 3,72	85,2 84,5; 81,0;90,0
Брусника, сахар, вода, альгинат натрия 1%, пектин 3% (№2)	116,5 129,5; 117; 103	7,9 7,9; 7,9; 8,0	5,34 5,94; 4,73; 5,35	116,2 129,5; 103,0; 116,0
Брусника, сахар, вода, пектин 4 % (№3)	86,7 87; 86,5; 86,5	7,9 7,9; 7,9; 8,0	4,11 3,79; 4,29; 4,23	83,8 86,5; 78,5; 86,5

При решении задачи изучения консистенции, наиболее информативным показателем является значение пиковой нагрузки, ее и следует анализировать более детально.

Максимальную пиковую нагрузку (116,5 г) имеет образец № 2 - образец, содержащий альгинат натрия 1%, пектин 3%. Образцы №1 и №3 имеют практически одинаковые значения пиковой нагрузки (86,5 г и 86, 7 г соответственно).

Полученные данные коррелируют с органолептической оценкой полученных конфетных масс (таблица 2).

Таблица 2 – Органолептическая оценка конфетных масс

Наименование показателя	Характеристика		
	образец 1	образец 2	образец 3
Цвет	Ярко – розовый		
Внешний вид	Поверхность ровная, глянцевая, форма сохраняется		
Вкус	Кисло – сладкий с выраженным ароматом брусники		
Консистенция	Студнеобразная плотная	жестковатая	плотная

Ранее нами было усыновлено, что для производства продуктов с заданной консистенцией следует ориентироваться на реологический показатель Piak Load, определяемый на анализаторе текстуры СТ3 - LFRA TA.

Для продуктов с «пюреобразной» консистенцией значение Piak Load находится в пределах от 9,0г до 10,0г, для муссов с вязкой консистенцией –

ниже 9,0г, для пастообразных десертов, имеющих плотную консистенцию значение Piak Load должен быть выше 10,0г [1, 104; 2, 48].

Проведенное исследование позволило установить, что наиболее приемлемой консистенции для фруктово-желейных конфетных масс соответствует значение пиковой нагрузки Piak Load, находящееся в пределах 85 – 87 г.

Литература:

1. Прокопец Ж.Г., Журавлева С.В., Текутьева Л.А., Сон О.М., Мухортов С.А., Алексеев Н.Н. Исследование реологических показателей десертов на основе облепихи //Научные итоги 2012 года: достижения, проекты, гипотизы: сборник материалов II Международной научно – практической конференции/Под общ. Ред. С.С. Чернова. – Новосибирск: Издательство НГТУ, 2012. – 175 с.

2. Прокопец Ж.Г., Журавлева С.В., Текутьева Л.А., Сон О.М., Мухортов С.А. Разработка технологии фитнес- десерта на основе облепихи// Пищевая промышленность, 2012. - № 12. – С. 48 -52.

Шабалин Л.П.
аспирант, КНИТУ-КАИ Казань, leonid.shabalin@gmail.com
Сидоров И.Н.
докт. физ.-мат. наук, профессор, КНИТУ-КАИ Казань

КОНЕЧНО-ЭЛЕМЕНТНОЕ МОДЕЛИРОВАНИЕ ПОВЕДЕНИЯ ПЛАСТИНЫ И СЭНДВИЧ ПАНЕЛИ С КОМПОЗИТНЫМ СКЛАДЧАТЫМ ЗАПОЛНИТЕЛЕМ ПРИ УДАРНОЙ НАГРУЗКЕ

Цель статьи

Целью данного исследования является создание методики расчета процесса деформирования панелей со складчатыми заполнителями [1], изготовленными из композитных материалов с различными схемами армирования и механизмами разрушения при динамическом воздействии.

Конечные элементы и модели материалов.

Все расчеты проведены с использованием программного комплекса ANSYS\LS-DYNA. В качестве конечных элементов (КЭ) модели заполнителя были выбраны оболочечные 4-узловые с формулировкой Belytschko-Tsay [4]. Геометрия ячеек гофров задается несколькими параметрами разметки исходного материала, после чего строится модель в зависимости от степени складывания [2].

В LS-DYNA для моделирования процесса деформирования слоистых композитов используются различные модели разрушения материалов, представляющие комбинацию критериев, которые отвечают за отдельные типы разрушений наполнителя и матрицы материала.

Для расчетов использовались 54 и 55 модели материала (MAT_ENHANCED_COMPOSITE_DAMAGE [4]).

Композитная пластина при ударной нагрузке

В таблице 1 представлены результаты расчета процесса деформирования композитной пластины из материала Cytec [2] со схемой армирования [+45°,-45°] и толщиной монослоя 0,25мм. Максимальный прогиб находится в линейной зависимости от скорости индентора, в то время как зависимость давления в момент контакта и максимальных напряжений в плоскости пластины имеет нелинейную форму, что можно объяснить недостаточно коротким шагом расчета для данных показателей.

В таблице 2 показано влияние количества слоев и схемы армирования на показатели прогиба, давления в момент контакта и максимальных напряжений.

Таблица 1

Скорость индентора, м/с	Макс. прогиб, мм	Давление в момент контакта, Па	Макс. напряжения в плоскости пластины	Визуализация максимального прогиба
2,5	1,11	$6,31 \cdot 10^7$	$1,10 \cdot 10^8$	
5	1,76	$7,84 \cdot 10^7$	$1,94 \cdot 10^8$	
9	2,69	$6,54 \cdot 10^7$	$2,12 \cdot 10^8$	
15	3,97	$1,35 \cdot 10^8$	$3,88 \cdot 10^8$	
30	7,26	$1,27 \cdot 10^8$	$5,08 \cdot 10^8$	
60	13,29	$1,52 \cdot 10^8$	$5,25 \cdot 10^8$	

Таблица 2

Схема армирования	Макс, прогиб, мм	Давление в момент контакта, Па	Макс, напряжения в плоскости пластины
[+45,90,-45,0,+45,90,-45,0]	0,37	$-2,47 \cdot 10^8$	$-4,96 \cdot 10^8$
[+45,90,-45,0]	1,25	$-1,05 \cdot 10^8$	$-1,42 \cdot 10^7$
[+45,-45]	2,69	$-6,54 \cdot 10^7$	$-2,12 \cdot 10^8$

Складчатый заполнитель типа Z-гофр при высоко- и низкоскоростном ударе.

Модель материала, конечные элементы и сетка обшивок и складчатого заполнителя панели соответствует исследованию при статических видах нагружения [2].

Индентор представляет собой шар диаметром 25,4 мм. В качестве модели материала была выбрана модель абсолютно жесткого тела-MAT_RIGID. Масса индентора равна 1,56 кг. Геометрическая модель и разбиение на конечные элементы представлены на рис 1.

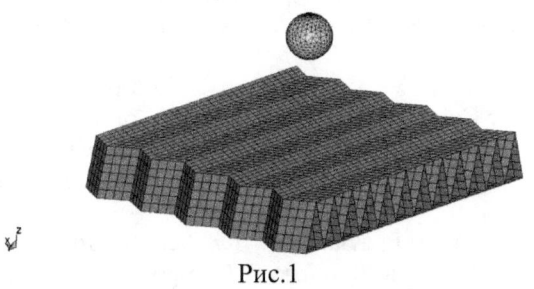

Рис.1

Граничные условия следующие:

Панель имеет жесткое закрепление по всем степеням свободы по площади нижней обшивки. Индентор- начальную скорость вдоль оси Z, равную 9м/с для низкоскоростного удара и 64 м/с для высокоскоростного.

В модели реализовано контактное взаимодействие между индентором и панелью.

Верификация методики и модели осуществлялась сравнением результатов с исследованием [3] по показателям внутренней энергии и силы удара. Расхождение показателей не превышало 10%.

На рис.2а представлено распределение давления при ударе на верхней обшивке. Наблюдается наличие отключившихся элементов при разрушении материала внешней обшивки.

На рис.2б представлены эффективные напряжения по Мизесу складчатого заполнителя в момент удара индентором.

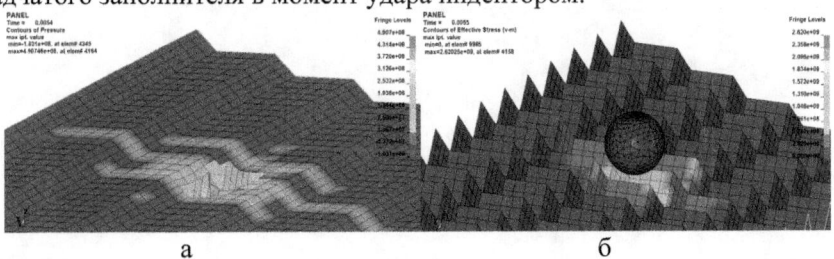

а   б

рис.2

Заключение

Описанная методика позволяет с высокой точностью проводить расчеты процесса деформирования композитных пластин и сэндвич панелей со складчатым заполнителем при динамических видах нагружения. Результаты расчетов показали хорошую согласованность с экспериментальными данными.

Литература
1. Khaliulin V.I., Dvoyeglazov I.V. On technological problems of fabrication of relief designs by isometric transformations of thin sheet. Transactions of Nanjing University of Aeronautics & Astronautics, 2001.
2. L. P. Shabalin, A. V. Gorelov, I. N. Sidorov, V. I. Khaliulin, I. V. Dvoyeglazov. Calculation of the parameters of stress-strain and ultimate states of composite foldcores under transverse compression and shear. Mechanics of Composite Materials, September 2012, Volume 48, Issue 4, pp 415-426
3. Heimbs S., Cichosz J., Klaus M., Kilchert S., Johnson A.F. Sandwich Structures with Textile-Reinforced Composite Foldcores under Impact Loads. Composite Structures 92, 2010.
4. LS-DYNA THEORY MANUAL, Livermore Software Technology Corporation, California, 2006.

Коршенко Л.О.
канд. техн. наук, доцент, Дальневосточный федеральный университет
Чижикова О.Г.
канд. техн. наук, профессор, Дальневосточный федеральный университет
Абдулаева Н.Н.
аспирант, Дальневосточный федеральный университет
Антропова К.В.
студент, Дальневосточный федеральный университет

ИСПОЛЬЗОВАНИЕ ТЫКВЕННОЙ МУКИ В КАЧЕСТВЕ ОСНОВЫ ДЛЯ КОМПЛЕКСНОГО ХЛЕБОПЕКАРНОГО УЛУЧШИТЕЛЯ

Одной из основных проблем для хлебопечения является нестабильное качество пшеничной муки, что значительно осложняет ее дальнейшее использование.

Авторы разработали комплексный хлебопекарный улучшитель на основе тыквенной муки. Тыквенная мука, входящая в состав предлагаемого хлебопекарного улучшителя, отличается повышенной пищевой ценностью. Мука тыквенная является источником полноценного белка, содержание которого составляет 34,7%. В тыквенной муке установлено содержание незаменимых аминокислот (%): валина – 1,57; изолейцина – 1,02; лейцина – 2,57; лизина – 1,44; метионин+цистина – 0,39; треонина – 1,38; фенилалнин+тирозина – 2,93.

Тыквенная мука помимо вышеперечисленного содержит пищевые волокна, комплекс витаминов группы В, каротиноиды, макро- и микроэлементы, в том числе большое количество магния – 120 мг/100 г и кальция – 70 мг/100 г.

Из составляющих минеральный комплекс тыквенной муки особое место занимает цинк. Содержание цинка в семенах тыквы колеблется (мкг/100 г) от 6540 до 8330. Роль цинка в жизнедеятельности организма неоценима. Цинк играет важную роль в поддержании мужского здоровья, так как оказывает влияние на деятельность половых желез и предстательной железы, нормализует секрецию тестостерона и используется для профилактики и лечения мужского бесплодия. Цинк помогает поджелудочной железе вырабатывать инсулин и способен уравновешивать сахар в крови. При дефиците цинка отмечается нарушение и угнетение практически всех звеньев иммунитета. Наряду с витаминами группы В он является важным регулятором функций нервной системы человека.

Кроме того, тыквенная мука способствует нормализации обмена веществ, стимулирует иммунитет, улучшает функционирование основных органов и систем человеческого организма, прежде всего, сердечно-сосудистой, кроветворных органов, печени и почек, повышает умственную и физическую работоспособность. Семена тыквы также содержат в своем составе липиды, в которых преобладают ненасыщенные жирные кислоты – олеиновая и линолевая (33,3% и 41,6% от суммы жирных кислот соответственно) [1, 30; 2, 95].

Для выяснения влияния тыквенной муки на хлебопекарные свойства пшеничной муки проводили анализ массовой доли сырой клейковины и её качества.

Экспериментально установлено, что добавление тыквенной муки в пшеничную со средней и слабой по силе клейковиной в количестве от 0,75% до 2,0% к массе муки обеспечивает улучшение ее хлебопекарных свойств. По мере повышения дозировки тыквенной муки увеличивалась эластичность клейковины и снижалась её растяжимость. Такое укрепление клейковины обусловлено действием фермента липоксигеназы, активность которого в тыквенной муке составляет 0,538 мкмоль/мг·мин. Фермент липоксигеназа играет существенную роль в окислительных процессах. Он способствует окислению кислородом воздуха ненасыщенных жирных кислот жира муки с образованием гидроперекисных соединений, окислительное воздействие которых на компоненты белково-протеиназного комплекса пшеничной муки обеспечивает улучшение ее хлебопекарных свойств.

На основе тыквенной муки была составлена композиция комплексного хлебопекарного улучшителя, в состав которой вошли аскорбиновая кислота и питательные вещества для дрожжей в рекомендуемых для хлебопечения дозировках – фосфорнокислый кальций 1-замещенный (Е 341 (i)) (300 мг на 1 кг муки) и сернокислый аммоний (Е 517) (172 мг на 1 кг муки) [3, 40; 4, 237].

Аскорбиновая кислота под действием аскорбоксидазы муки преобразуется в тесте в дегидроаскорбиновую кислоту, которая является активным окислителем тиоловых групп белковых цепочек клейковины с образованием дисульфидных связей. Благодаря этому увеличивается прочность пространственно-сетчатой структуры клейковины, повышается газоудерживающая способность тестовых заготовок и удельный объем готовых изделий. В составе улучшителя она способствует увеличению удельного объема изделий.

Минеральные соли являются активаторами бродильной способности хлебопекарных дрожжей, усиливают процесс накопления углекислого газа в тесте. Кроме того, они являются фактором повышения пищевой ценности хлеба, поскольку участвуют в обменных процессах, происходящих в организме человека.

Аммоний фосфорнокислый двузамещенный способствует уменьшению комковатости комплексного улучшителя, стабилизации реологических свойств теста. Кроме того, он как эмульгатор создает однородную смесь из несмешиваемых в природе веществ, таких как вода и жир.

Фосфорнокислый кальций стабилизирует реологические свойства теста, улучшает структуру мякиша и пористость изделий.

Эффективность действия разработанного улучшителя проверяли при выработке хлеба из пшеничной хлебопекарной муки высшего сорта со слабой клейковиной (растяжимость – 18,0 см). Улучшитель в дозировке 1% к массе пшеничной муки оказывал положительное влияние на качество хлеба.

Мякиш опытных образцов хлеба с добавлением улучшителя по сравнению с контролем был более светлым, эластичным, с равномерной, хорошо развитой пористостью; подовые изделия с добавлением улучшителя характеризовались меньшей расплываемостью, чем контрольные. У опытных образцов с добавлением улучшителя по сравнению с контролем увеличивались объем (на 8,6 – 12,5%), пористость (на 3,7%) и формоустойчивость подовых изделий (на 15,2%).

Выявлено, что добавление предлагаемой композиционной смеси замедляет в сравнении с контрольными образцами (без добавления улучшителя) процесс черствения хлеба, при этом по истечении контрольного периода (48 час.) обеспечивает более высокие показатели готовых изделий, характеризующие их свежесть.

Таким образом, проведенными исследованиями показана эффективность действия композиции хлебопекарного улучшителя на основе тыквенной муки, получившей название «Зукка», на качество хлеба из пшеничной муки со слабой по качеству клейковиной.

Литература

1. Васильева А.Г. Химический состав и потенциальная биологическая ценность семян тыквы различных сортов / А.Г. Васильева, И.А. Круглова // Пищевая технология. – 2007. – №5-6. – С. 30-33.

2. Скляревский Л.Я Целебные свойства пищевых растений / Л.Я. Скляревский. – М.: Россельхозиздат, 1975.– 271 с.

3. Коршенко, Л.О. Композиционная смесь для улучшения качества хлеба из пшеничной муки с низкими хлебопекарными свойствами / Л.О. Коршенко, О.Г. Чижикова, Т.К. Каленик, Н.Н. Абдулаева // Современное хлебопекарное производство: Материалы XII Всероссийской научно-практической конференции. – Екатеринбург, 2011. – С. 40–42.

4. Коршенко, Л.О. Регулирование качества хлебобулочных изделий из смеси пшеничной и ржаной муки / Л.О. Коршенко, О.Г. Чижикова, Т.К. Каленик, Е.В. Дакуко // Эколого-экономические проблемы региональных рынков товаров и услуг: сборник материалов Межрегиональной научно-практической конференции с международным участием. – Красноярск, 2010. – С. 237–239.

Минин В.А.
с. н. с., к.т.н., Кольский научный центр РАН, e-mail:minin@ien.kolasc.net.ru
Рожкова А.А.
стажер-исследователь, Кольский научный центр РАН, yamalyshka@mail.ru

ОЦЕНКА ЭФФЕКТИВНОСТИ ПРИМЕНЕНИЯ ВЕТРО-ДИЗЕЛЬНЫХ СИСТЕМ В УСЛОВИЯХ СЕВЕРА

В северных районах России имеется много относительно небольших населенных пунктов, таких как метеостанции, маяки, пограничные заставы, места базирования рыбаков и оленеводов, поселки нефтяников и газовиков, объекты специального назначения. Необходимость в их функционировании сохраняется на далекую перспективу. Удаленность и разобщенность перечисленных малых потребителей Севера вносят затруднения во все сферы их хозяйственной деятельности. В значительной мере это сказывается и на организации энергоснабжения.

Способы доставки топлива потребителям Севера весьма разнообразны. Анализ обширной информации, собранной по Мурманской области, позволил установить, что стоимость топлива при его перевозке автотранспортом возрастает в 1,2-1,5 раза. При использовании водного морского транспорта - в 1,3-1,8 раза, бездорожного – в 1,5-2,0 раза и при использовании авиации – в 2,5-3,0 раза по сравнению с отпускной ценой на опорных пунктах топливоснабжения. При сложившихся в 2013г. отпускных ценах на дизельное топливо в размере 30-32 тыс. рублей за тонну стоимость его после доставки потребителю с учетом транспортных расходов может достигать 40-50 тыс. руб./т.

Высокая стоимость топлива оказывает негативное влияние на технико-экономические показатели работы местных дизельных электростанций (ДЭС). Себестоимость вырабатываемой энергии достигает 15-25 руб./кВт·ч, что в 5-10 раз выше, чем при централизованном электроснабжении. Поэтому в удаленных населенных пунктах очень остро стоит вопрос об экономном использовании привозного дизельного топлива. Одним из возможных направлений его экономии может быть использование местных возобновляемых источников энергии, в том числе энергии ветра.

Потенциал ветра и предпосылки его использования. Европейский Север располагает повышенным потенциалом ветровой энергии [1,66]. В Мурманской области наибольшая интенсивность ветра наблюдается в прибрежных районах. На побережье Баренцева моря среднегодовые скорости на высоте 10 м составляют 6-9 м/с, на побережье Белого моря – 4-6 м/с. В рассматриваемых районах имеет место существенная сезонная неравномерность интенсивности ветра [1,69]. Максимум скоростей ветра и, соответственно, максимум возможной выработки ветроэнергетических установок (ВЭУ) приходятся на холодное время года. Он совпадает с сезонным максимумом потребности в энергии со стороны потребителей, и это является основной предпосылкой для участия ВЭУ в покрытии графика электрической нагрузки.

Возможное участие ВЭУ в электроснабжении автономных потребителей. Доля участия ВЭУ в покрытии графика электрической нагрузки составляет:

$$\alpha^{э} = \frac{Э^{Г}_{ВЭУ}}{Э^{Г}_{ДЭС}} = \frac{N^{max}_{ВЭУ} h^{max}_{ВЭУ}}{N^{max}_{ДЭС} h^{max}_{ДЭС}} = \beta^{э} \frac{h^{max}_{ВЭУ}}{h^{max}_{ДЭС}},$$

где $N^{max}_{ВЭУ}$ и $N^{max}_{ДЭС}$ -максимальная мощность ВЭУ и ДЭС; $\beta^{э} = \frac{N^{max}_{ВЭУ}}{N^{max}_{ДЭС}}$ - соотношение мощностей ВЭУ и ДЭС; $h^{max}_{ВЭУ}$ и $h^{max}_{ДЭС}$ - число часов использования максимальной мощности ВЭУ и ДЭС.

Для определения $\alpha^{э}$ и $h^{max}_{ВЭУ}$ были использованы результаты многолетних непрерывных наблюдений за ветром на ветроэнергетическом полигоне Кольского научного центра РАН в пос. Дальние Зеленцы на северном побережье Кольского полуострова. По этим данным определялся график возможной выработки ВЭУ, который затем накладывался на соответствующий характерный зимний, осенне-весенний или летний график электрической нагрузки [2,314]. Расчеты выполнялись сериями с изменением $\beta^{э}$ в пределах от 0 до 1. Результаты расчета доли участия ВЭУ в покрытии графика электрической нагрузки в обобщенном виде представлены в [1,150].

Технико-экономическая оценка совместной работы ВЭУ и ДЭС. Для технико-экономической оценки перспектив применения ВЭУ можно использовать чистый дисконтированный доход (*ЧДД*):

$$ЧДД = \left[\frac{B_{1}}{1+r} + \frac{B_{2}}{(1+r)^{2}} + ... + \frac{B_{n}}{(1+r)^{n}} \right] - I_{0},$$

где B_{1}, B_{2}, ...B_{n} – текущий эффект от совместной работы ВЭУ и ДЭС за каждый год; n - срок службы ВЭУ; r – реальная процентная ставка; I_{0} – инвестиции в ВЭУ и ДЭС.

При отсутствии собственных средств инвестору придется их заимствовать в банке под определенный процент и возвращать в дальнейшем с учетом существующего уровня инфляции. Если исходить из возможности получения кредита по заемной ставке n_{r} = 14-15% годовых и показателя инфляции $b = 0,07$ (7%) (уровень 2012 года), то так называемая реальная процентная ставка r, определяемая выражением $r = (n_{r} - b) / (1 + b)$ составит около 7%.

Очевидно, что в вариантах совместной работы ДЭС и ВЭУ прибыль зависит от ветровых условий, в которых работает ВЭУ, стоимости топлива, затрат в сооружение ВЭУ и от тарифа, по которому вырабатываемая электроэнергия может быть реализована.

В настоящее время в России принят курс на последовательное снижение уровня инфляции. Если предположить, что за 10 лет удастся снизить инфляцию с нынешних 6-7% до европейского уровня (около 2%), и сохранить таковой далее, то в целом за 20-летний период (срок службы ВЭУ) динамика изменения инфляции может выглядеть так, как показано на рис. 1.

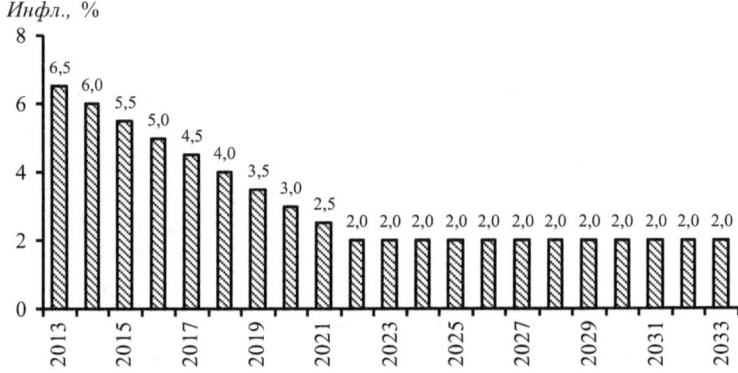

Рис. 1. Предполагаемое изменение уровня инфляции в России

При расчете *ЧДД* можно исходить из того, что тариф на электрическую энергию, заработная плата обслуживающего персонала и стоимость топлива будут изменяться (возрастать) в соответствии с предполагаемым уровнем инфляции.

Эффект от применения в i – м году комплекса "ДЭС + ВЭУ" определится как разница между доходом от реализованной по тарифу f_i электрической энергии и расходами на зарплату, топливо и прочие расходы:

$$B_i = Wf_i - (1,2 \cdot p_{ДЭС} N_{ДЭС} П_{ДЭС_i} + \frac{W(1-\alpha^Э) \cdot g \cdot з_i^T}{\eta_{TX}}),$$

где $W = N_{ДЭС} h_{ДЭС}^{max}$ - годовое потребление энергии, кВт·ч; $p_{ДЭС}$ - штатный коэффициент на ДЭС, чел./кВт; $N_{ДЭС}$ - мощность ДЭС, кВт; $П_{ДЭС}$ - годовая заработная плата 1 работника ДЭС в i – том году, руб.; 1,2 – коэффициент, учитывающий долю прочих расходов; $з^T$ - стоимость топлива у потребителя в i – том году, руб./т у.т.; g - удельный расход топлива на дизельной электростанции, т у.т./кВт·ч; $\eta_{TX} = 0,95$ – коэффициент, учитывающий потери топлива при транспортировке и хранении.

Инвестиционные затраты в сооружение комплекса "ДЭС + ВЭУ" определяются их удельными капиталовложениями и мощностями:

$$I_0 = k_{ДЭС} N_{ДЭС} + k_{ВЭУ} N_{ВЭУ} .$$

Пример расчета, анализ полученных результатов. Можно обратиться к показателям работы автономной дизельной электростанции установленной мощностью 200 кВт, у которой: число часов использования максимальной мощности в году h^{max} = 3000 ч; стоимость топлива франко-электростанция $з^{T}$ = 32 тыс.руб./т у.т.; удельные капиталовложения $h_{ДЭС}$ = 10 тыс. руб./кВт; удельный расход топлива g = 395 г у.т./кВт·ч (к.п.д. ДЭС $\eta_{ДЭС}$ = 0,31); штатный коэффициент $p_{ДЭС}$ = 0,036 чел./кВт; годовая зарплата одного работника $П_{ДЭС}$ = 300 тыс. руб./чел.; прочие расходы – 20% от суммы расходов на зарплату и амортизацию. Расчеты показали, что себестоимость электроэнергии, вырабатываемой такой ДЭС, составит 18 руб./кВт·ч.

Применение ветроэнергетической установки в ветровых условиях Баренцева моря (среднегодовая скорость на высоте 10 м около 7 м/с) будет способствовать экономии дорогостоящего топлива и снижению стоимости вырабатываемой электроэнергии. Однако за этим стоят немалые капиталовложения в ВЭУ [3,8]. В условиях Севера стоимость одного установленного киловатта ВЭУ с учетом повышенных транспортных расходов и других удорожающих факторов составит около 1800-2000 евро/кВт.

Результаты расчета *ЧДД* для рассматриваемого примера представлены на рис. 2. Расчеты выполнены для стартового (на нулевой 2013 год) тарифа на отпускаемую электроэнергию в размере 18 руб./кВт·ч. Из рисунка следует, что в начальный момент, сразу после сооружения комплекса "ДЭС + ВЭУ", имеют место только инвестиции I_0. Они отложены вниз по оси ординат. По мере совместной эксплуатации двух источников энергии формируется доход, за счет которого постепенно, год за годом, инвестиции могут окупиться. Точка пересечения каждой кривой с осью абсцисс дает значение дисконтированного срока окупаемости капиталовложений. Участок кривой над осью абсцисс означает формирование прибыли.

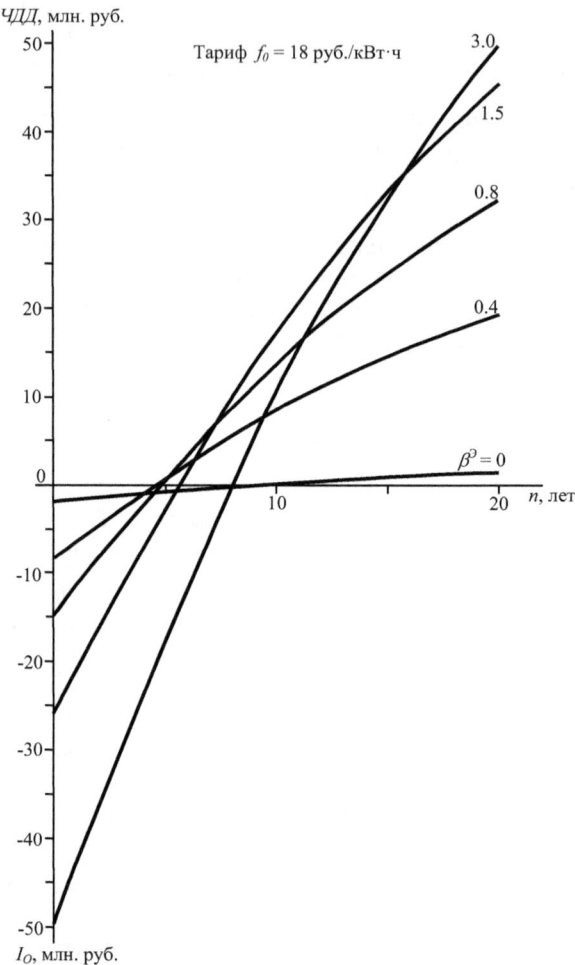

Рис. 2. Формирование чистого дисконтированного дохода (ЧДД) при совместной работе ДЭС и ВЭУ в зависимости от соотношения мощностей $\beta^{э}$

Кривые на рис. 2 свидетельствуют, что увеличение мощности ВЭУ (параметра $\beta^{э}$) вначале ведет к росту *ЧДД* за счет экономии дорогого топлива. Но это целесообразно до определенного предела, после которого дальнейшее наращивание мощности ВЭУ (а, значит, и капиталовложений) не дает ощутимой выгоды.

В связи с этим можно обратиться к рис. 3, на котором видна отдача (доход) на каждый вложенный рубль капиталовложений. Максимум такой отдачи, равный 2,3 имеет место при соотношении мощностей ВЭУ и ДЭС около 0,45. Достаточно высокое значение отдачи сохраняется в довольно широком диапазоне изменения соотношения β° - от 0,2 до 0,7-0,9. Исходя из стремления получить наибольшую экономию дорогостоящего топлива и обеспечения скорейшего возврата вложенных инвестиций, при создании комплексов «ДЭС + ВЭУ» можно ориентироваться на мощность ВЭУ, равную 60-80% от мощности ДЭС.

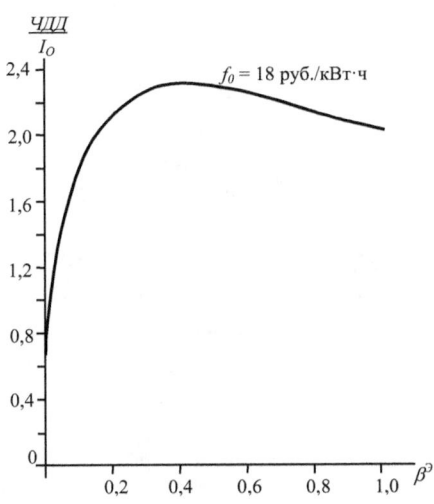

Рис. 3. Зависимость дохода, получаемого на каждый рубль инвестиций, от соотношения мощностей ВЭУ и ДЭС

Представленные данные позволяют рассмотреть вопрос о механизме снижения тарифа на электроэнергию. На рис. 4 представлены кривые чистого дисконтированного дохода, построенные для комплекса «ДЭС + ВЭУ» при разных значениях тарифа на отпускаемую энергию. Видно, что снижение тарифа влечет за собой увеличение срока окупаемости вплоть до предельного 20–летнего, равного сроку службы ВЭУ.

Поскольку увеличение срока окупаемости отталкивает потенциального инвестора, можно предложить следующий подход к снижению тарифа. Вначале сразу после ввода ВЭУ в эксплуатацию тариф сохранять таким, каким бы он был без применения ВЭУ. Тогда в первоочередном порядке будет решаться задача по возвращению инвестиций, вложенных в ВЭУ. Такое положение предлагается сохранять вплоть до полной окупаемости капиталовложений в ВЭУ и получения прибыли в размере 20-30% от первоначальных вложений. После этого возможно снижение тарифа на электроэнергию в интересах потребителя.

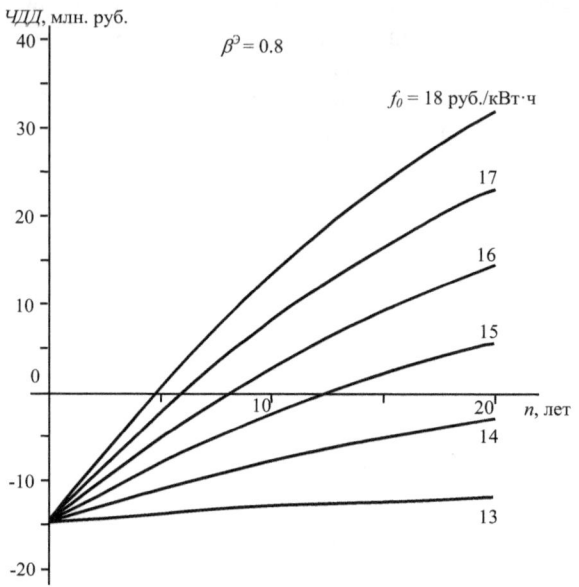

Рис. 4. Зависимость чистого дисконтированного дохода (ЧДД) при совместной работе ДЭС и ВЭУ от срока эксплуатации ВЭУ и тарифа на отпускаемую электроэнергию

Графически сказанное проиллюстрировано на рис 5. В верхней части этого рисунка приведена кривая чистого дисконтированного дохода, заимствованная из рис. 2. Она соответствует соотношению мощностей ВЭУ и ДЭС $\beta^э = 0,8$ и тарифу на энергию в нулевой год $f_0 = 18$ руб./кВт·ч. Кривая берет начало на оси ординат в точке, определяющей инвестиции в комплекс «ДЭС + ВЭУ». Из этой же точки на рисунке исходят и две другие кривые (они изображены пунктиром), которые показывают, как изменялся бы ЧДД, если бы в нулевой год эксплуатации комплекса тариф на энергию был не 18 руб./кВт·ч, а 13 и 14 руб./кВт·ч. В нижней части рис. 5 показано, как возрастал бы за рассматриваемые годы тариф на энергию с учетом предполагаемой инфляции (рис. 1). Возвращаясь обратно к кривой ЧДД с тарифом 18 руб./кВт.ч, можно отметить, что капиталовложения в ВЭУ окупаются примерно через 5 лет. Через 7 лет достигается прибыль в размере около 30 % от вложенных инвестиций. Тариф на энергию за это время за счет инфляции возрастает с 18 до 24 руб./кВт·ч (см. нижнюю часть рисунка). Можно отметить также, что если бы в нулевой 2013 год тариф был 13 или 14 руб./кВт·ч, то через 7 лет он, соответственно, возрос бы до 18 и 19 руб./кВт·ч.

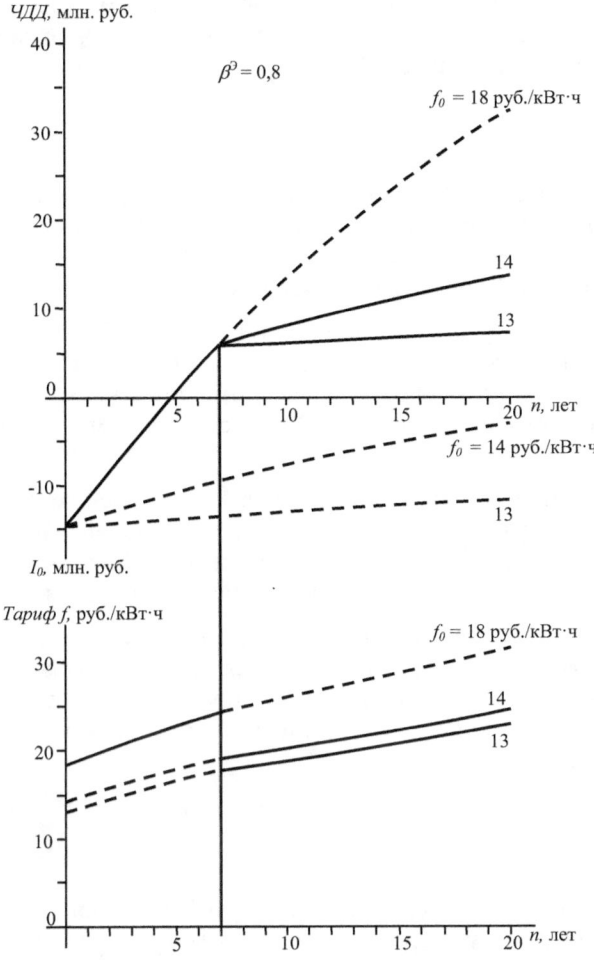

Рис. 5. Изменение чистого дисконтированного дохода комплекса «ДЭС + ВЭУ» при снижении тарифа на отпускаемую электроэнергию после окупаемости инвестиций

Возвращаясь к верхней кривой чистого дисконтированного дохода, можно выделить два характерных варианта возможного снижения тарифа. Если через 7 лет эксплуатации ВЭУ (в 2020 году) перейти с тарифа 24 на 19 руб./кВт·ч, то чистый дисконтированный доход сохранит свой рост, хотя и с заметно меньшими темпами. Переход на тариф 18 руб./кВт·ч позволит сохранить безубыточную эксплуатацию комплекса «ДЭС + ВЭУ». Таким образом, при рассмотренном подходе после 7-летней эксплуатации ВЭУ и ее полной окупаемости возможно снижение стоимости электроэнергии на 21-25%.

Выводы

1. Из-за высокой стоимости привозного топлива себестоимость электрической энергии на дизельных электростанциях удаленных потребителей Севера, достигает 15-25 руб./кВт·ч, что в 5-10 раз выше, чем при централизованном электроснабжении.

2. Прибрежные районы европейского Севера России располагают благоприятными предпосылками для эффективного использования энергии ветра. В их числе высокий потенциал ветра и совпадение зимнего максимума интенсивности ветра с максимумом потребности в энергии.

3. Разработан методический подход к определению оптимального соотношения мощностей ветроустановок и дизельной электростанции, учитывающий ветровые условия, стоимость ВЭУ, затраты на топливо, тариф на отпускаемую электроэнергию и инфляционные ожидания.

4. Предложен порядок снижения тарифа на электроэнергию от ДЭС за счет применения ВЭУ, учитывающий как интересы инвестора (окупаемость капиталовложений и прибыль), так и потребителя (снижение расхода привозного топлива и стоимости вырабатываемой энергии на 21-25%).

Литература

1. Зубарев В.В., Минин В.А. Степанов И.Р. Использование энергии ветра в районах Севера. Л.: Наука, 1989.
2. Электротехнический справочник. / Под общ. ред. П.Г. Грудинского, Г.Н. Петрова, М.М. Соколова и др. 5-е изд., том 2. – М.: Энергия, 1975.
3. Безруких П.П. О стоимостных показателях энергетических установок на базе возобновляемых источников энергии. - Энергетическая политика, 2009, №5.

Сучкова Л.И.

докторант, к.т.н., ФГБОУ ВПО «Алтайский государственный технический университет им.И.И.Ползунова»

РАЗВИТИЕ МЕТОДА ε-СЛОЯ ПРИМЕНИТЕЛЬНО К НАХОЖДЕНИЮ ИНТЕРВАЛЬНЫХ ОЦЕНОК ПАРАМЕТРОВ МОДЕЛЬНОЙ ФУНКЦИИ

При анализе квазидетерминированных сигналов с измерительных преобразователей актуальной проблемой является не только повышение точности оценивания, но и применимость методов оценки для работы в реальном времени. В работе [1, 216] показано, что перспективным методом интервального оценивания в условиях априорной неопределенности является метод, основанный на применении модели ε-слоя.

Входной сигнал преобразователя является в общем случае функцией пространственных координат $r^T = \{x, y, z\}$ и вектора параметров λ, часть компонент которого являются контролируемыми параметрами, часть – параметрами сопровождения. В соответствии с моделью ε-слоя предполагается, что каждая точка r сигнала $E(r, \lambda)$ может быть определена с точностью до некоторого интервала $(E(r_0, \lambda) - \varepsilon^-(r_0), E(r_0, \lambda) + \varepsilon^+(r_0))$, то есть наблюдаемый сигнал имеет слой неопределенности, причем в общем случае толщина ε-слоя неодинакова для положительных и отрицательных отклонений и является функцией пространственных координат. В зависимости от постановки задачи и характера априорной неопределенности физический смысл, закладываемый в ε-слой, может быть различным. Можно считать, что $E(r, \lambda)$ - это модель сигнала, а ε - слой - погрешность этой модели. В [2, 41] с применением метода ε-слоя рассмотрена интервальная оценка потенциальной точности измерительных преобразователей и погрешности методов контроля.

Однако модель ε-слоя не предполагает возможности сужения интервала неопределенности наблюдаемых значений сигнала по мере увеличения числа выборок и не позволяет вычислять параметры модельной функции по конкретной реализации сигнала.

Будем считать, что сигнал наблюдается в пространственно-временной области, разбитой на множество доменов DM={dm$_q$}, |DM|=Q, в каждом из которых сигнал характеризуется своей моделью поведения. Пусть модель реального сигнала в каждом домене q имеет вид:

$$Y(r, \lambda) = E_{mq}(r, \lambda) + \Phi_q(r), \tag{1}$$

где $Y(r, \lambda)$ - наблюдаемая реализация сигнала, $E_{mq}(r, \lambda)$ - определенная с точностью до параметров модельная функция, описывающая сигнал, с номером типа m из группы функций $\{E_m(r, \lambda)\}, m \in \{0, 1, ..., N\}$, $\Phi_q(r)$ - функция сопровождения. Ансамбль

$\Phi_q(r)$ образует слой неопределенности в окрестности модельной функции, толщина которого в общем случае может зависеть от **r**. Основным требованием к модельной функции является непрерывность и простота вычисления в реальном времени на устройстве с ограниченными вычислительными возможностями. Для компонент вектора λ в общем случае не выполняется условие независимости, и их интервальные оценки представляют собой область в пространстве параметров, которая должна изменяться в процессе обработки данных реализации сигнала.

Определение области Λ допустимых текущих интервальных значений параметров $\boldsymbol{\lambda}$ модельной функции осуществляется в соответствии с ее типом. Для простоты рассмотрим нахождение интервальных оценок параметров для линейной модельной функции $E_1(r,\lambda) = \lambda_1 \cdot r + \lambda_0$. Метод нахождения интервальных оценок параметров λ при условии ограниченности области значений функции сопровождения $\Phi_q(r)$ будем реализовывать как итерационную процедуру, на каждом шаге которой осуществляется уточнение границ области допустимых значений интервальных оценок в пространстве параметров. Для простоты рассуждений вектор **r** представим единственной временной компонентой t, что не является принципиальным ограничением для интервального оценивания параметров λ модельной функции. Пусть ε-слой ограничен соответственно сверху и снизу константами $\varepsilon_0^-, \varepsilon_0^-$.

На первом шаге по реализации сигнала в точках r=0 и r=dr с учетом области значений функции сопровождения вычисляется интервал для параметра λ_0. При этом верхняя $\lambda^{\max}$ и нижняя $\lambda^{\min}$ границы оценки параметра λ_0 равны

$$\hat{\lambda}_0^{\max 1} = Y(0,\lambda) + \varepsilon_0^-, \quad \hat{\lambda}_0^{\min 1} = Y(0,\lambda) - \varepsilon_0^+. \tag{2}$$

Цифра в верхнем индексе параметра соответствует номеру итерации алгоритма. Оценки верхней и нижней границ параметра λ_1 зависят от значений параметра λ_0, поэтому будем вычислять оценки параметра λ_1 в точках, где параметр λ_0 принимает минимально и максимально возможные значения:

$$\hat{\lambda}_1^{\min 1}\bigg|_{\hat{\lambda}_0^{\max 1}} = \frac{Y(dr,\lambda) - Y(0,\lambda) - wid[-\varepsilon_0^-, \varepsilon_0^+]}{dr},$$

$$\hat{\lambda}_1^{\max 1}\bigg|_{\hat{\lambda}_0^{\max 1}} = \hat{\lambda}_1^{\min 1}\bigg|_{\hat{\lambda}_0^{\min 1}} = \frac{Y(dr,\lambda) - Y(0,\lambda)}{dr}, \tag{3}$$

$$\hat{\lambda}_1^{\max 1}\bigg|_{\hat{\lambda}_0^{\min 1}} = \frac{Y(dr,\lambda) - Y(0,\lambda) + wid[-\varepsilon_0^-, \varepsilon_0^+]}{dr}.$$

Вычисленные по формулам (2) и (3) интервальные оценки компонент вектора параметров λ формируют в пространстве параметров четырехугольник с вершинами, соответствующими минимальным и максимальным значениям параметров. Будем называть область допустимых интервальных оценок компонент вектора параметров при наложенных ограничениях на область изменения функции сопровождения $\Phi(r)$ ε-областью. Обозначим ε-область, полученную на первой итерации работы алгоритма через OE_1, она же на первом шаге будет результирующей областью OR допустимых значений параметров. На последующих шагах алгоритма по реализации сигнала в точках r=i*dr и r=(i+1)*dr для i≥1 по формулам (4) вычисляются нижняя и верхняя границы оценок параметра λ_1 для различных значений параметра λ_0:

$$\hat{\lambda}_0^{\max\, i+1} = Y(i\cdot dr,\lambda) + \varepsilon_0^-,\ \hat{\lambda}_0^{\min\, i+1} = Y(i\cdot dr,\lambda) - \varepsilon_0^+,$$

$$\hat{\lambda}_1^{\min\, i+1}\bigg|_{\hat{\lambda}_0^{\max\, i+1}} = \frac{Y((i+1)\cdot dr,\lambda) - Y(i\cdot dr,\lambda) - wid[-\varepsilon_0^-,\varepsilon_0^+]}{dr}, \quad (4)$$

$$\hat{\lambda}_1^{\max\, i+1}\bigg|_{\hat{\lambda}_0^{\max\, i+1}} = \hat{\lambda}_1^{\min\, i+1}\bigg|_{\hat{\lambda}_0^{\min\, i+1}} = \frac{Y((i+1)\cdot dr,\lambda) - Y(i\cdot dr,\lambda)}{dr},$$

$$\hat{\lambda}_1^{\max\, i+1}\bigg|_{\hat{\lambda}_0^{\min\, i+1}} = \frac{Y((i+1)\cdot dr,\lambda) - Y(i\cdot dr,\lambda) + wid[-\varepsilon_0^-,\varepsilon_0^+]}{dr}.$$

Вычисленные по (4) значения являются координатами вершин четырехугольника, образующего ε-область OE_{i+1} в пространстве параметров в соответствии с обходом вершин против часовой стрелки. Для формирования результирующей ε-области OR допустимых значений параметров модельной функции на каждой итерации необходимо определять пересечение текущей области OR и ε-области OE'_{i+1}, координаты вершин которой получены из координат вершин ε-области OE_{i+1} путем переноса начала координат из точки (i*dr,0) в точку (0,0).

По результирующей ε-области, сформированной по истории реализации сигнала, можно оценивать состояние объекта, описываемого квазидетерминированными сигналами.

Литература:

1. Якунин А. Г. О взаимосвязи информационных квантификационных критериев с точностными характеристиками ОЭП //Координатно-чувствительные фотоприемники и оптико-электронные устройства на их основе, ч.2; Всес.конф. Тез.докл.-Барнаул, 1987.-с.215-219.

2. Сучкова Л.И., Тушев А.Н., Якунин А.Г. Применение модели ε-слоя для повышения надежности синтеза и анализа контрольно-измерительных устройств // Надежность. – М.: 2003. - № 2. – С. 41-47.

Давыдов С.И.

аспирант Воронежского государственного технического университета, г.Воронеж

Строгонов А.В.

научный руководитель, профессор Воронежского государственного технического университета, г.Воронеж

СРАВНЕНИЕ ТЕХНОЛОГИЙ КОММУТАЦИИ В ПЛИС С ИСПОЛЬЗОВАНИЕМ ДВУНАПРАВЛЕННЫХ И РАЗНОНАПРАВЛЕННЫХ ПРОГРАММИРУЕМЫХ МЕЖСОЕДИНЕНИЙ

Коммутация межсоединений в каналалах в программируемых логических интегральных схемах (ПЛИС) осуществляется с помощью программируемого маршрутизатора. В академических ПЛИС для обеспечения программируемой коммутации существует две технологии соединений: multi-driver и single-driver, которые распространяются как на соединительные блоки, так и на маршрутизаторы. Маршрутизатор с использованием двунаправленных межсоединений и двунаправленных ключей реализованных на буферах с третьим состоянием получил название multi-driver, при этом также возможно использование n-МОП ключей, а с использованием однонаправленных межсоединений и мультиплексорных структур - single-driver switchblock.

Разработана функциональная модель ПЛИС типа ППВМ с одноуровневой структурой межсоединений, на основе спроектированных функциональных блоков, с емкостью 16 ЛБ с применением технологии multi-driver в САПР QuartusII. Используются однонаправленные и сегментированные межсоединения различной длины, проходящие непрерывно через 1, 2, 4 логических блока по вертикали и горизонтали. В качестве однонаправленного ключа используется буфер с третьим состоянием. На рис.1 показана детальная структура системы коммутации с использованием двунаправленных соединений [1, 14].

Разработана функциональная модель ПЛИС типа ППВМ с одноуровневой структурой межсоединений с использованием технологии single-driver в совокупности с мультиплексорными структурами в маршрутизаторах. В трассировочных ресурсах осуществлена коммутация с помощью пар разнонаправленных соединений. В маршрутизаторах используются мультиплексорные структуры вместо буферов с третьим состоянием. На рис. 2 показан принцип коммутации межсоединений в модели. L2-маршрутизатор обеспечивает длину сегмента соединения в два ЛБ. По четырем сторонам маршрутизатора располагаются многовходовые мультиплексоры, в которых сегментируется только лишь одна из двух пар разнонаправленных межсоединений в горизонтальных и вертикальных направлениях. Не сегментируемая пара разнонаправленных межсоединений перекручивается "косичкой" с сегментируемой парой за пределами плитки [2,166; 4,3; 5,4].

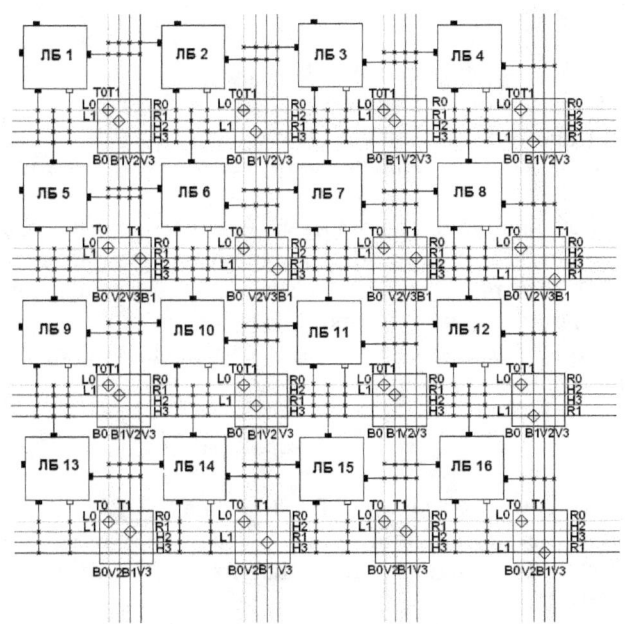

Рисунок 1. Детальная структура системы коммутации ПЛИС с использованием двунаправленных межсоединений

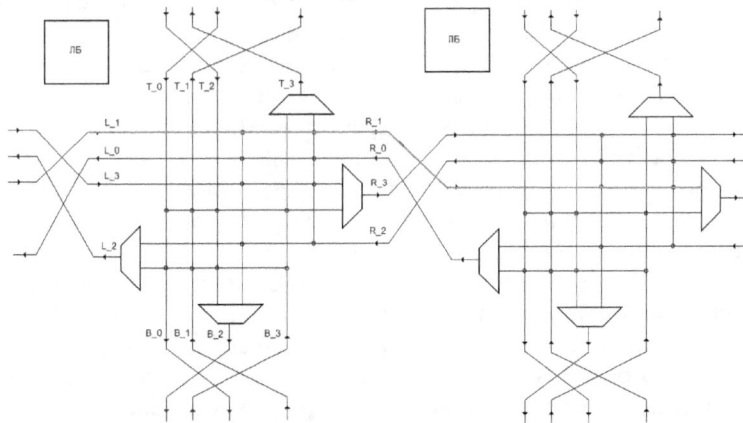

Рисунок 2. L2-маршрутизатор. Коммутирует две пары разнонаправленных межсоединений в горизонтальном и вертикальном направлениях, обеспечивая длину сегмента в два логических блока (длинная линия L=2)

Трассировочный канал ПЛИС содержит 4 двунаправленных межсоединения (треки – межсоединения наименьшей длины, которые относят к межсоединениям общего назначения) в горизонтальном и в вертикальном направлениях, сегментируемые электронными ключами, находящиеся в маршрутизаторах. ЛБ может выполнять любую булеву функций четырех переменных. Состоит из 16-входовой таблицы кодировки (LUT), которая конфигурируется битами памяти, триггера тактируемого фронтом синхросигнала и дополнительных мультиплексоров для управления работой. Для конфигурирования ЛБ требуется 24 бита памяти [3,187].

Использование однонаправленных межсоединений в совокупности с мультиплексорными структурами в маршрутизаторах позволяет получать существенный выигрыш по сравнению с технологией multi-driver по быстродействию (задержка распространения сигнала в трассировочных ресурсах ПЛИС уменьшается на 9 %) и по площади кристалла (экономия площади кристалла до 25 %) [5].

Литература

1. Строгонов А.В. Архитектура ПЛИС типа ППВМ с одноуровневой структурой межсоединений / А.В. Строгонов, С.И. Давыдов, А.В. Арсентьев, М.С. Мотылев, Д.С. Шацких // Вестник ВГТУ. – 2011. – №3. – с. 13-16.
2. Строгонов А.В. Программируемая коммутация межсоединений в ПЛИС типа программируемые пользователем вентильные матрицы / А.В. Строгонов, С.И. Давыдов, М.С. Мотылев, А.В. Быстрицкий // Вестник ВГТУ. – 2011. – №2. – с.165-168.
3. Строгонов А.В. Разработка основных функциональных блоков ПЛИС типа ППВМ с одноуровневой структурой межсоединений / А.В. Строгонов, С.И. Давыдов, А.В. Арсентьев, М.С. Мотылев, Д.С. Шацких // Вестник ВГТУ. – 2011. – №3. – с. 184-188.
4. Directional and Single-Driver Wires in FPGA Interconnect Guy Lemieux Edmund Lee Marvin Tom Anthony Yu Department of ECE, University of British Columbia Vancouver, BC, Canada, 2007.
5. VPR 5.0: FPGA CAD and Architecture Exploration Tools with Single-Driver Routing, Heterogeneity and Process Scaling / Jason Luu, Ian Kuon, Peter Jamieson, Ted Campbell, Andy Ye, Wei Mark Fang, and Jonathan Rose The Edward S. Rogers Sr. Department of Electrical and Computer Engineering University of Toronto, Toronto, ON, Canada.

Ибрагимов Р.А.[1], Изотов В.С.[2]

1 - к.т.н., Казанский государственный архитектурно-строительный университет, rusmag007@yandex.ru,

2 - д.т.н., профессор, Казанский государственный архитектурно-строительный университет, v_s_izotov@mail.ru

СОСТАВ КОМПЛЕКСНОЙ ДОБАВКИ И ЕЁ СВОЙСТВА

Из индивидуальных химических добавок к бетонам, нашедших наиболее широкое применение, на первом месте стоят пластифицирующие добавки. Однако основным недостатком данных добавок является замедление гидратации цемента на ранних стадиях твердения, что является препятствием для получения высококачественных цементных бетонов. Устранить отрицательные свойства индивидуальных добавок и максимально использовать их положительные свойства возможно при применении комплексных добавок. Рационально сочетая типы и количественные соотношения добавок в составе комплексных, возможно целенаправленно регулировать структуру и физико-механические свойства цементного камня и бетона.

В настоящее время сложились и успешно развиваются четыре основных направления модификации бетона комплексными добавками: применение ПАВ и электролитов; применение ПАВ и добавок микро- или газообразующего действия; применение ПАВ, кремнийорганических олигомеров и ускорителей твердения; применение комплексных электролитов. Для существенного повышения долговечности, физико-механических свойств и темпа набора прочности тяжелого бетона наиболее целесообразно применять кремнийорганические олигомеры, ускорители твердения и ПАВ. Например, применение комплексных добавок на основе нафталинформальдегидных суперпластификаторов, ускорителей твердения и гидрофобизаторов способствует существенному повышению плотности, прочности, морозостойкости и водонепроницаемости цементных композиций [1, 275].

Анализ существующих исследований влияния добавок гиперпластификаторов в составе комплексных добавок, а именно с ускорителями твердения и гидрофобизаторами показал, что недостаточно изучено влияние данных добавок в составе комплексных на процессы гидратации и структурообразования цементных систем. Исходя из этого, особый практический интерес представляют комплексные добавки на основе поликарбоксилатных гиперпластификаторов для повышения физико-механических свойств и долговечности тяжелого бетона, а также изучение процессов гидратации, твердения и структурообразования цементных систем на их основе [2, 52].

Нами разработана комплексная добавка, состоящая из гиперпластификатора Одолит-К на основе эфиров поликарбоксилата, ускорителя твердения сульфата натрия и кремнийорганического гидрофобизатора – ФЭС-50.

Оптимизация состава комплексной добавки проводилась путем реализации трехфакторного плана второго порядка. В качестве исходных независимых переменных определены такие факторы, как содержание: гиперпластификатора (X_1=0,8-1,2); ускорителя твердения (X_2=1-2); гидрофобизатора (X_3=0,05-0,15) в % от массы цемента. В качестве отклика выбраны прочность бетона в 7 и 28 суточном возрасте (R_7, R_{28}), морозостойкость (F) и водонепроницаемость (W). Графическая интерпретация результатов обработки математической модели, показывающей влияние компонентов комплексной добавки на прочность бетона в возрасте 7 суток, приведена на рис. 1.

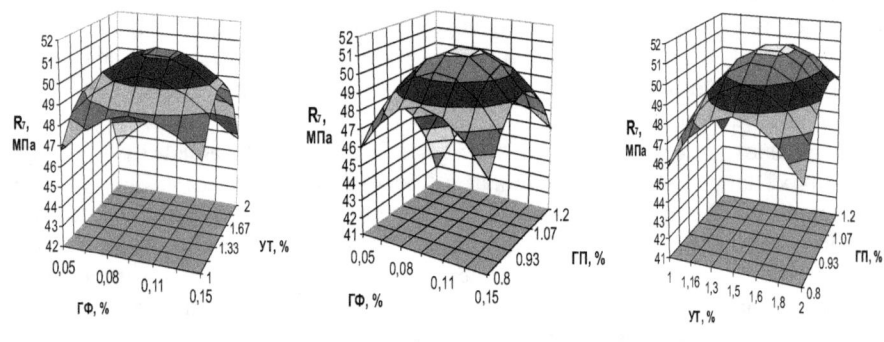

X₁ - const   X₂ - const   X₃ - const

Рис. 1 – Влияние состава комплексной добавки на прочность бетона при сжатии в возрасте 7 суток: где X_1 – содержание гиперпластификатора; X_2 – содержание ускорителя твердения; X_3 – содержание гидрофобизатора; ГП – гиперпластификатор; ГФ - гидрофобизатор; УТ – ускоритель твердения

Произведена обработка результатов математического планирования, которая позволила получить следующие математические зависимости:

$$R_7 = -31,28 + 127,57X_1 + 13,18X_2 + 129,3X_3 + 8,84X_1X_2 + 101,5X_1X_3 +$$
$$+ 7,95X_2X_3 - 72,93X_1^2 - 7,28X_2^2 - 1315,5X_3^2 \tag{1}$$

$$R_{28} = 20,65 + 67,47X_1 - 7,22X_2 + 131,43X_3 + 9,5X_1X_2 - 65,47X_1X_3 +$$
$$+ 36,38X_2X_3 - 37X_1^2 - 2,24X_2^2 - 589,2X_3^2 \tag{2}$$

$$F = -1944 + 3971,8X_1 + 435,8X_2 + 2239,4X_3 + 119X_1X_2 + 1190,5X_1X_3 +$$
$$+ 476,2X_2X_3 - 2015,4X_1^2 - 188X_2^2 - 18807X_3^2 \tag{3}$$

$$W = -61,1 + 108,04X_1 + 14,97X_2 + 152,9X_3 + 2,38X_1X_2 - 23,8X_1X_3 +$$

$$+9{,}52X_2X_3 - 52{,}3X_1^2 - 5{,}7X_2^2 - 568{,}7X_3^2 \qquad (4)$$

Как следует из уравнений регрессии (1,2) с увеличением расходов гиперпластификатора и ускорителя твердения в составе комплексной добавки наблюдается рост прочности бетона. С увеличением дозировки гидрофобизатора прочность бетона в возрасте 7 суток уменьшается, а в возрасте 28 суток остается практически неизменной. Совместное повышение дозировок гиперпластификатора и ускорителя твердения, ускорителя твердения и гидрофобизатора приводит к постепенному повышению прочности, а затем к его снижению. Понижение прочности бетона при повышении дозировок гиперпластификатора и гидрофобизатора, по-видимому, объясняется блокирующим действием на частицы портландцемента указанных добавок, что особенно заметно проявляется при их совместном введении.

Увеличение морозостойкости и водонепроницаемости, как следует из математических зависимостей (3,4), происходит при повышении дозировки гиперпластификатора, при совместном действии повышенных добавок гиперпластификатора и гидрофобизатора, а также при повышении дозировки гидрофобизатора.

На основе математического планирования эксперимента определены оптимальные дозировки компонентов комплексной добавки: гиперпластификатор – 1 %, ускоритель твердения – 1.5 %, гидрофобизатор – 0.1 % от массы цемента.

Определено влияние комплексной добавки и ее компонентов на морозостойкость и водонепроницаемость тяжелого бетона. Установлено, что количественное значение повышения марки по морозостойкости и водонепроницаемости зависит от расхода цемента. Так, при расходе цемента 300 кг/м³ морозостойкость и водонепроницаемость бетона с комплексной добавкой увеличивается на 300 циклов (с F150 до F400) и 4 ступени (с W2 до W10), при расходе цемента 450 кг/м³ – на 350 циклов (с F150 до F500) и 5 ступеней (с W4 до W14), при расходе цемента 600 кг/м³ – на 600 циклов (с F200 до F800) и 7 ступеней (с W6 до W20) соответственно.

Литература

1. Изотов В.С., Ибрагимов Р.А. Химические добавки для бетона. LAP LAMBERT Academic Publiching, 2012, 338 с.

2. Ибрагимов Р.А., Изотов В.С. Исследование влияние комплексной добавки на основные свойства бетона. X-я международная научно-практическая интернет-конференция «состояние современной строительной науки – 2012». Сб. науч. трудов. – Полтава: Полтавский ЦНИИ. – 2012. – с. 50-53.

Седов А.В.

доктор технических наук, Южный научный центр РАН

Sedov_A.V@mail.ru

ТЕХНОЛОГИИ ПРОГНОЗИРОВАНИЯ НАГРУЗОК ЭНЕРГОСИСТЕМ НА ОСНОВЕ ВЕЙВЛЕТ-ПРЕОБРАЗОВАНИЙ

Обеспечение экономичности, надежности и безопасности работы современных энергосистем все больше связывается с внедрением новых технологий прогнозирования и управления нагрузкой на основе моделей, использующих современный математический аппарат, в частности, аппарат вейвлет-преобразований. Можно выделить три возможных пути реализации подобных моделей: 1) применение принципов одномерного вейвлет-преобразования [1,241;2,43]; 2) применение комбинированных подходов метода главных компонент и одномерного вейвлет преобразования [1,410;2,43]; 3) применение принципов двумерного вейвлет-преобразования [1,329;3,17].

В случае *одномерного вейвлет-преобразования* суточный график электрической нагрузки $P(t)$ энергосистемы представляется разложением по базисам двух видов функций: $\varphi_{j,k}(t) = \sqrt{2^j}\,\varphi(2^j t - k)$ - масштабирующей функции $\varphi(t)$ и $\psi_{j,k}(t) = \sqrt{2^j}\,\psi(2^j t - k)$ - непосредственно вейвлет-функции $\psi(t)$. Приближение *j*-го уровня графика $P(t)$ будет иметь вид:

$$F_j\big(P(t)\big) = \sum_{k \in Z} a_{j-L,k}\,\varphi_{j-L,k}(t) + \underbrace{\sum_{k \in Z} d_{j-L,k}\,\psi_{j-L,k}(t) + \cdots + \sum_{k \in Z} d_{j-1,k}\,\psi_{j-1,k}(t)}_{L\ \text{сумм}}, \qquad (1)$$

где $a_{j,k} = (f, \varphi_{j,k})$ - набор коэффициентов аппроксимации по базису масштабирующей функции $\varphi(t)$; $d_{j,k} = (f, \psi_{j,k})$ - набор коэффициентов детализации по базису вейвлет функции $\psi(t)$; j – степень сжатия или масштаб базисной функции по оси t; k - сдвиг базисной функции по оси t. Глубина разложения L или количество слагаемых с разным уровнем детализации в (1) выбирается в зависимости от требуемой точности моделирования функции $P(t)$.

Вычисление коэффициентов $a_{j,k}$ и $d_{j,k}$ требует выполнения большого количества операций свертки, для повышения эффективности вычислений применили *новую векторно-матричную форму* дискретного вейвлет преобразования [2,43]. При этом столбец коэффициентов вейвлет преобразования вычисляется по формуле $C[k] = W \cdot P[k]$, $k = \overline{1, N}$, где W – блочная матрица преобразования размерности $N \times N$; $P[k]$ - векторграфик нагрузки за k-е сутки. Столбец коэффициентов $C[k]$ имеет блочную структуру вида: $C = \left(cA_L, cD_L, cD_{L-1}, \ldots\ldots, cD_2, cD_1 \right)^T$, где $cA_L = \left(a_{L,1}, \ldots, a_{L,N/2^L} \right)^T$, $cD_j = \left(d_{j,1}, \ldots, d_{j,N/2^j} \right)^T$, $j = \overline{1, L}$. Исследования, проведенные на графиках нагрузки энергосистем и с использованием вейвлета Добеши пятой степени показали, что модель (1) обладает хорошими сглаживающими свойствами и может быть использована при среднесрочном прогнозировании нагрузки энергосистем.

В случае *комбинированного подхода* метода главных компонент (МГК) и одномерного вейвлет преобразования [2,43] вводится понятие ковариационной матрицы вейвлет коэффициентов $KV_C = C^T C$, по аналогии с понятием ковариационной матрицы процесса $KV_P = P^T P$. Исходя из свойства ортогональности матрицы преобразования $W^T W = I$, в случае использования ортогональных вейвлетов, например, вейвлетов Добеши, нетрудно показать равенство ковариационных матриц $KV_C = KV_P$. Ковариационную матрицу коэффициентов KV_C, с точки зрения вейвлет анализа, можно представить в виде суммы составляющих, соответствующих коэффициентам аппроксимации и детализации различных уровней: $KV_C = C^T C = KV_{A_L} + KV_{D_L} + \ldots + KV_{D_2} + KV_{D_1}$. Применяя алгоритмы МГК к каждому из слагаемых можно выделить и удалить из них незначимые стохастические составляющие. Тогда новая ковариационная матрица детерминированной составляющей процесса электропотребления может быть найдена как

$$KV_P = KV_C = KV_{A_L} + KV_{D_L} + \ldots + KV_{D_1} \; ; \; KV_{A_L} = V_{A_L} \Lambda_{A_L} V_{A_L}^T \; ; \; KV_{D_j} = V_{D_j} \Lambda_{D_j} V_{D_j}^T \; ,$$

где Λ – диагональные матрицы, содержащие первые m максимальных собственных чисел матриц KV_{A_L} и KV_{D_j}. Принцип построения прогнозной модели графиков нагрузки $P(t)$ подобен, используемому в декомпозиционном методе моделирования нагрузки энегосистем [4,145].

Результаты численных экспериментов показали, что комбинирование вейвлет анализа и МГК для различных графиков нагрузки приводит к увеличению среднеквадратичного значения ошибки воспроизведения (прогноза) ε на $0,4 - 0,5$ %, но при этом максимальное значение $\max(\varepsilon)$ уменьшается на $4 - 13$ %. В экспериментах применялись ортогональные вейвлеты Добеши 2 порядка и циклическое повторение сигнала на границах выборки.

Использование *двумерного вейвлет преобразования* позволяет моделировать графики нагрузки, как двумерную поверхность $P(t, y)$

изменения нагрузки, например, за год, где t – внутри суточное время; y – номер суток в году:

$$P(t,y) = \frac{1}{\sqrt{MN}} \sum_m \sum_n W_\varphi(j_0,m,n) \varphi_{j_0,m,n}(t,y) +$$

$$+ \frac{1}{\sqrt{MN}} \sum_{i=H,V,D} \sum_{j=j_0}^{+\infty} \sum_m \sum_n W_\psi^i(j,m,n) \psi_{j,m,n}(t,y).$$

(2)

На практике поверхность $P(t,y)$ задают матрицей значений размерностью $M \times N$. Коэффициенты разложения $W_\varphi(j_0,m,n)$ определяют приближение функции $P(t,y)$ в масштабе j_0. Коэффициенты $W_\psi^i(j,m,n)$ определяют вертикальные ($i=V$), горизонтальные ($i=H$) и диагональные ($i=D$) детали для масштабов $j \geq j_0$:

$$W_\varphi(j_0,m,n) = \frac{1}{\sqrt{MN}} \sum_{x=0}^{M-1} \sum_{y=0}^{N-1} P(t,y) \varphi_{j_0,m,n}(t,y),$$

$$W_\psi^i(j,m,n) = \frac{1}{\sqrt{MN}} \sum_{x=0}^{M-1} \sum_{y=0}^{N-1} P(t,y) \psi_{j,m,n}^i(t,y), \ i=\{H,V,D\},$$

где

$$\varphi_{j,m,n}(x,y) = 2^{j/2} \varphi(2^j x - m, 2^j y - n),$$

$\psi_{j,m,n}^i(x,y) = 2^{j/2} \psi^i(2^j x - m, 2^j y - n)$ - двумерные масштабирующая и вейвлет-функции, определяемые по одномерным произведением типа $\varphi(x,y) = \varphi(x) \cdot \varphi(y)$.

Достоинствами модели (2) являются: 1) четкая факторная детерминированность большинства слагаемых модели, а, следовательно, точное прогнозирование изменения нагрузки от каждого влияющего фактора; 2) учет существующих «продольных» и «поперечных» взаимозависимостей точек поверхности изменения нагрузки $P(t,y)$.

Использование перечисленных трех типов моделей позволяет строить эффективные программные комплексы анализа и прогнозирования электропотребления энергосистем в случаях среднесрочного, краткосрочного и оперативного прогнозов.

Литература

1. *Малла С.* Вейвлеты в обработке сигналов. - М.: Мир, 2005. – 671 с.
2. *Седов А.В., Тришечкин Е.В.* Вейвлет преобразование и метод главных компонент в задаче моделирования электропотребления. // Изв. вузов. Электромеханика. 2009. Спец. выпуск. Электроснабжение. С. 43-44.
3. *Седов А.В., Тришечкин Е.В.* Двумерное вейвлет-преобразование в задачах краткосрочного анализа и моделирования нагрузок энергосистем. // Вестник ЮНЦ РАН. Т. 7. № 2. 2011. С. 15-21.

4. *Седов А.В.* Моделирование объектов с дискретно-распределенными параметрами: декомпозиционный подход. М.: Наука, 2010. – 438 с.

Сергеева И.Ю. *, доцент, кандидат технических наук, докторант, sergeeva.76@list.ru
Вечтомова Е.А. *, кандидат технических наук
Помозова В.А. *, профессор, доктор технических наук
*ФГБОУ ВПО «Кемеровский технологический институт пищевой промышленности»

СОВЕРШЕНСТВОВАНИЕ ПРОЦЕССА КОЛЛОИДНОЙ СТАБИЛИЗАЦИИ НАПИТКОВ

Лидирующую позицию в современной модели потребления напитков в России занимают напитки из растительного сырья. Трудно переоценить роль для физиологии человека таких нутриентов напитков растительного происхождения, как фенольные, пектиновые, белковые вещества, органические кислоты, витамины и прочее. Известно, что растительные полифенолы обладают алкопротекторными свойствами. Однако большое содержание высокомолекулярных полимеризованных фенольных соединений, не относящихся к биофлаваноидам, а также белковых веществ, негативным образом сказывается на коллоидной стойкости полуфабрикатов и готовых напитков. Необходимо создать сбалансированную систему напитка, которая служила бы как источником биологически активных веществ, так и находилась в устойчивом коллоидном состоянии при хранении изделия с целью обеспечения товарного вида продукта.

Для увеличения стойкости плодово-ягодных, зерновых полуфабрикатов напитков и готовых изделий применяют различные методы - физические, физико-химические, ферментативные. В промышленности широко используются стабилизаторы природного и синтетического происхождения (на основе диоксида кремния, гидросиликата алюминия, желатин, рыбий клей, флокулянты на основе полиакриламида и др.). [1] Однако задачи поиска эффективных видов и форм стабилизаторов для повышения коллоидной стойкости напитков и в настоящее время являются актуальными и перспективными.

В представленной работе приведена оценка влияния различных стабилизаторов на сорбцию полимеризованных высокомолекулярных мутеобразующих компонентов напитков с целью определения наиболее эффективного сорбента для совершенствования процесса стабилизации напитков к коллоидным помутнениям.

В качестве объектов исследований были выбраны следующие стабилизаторы коллоидной системы напитка: синтетического происхождения - флокулянты на основе полиакриламида, природного – бентонит и хитозан. Полиакриламид и бентонит традиционно применяются для стабилизации напитков на основе плодово-ягодного сырья. Хитозан, главным образом, используется в медицине благодаря ряду его важных свойств – биологическая совместимость в животных тканях, отсутствие токсичности, эффективность в отношении сорбции тяжелые металлов, липидов и др.

Указанные стабилизаторы применяли для обработки полуфабрикатов для напитков на основе плодово-ягодного и зернового сырья – морсов, соков, молодого пива.

На основании проведенных ранее исследований были выявлены оптимальные параметры использования указанных стабилизаторов – дозировка, форма (в сухом виде или в растворителе), стадия внесения. Так, при обработке плодово-ягодных морсов и соков использовали:

- бентонит в количестве 1 г/дм^3, в виде водной суспензии, продолжительность выдержки 10 суток (опыт 1);

- хитозан – 0,1 г/дм^3 (для ягодных морсов), 0,3 г/дм^3 (для плодовых соков), в виде 1%-ного раствора в 2%-ной лимонной кислоте, продолжительность выдержки 24 часа (опыт 2);

- полиакриламидный флокулянт катионного действия Z7664M – 0,005 г/дм^3, в виде 0,05%-ного водного раствора, продолжительность выдержки 0,5 часа (опыт 3). Данный флокулянт вносили в морсы из черной смородины и черноплодной рябины, так как эти морсы используют в виде спиртованных полуфабрикатов при производстве ликероводочных изделий, и применение полиакриламида разрешено техническим регламентом на данное производство.

В молодое пиво при дображивании вносили хитозан в виде порошка в количестве 62,5 мг/дм^3, и полиакриламидный флокулянт анионного действия (ПААФ) в виде 0,05%-ного водного раствора – 0,4 мг/дм^3. Результаты исследований, обработанные статистическим методом, представлены на рисунках 1,2,3.

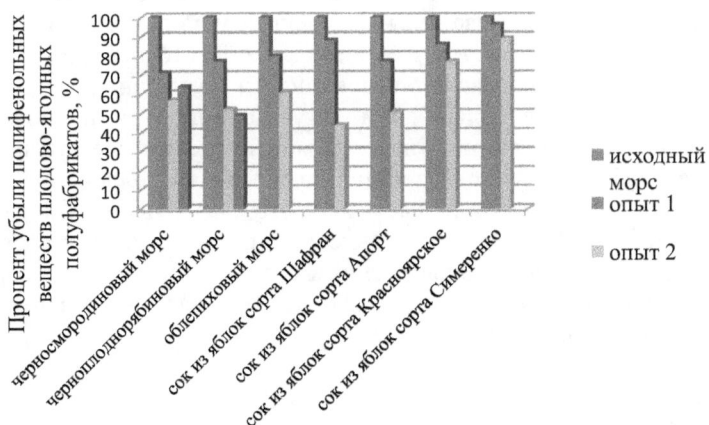

Рисунок 1 – Влияние сорбентов на количественное содержание полифенольных веществ в ягодных морсах и плодовых соках

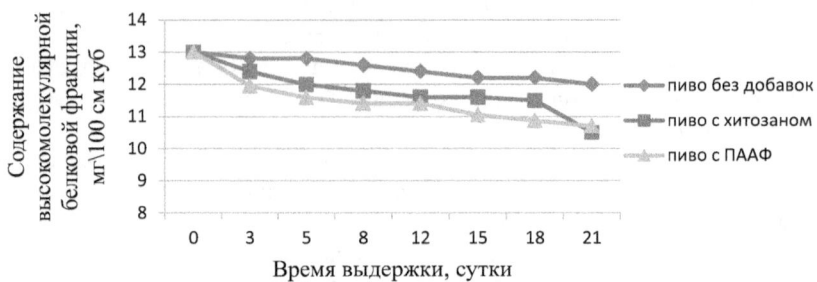

Рисунок 2 – Влияние стабилизаторов на высокомолекулярную белковую фракцию молодого пива

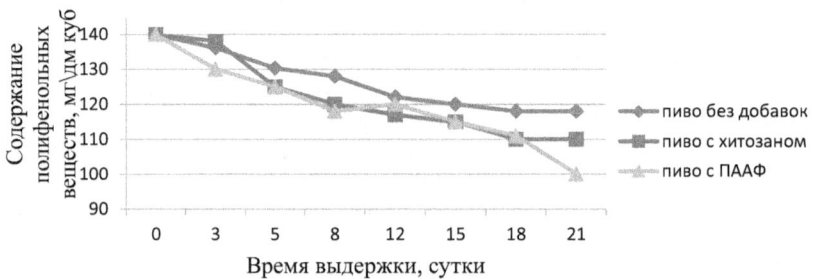

Рисунок 3 – Влияние стабилизаторов на полифенольные вещества молодого пива

При визуальном наблюдении процессов осветления исследуемых соков, морсов, молодого пива выявлена значительно более активная сорбция взвесей и коллоидных частиц для образцов, приготовленных с использованием хитозана. Рассматривая в совокупности полученные данные, результаты проведенных в дальнейшем дегустационного и полного физико-химического анализа готовых изделий можно сделать следующие выводы. Наиболее эффективным с позиции формирования коллоидной стойкости полуфабрикатов напитков из растительного сырья является обработка хитозаном. При этом достигается существенное удаление мутеобразующих фракций напитков при одновременном сохранении комплекса органолептических показателей, на уровне, удовлетворяющем требованиям, принятым в данных производствах.

Литература:
1. Сарафанова, Л.А. Применение пищевых добавок в индустрии напитков / Л.А. Сарафанова. – СПб.: Профессия, 2007. – 240 с.

Каленик Т. К.

д-р.биол. наук, профессор, заведующий кафедрой биотехнологии
продуктов из животного сырья и функционального питания,
Дальневосточный федеральный университет, Школа биомедицины

Головкова Е. В.,

студентка, Дальневосточный федеральный университет,
Школа биомедицины

Медведева Е. В.

аспирант кафедры биотехнологии продуктов из животного сырья и
функционального питания, Дальневосточный федеральный университет,
Школа биомедицины

ОПТИМИЗАЦИЯ РЕЦЕПТУР МОЛОЧНЫХ ПРОДУКТОВ С ПОЛИСАХАРИДАМИ ИЗ МОРСКИХ ВОДОРОСЛЕЙ

Существует самая тесная связь между продуктами питания и здоровьем человека. Неоднократно было доказано, что пищевые продукты или их отдельные компоненты могут быть единственной причиной многих патологий. Новые технологические подходы к производству пищевых продуктов дают возможность связать научные новшества массового производства пищевых продуктов с возможностью получения полноценной и здоровой пищи. Тесная взаимосвязь между здоровьем и пищевыми продуктами дала начало новому течению в производстве пищевых продуктов - "функциональной пище" [1] .

Основные государственные документы в области продовольственного обеспечения населения определяют в качестве одной из стратегических задач развитие отечественного производства функциональных пищевых продуктов, причем отдельное внимание уделяют продуктам на молочной основе. Это связано с тем, что молоко и молочные продукты широко используются в питании детского и взрослого населения, наиболее полноценны и постоянно необходимы человеку в любом возрасте [2].

Ухудшение экологической ситуации, изменение структуры питания требует разработки новых видов продуктов питания функционального назначения. Функциональную направленность этим продуктам придают в основном вводимые в рецептуры биологически активные добавки. Все больше отечественных пищевых предприятий начинают выводить на рынок продукты, которые не только обладают питательными свойствами в традиционном смысле, но и восполняют дефицит определенных нутриентов в рационе. Одним из таких продуктов является молочный напиток, обогащенный полисахаридами морских водорослей. Это особенно актуально в Дальневосточном регионе из-за наличия протяженной прибрежной зоны, где может вестись добыча водорослей для последующей переработки их и выделения полисахаридов. Эти полисахариды – полисорбовит, каррагинан, фукоидан, компонент добавки «Фуколам-С» [3].

Каррагинан – полисахарид красных водорослей рода Rhodophyceae, которые столетиями использовались в пищу на Дальнем Востоке и в Европе. Он обладает уникальными технологическими свойствами, которые можно использовать для желирования, загущения и стабилизации пищевых продуктов и пищевых систем. Еще каррагинаны характеризуются биологической активностью: антикоагулирующей, антивирусной, антираковой и антиязвенной, а также выводят из организма тяжелые металлы [4].

Полисорбовит – гранулы, полученные путем этерификации растительных пектинов. Полисорбовит способен связывать и выводить из организма разнообразные токсические вещества. Пектин, особенно низкометоксилированный, обладает высокой комплексообразующей способностью, благодаря чему способствует выведению из организма тяжелых металлов и радионуклидов [5].

Активным компонентом добавки «Фуколам-С» является фукоидан. Фукоиданы, содержащиеся во всех без исключения видах бурых водорослях, представляют особый интерес как природные биополимеры растительного происхождения, наделенные разнообразной биологической активностью. Они обладают антиоксидантной, противовирусной, противоопухолевой активностями, способствуют нормализации состава крови и предотвращению образования тромбов, также благоприятствуют комплексному лечению заболеваний желудочно-кишечного тракта [6].

Целью проведенной работы было создание биотехнологии молочных напитков с использованием полисахаридов из морских водорослей.

В процессе выполнения работы были разработаны три рецептуры молочного напитка с пищевыми добавками: каррагинан, полисорбовит и «Фуколам-С» в количестве 9 образцов. В качестве контрольного образца было взято пастеризованное молоко. Были отобраны 3 образца с оптимальными концентрациями:

Рецептуры разработанных молочных напитков

№ образца	Молоко, 200 дм^3, жирность, %	Количество добавки, г		
		«Фуколам-С»	Полисорбовит-95	Каррагинан
1	3,2	0,7	-	-
2	3,5	-	0,2	-
3	2,5	-	-	0,5

Для оценки качества разработанных молочных напитков были определены органолептические, физико-химические и микробиологические показатели. В качестве контрольного образца было взято пастеризованное молоко.

Органолептические показатели: все образцы имели однородную нетягучую консистенцию, имели вкус и запах, свойственные молоку, напитки с каррагинаном и полисорбовитом – молочно-белого цвета, с «Фуколам-С» - светло-коричневого.

Разработанные молочные напитки по физико-химическим показаниям отличаются от контрольного образца. Кислотность молочного напитка по сравнению с контрольным образцом ниже (17 °Т), особенно при внесении каррагинана (10 °Т). Плотность молочного напитка выше (1029-1030 кг/м^3), чем у контрольного образца (1027 кг/м^3). Анализируя данные экспериментальных исследований, видно, что по физико-химическим показателям качество молочных напитков соответствует требованиям ТР ТС 021/2011«О безопасности пищевой продукции» и Федерального закона Российской Федерации от 12 июня 2008 г. №88-ФЗ "Технический регламент на молоко и молочную продукцию".

В результатах микробиологического исследования было показано, что разработанные молочные напитки по микробиологическим показателям соответствуют нормам СанПиН 2.3.2. 1078-01.

На данный вид разработанных молочных напитков утверждена нормативная документация СТО 9222-02067942-017-2013 «Молочный напиток «Приморский».

Литература:

1. Функциональные продукты питания животного происхождения и их значение для здоровья людей / Я.О. Хорбаньчук // Птица и птицепродукты. – 2009. № 3. – С. 15-17.

2. Современное состояние и перспективы развития продуктов функционального питания/ Тихомирова Н.А.// Молочная промышленность. – 2009. №7. – С. 7-9.

3. Технологические особенности производства молочных продуктов (технология продуктов цельномолочной отрасли) : лабораторный практикум. В 2-х ч. Ч. 1 / Н.А. Генералова, И.А. Мазеева; Кемеровский технологический институт пищевой промышленности. - Кемерово, 2009. – 156 с.

4. Пищевые загустители, стабилизаторы, гелеобразователи/ А. Аймесон (ред.-сост.). – Перев.с англ. д-ра. хим. наук С. В. Макарова. – СПб.: ИД «Профессия», 2012. – 408 с.

5. Хотимченко Ю.С., Одинцова М.В., Ковалев В.В. Полисорбовит. – Томск: Изд-во НТЛ, 2001. – 132 с.

6. Облучинская Е.Д. Технологии лекарственных и лечебно-профилактических средств из бурых водорослей – Апатиты: Изд. Кольского научного центра РАН, 2005. - 164 с.

Хруль С.А.
аспирант Института Кибернетики
Томского политехнического университета
Сонькин Д.М.
к.т.н., ассистент кафедры ИПС Института Кибернетики
Томского политехнического университета

ПРИМЕНЕНИЕ МЕТОДОВ ДИАГНОСТИЧЕСКОЙ ФИЛЬТРАЦИИ ДЛЯ ПОВЫШЕНИЯ ТОЧНОСТИ ПОЗИЦИОНИРОВАНИЯ МОБИЛЬНЫХ ОБЪЕКТОВ

Широко используемые сегодня системы спутникового позиционирования имеется множество недостатков, из которых особо значимым является низкая точность определение местоположения и параметров движения объекта. Частично, проблема недостаточной точности заключается в искусственном ограничении доступа владельцами таких систем для целей гражданского использования. Также существует ряд других факторов, которые также влияют на точность, в том числе ошибки оборудования навигационных спутников, ошибки GPS/ГЛОНАСС приемника и ошибки распространения спутникового сигнала. В общем случае, точность позиционирования для бытового GPS/ГЛОНАСС приемника составляет порядка 15 метров. Источниками ошибок могут быть следующие причины [1,13;2,73]:

- недостаточное количество видимых спутников
- неточность эфемерид и ошибки спутниковых часов
- помехи отраженного сигнала на антенну спутникового приемника
- помехи, связанные с изменение условий приема сигналов со спутников (проезд по туннелю, плотно застроенной территории, лесистой местности)
- задержка по времени в аппаратуре приемника
- проблемы, связанные с питанием навигационного устройства (например, обесточивание терминала или сильные помехи от электросети на аппаратуру терминала)
- ионосферная задержка
- тропосферная задержка

Повышение точности позиционирования можно достигнуть путем применения различных алгоритмов обработки принимаемых навигационных данных. Одним из возможных способов позволяющим повысить достоверность и уменьшить объем навигационной информации, передаваемой пользователю, является фильтрация ложных и избыточных данных полученных от GPS/ГЛОНАСС модуля, входящего в состав аппаратуры мобильного терминалах[2,71].

Применение фильтрации в системах мониторинга транспорта способствует значительному уменьшению объёмов обрабатываемой информации, при этом ее точность повышается. Фильтрация данных заключается в исключении избыточной информации, не приносящей никаких новых изменений в положении объекта, а также отсеве выбросов, которые приводят к искажениям данных и помехам в определении местоположения.

Под выбросами понимаются ошибочные показания неотражающие реальную ситуацию, которые были полученные в результате технической ошибки аппаратуры, входящей в состав мобильного терминала (МТ) или алгоритмической ошибки GPS/ГЛОНАСС модуля.

Можно выделить несколько типов выбросов[3,1360;4,12]:

• *Хаотичный* - выбросы такого типа наблюдаются при движении на малых скоростях или при стоянке на одном месте в течение непродолжительного времени. Их появление связано с помехами отраженных сигналов спутников от высотных зданий или других объектов. На карте такого рода ошибки отображается как дрейф (неравномерный разброс) предполагаемого местонахождения.

• *Грубый* - возникает в случае длительной стоянки автотранспортного средства на одном месте. Представляет собой движение в некотором направлении с постоянным ускорением в течение продолжительного интервала времени. Распознать такие выбросы на карте можно по характерному мгновенному (резкому) скачку из последней предполагаемой точки местонахождения объекта на его реальное положение, при этом скачок сопровождается ускорением движения, выходящий за грани разумного.

• *Систематический* - данный тип выбросов обусловлен изменением условий приема сигналов со спутников. Систематические выбросы характеризуются небольшим отклонением по одному или нескольким параметрам, в том числе координат местонахождения. В отличие от хаотичных выбросов, ошибка в определении координат сопровождается снижением встроенных показателей точности в получаемых навигационных данных.

Появление любого типа выброса в принимаемых навигационных данных снижает точность позиционирования и увеличивает задержку отображения реального местоположения объекта на карте, а также отрицательно сказывается на подсчете контрольных показателей движения объекта (пройденного пути, средней скорости движения и продолжительности стоянки, расхода топлива и т.д.)

Например: спутниковый приемник неподвижного объекта сообщает координаты местонахождения, беспорядочно разбросанные в радиусе 20 – 30 метров. При этом навигационное оборудование рассматривает их как движение, и постепенно происходит увеличение пробега. В результате складывается ситуация, что пробег за несколько часов стоянки увеличивается на 200 – 800 метров.

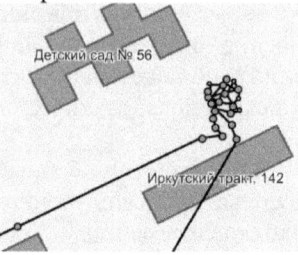

Рис. 1. Пример выбросов навигационных данных с неподвижного объекта

Фильтрацию навигационных данных принято разделять на аппаратную, выполняемую GPS/ГЛОНАСС - приемником и программную, реализуемую в составе программного обеспечения системы мониторинга [1,12;2,75;8,1442]. Аппаратная фильтрация заключается в анализе шумов и искажений сигналов со спутников и последующую их обработку с помощью набора цифровых математических фильтров, специально разработанных каждым производителем для своего приемника. Программная фильтрация данных может выполняться программным обеспечением навигационного устройства мобильного объекта или управляющей системой диспетчерского центра. Процесс фильтрации представляет собой окончательный отсев навигационных данных полученных с навигационного модуля и включает в себя:

• анализ показаний установленных на мобильном объекте датчиков и встроенных факторов потери точности позиционирования

• применение статистических алгоритмов сглаживания и других аналитических методов.

Благодаря использованию датчиков в составе инерциальных систем мониторинга исключаются грубые выбросы, поскольку получение спутниковых данных от навигационного приемника осуществляется только после срабатывания датчиков. Стоит отметить, что некоторые современные автомобили, а также автомобили, произведенные ранее, не оснащены необходимыми цифровыми датчиками (анти-блокировочная система ABS) или не поддерживают современные протоколы передачи информации (CAN шина).

Таким образом, инерциальные системы спутникового мониторинга не применимы для некоторых автомобилей вовсе, не учитывают хаотичные и систематические выбросы, а также при использовании оборудования такого типа теряется автономность установки всей системы мониторинга. Поэтому, для обеспечения бесперебойной работы мобильного терминала необходимо совсем отказаться от использования датчиков или воспринимать их только как вспомогательный инструмент при работе мобильного терминала.

Другим решением задачи фильтрации навигационных данных может выступать применение статистических методов фильтрации, включающие математические алгоритмы сглаживания (фильтр Калмана, метод наименьший квадратов, правило 3х сигм, медианный фильтр), а также критерии для выявления выбросов данных (критерий Граббса, критерий Шовене, критерий Пирса, Q-тест Диксона). [2,77;5,169;8,1447]

После анализа существующих подходов к решению задач фильтрации данных, было принято решение объединить их и дополнить так называемыми диагностическими методами. Предлагаемое решение можно разделить на 3 этапа:

Предварительный отсев

На данном этапе осуществляется фильтрация данных, которые уже на первый взгляд являются ошибочными. Отсев осуществляется по следующим критериям:

- количество видимых спутников меньше допустимого значения;
- режим позиционирования не соответствует выбранному режиму;
- данные по показаниям статуса достоверности не валидны;
- значения встроенных факторов точности позиционирования больше допустимых значений;
- скорость движения превышает максимально допустимую для данного типа мобильных объектов (например: для транспортных средств – 300 км/ч, для морского судна – 100 км/ч);
- Также скоростной характеристикой может являться максимальное моментальное ускорение движения (например: для транспортных средств – 6 м^2/с, для морского судна – 3 м^2/с).

Диагностическая фильтрация

В качестве критерия фильтрации используется расстояние между двумя точками, которое должно быть не меньше порогового значения *Dlimit*.

Графически это представлено на рисунке 2.

Рис. 2. Иллюстрация к методу диагностической фильтрации

Радиус окружности или сферы (в случае использования высоты) соответствует пороговому значению *Dlimit* и вычисляется на основе точности позиционирования, которая зависит от значений факторов потери точности в текущий момент.

$$Dlimit = HDOP \cdot HFactor + VDOP \cdot VFactor,$$

где *HFactor* и *VFactor* соответствующие коэффициенты для *DOP* в метрах, далее просто коэффициенты.

Рекомендовать строго определенные коэффициенты нельзя, поскольку точность позиционирования зависит не только от качества сигналов со спутников, но так же от типа приемника. В общем виде, диапазон рекомендуемых значений можно определить как 7..15 метров для HDOP, 10..25 метров для VDOP.

Данные о текущем местоположении (СР) проходят фильтрацию при условии, что их окружность не пересекается с окружностью предыдущей точки (ОР). Если фильтрацию подобного типа не выполнять, то помимо лишних, не несущих полезной информации данных, будет наблюдаться шум (беспорядочный разброс координат вокруг действительного местонахождения).

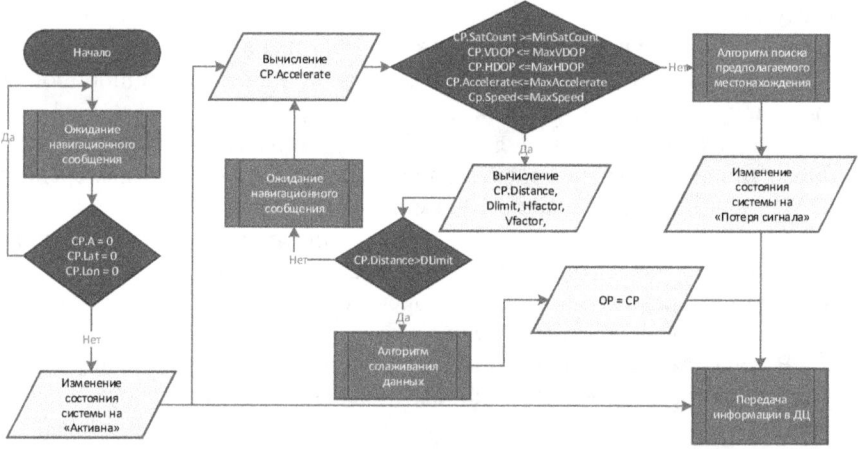

Рис. 3. Общая схема метода диагностической фильтрации

Рассмотрим более подробно характеристики исследуемых мобильных объектов (таблица 1), на примере различных транспортных средств, где: ГПТ 1,2 – автобусы городского пассажирского транспорта; СЛА 1,2 – служебные легковые автомобили; $S_{\text{сутки}}$ – пройденный путь за сутки, км; $V_{\text{ср.}}$– средняя скорость движения, км/ч; V_{max}– максимальная скорость движения, км/ч; $T_{\text{ср.стоян.}}$– средняя продолжительность стоянки, мин; $T_{\text{движ.}}$– продолжительность движения в сутки, час; $Q_{\text{стоянок}}$ – количество стоянок продолжительностью более 5 минут; $\bar{a}_{\text{ср.}}$– среднее значение ускорения, м/с^2; $\bar{a}_{\text{max}}$ – максимальное значение ускорения, м/с^2;

$\bar{a}_{\text{ср.торм.}}$ – среднее значение ускорения торможения, м/с^2; $\bar{a}_{\text{max торм.}}$ – максимальное значение ускорения торможения, м/с^2.

Таблица 1. Значения характеристик исследуемых мобильных объектов

Тип объекта	$S_{\text{сутки}}$	$V_{\text{ср.}}$	V_{max}	$T_{\text{ср.стоян}}$	$T_{\text{движ.}}$	$Q_{\text{стоянок}}$	$\bar{a}_{\text{ср.}}$	$\bar{a}_{\text{max}}$	$\bar{a}_{\text{ср.торм.}}$	$\bar{a}_{\text{max торм.}}$
ГПТ 1	190,3	25,4	70	2,06	11,1	8	0,16	1,16	0,17	1,12
ГПТ 2	241,4	22,6	66,1	1,94	13,4	5	0,11	0,94	0,12	1,18
СЛА 1	85,28	43,1	72,5	82	5,3	8	0,31	1,58	0,26	1,95
СЛА 2	46	31,5	92	110	3	6	0,33	1,65	0,27	2,1

Таким образом, исходя из таблицы 1, можно сделать вывод, что при фильтрации данных для различного класса мобильных объектов требуется индивидуальный подбор значений параметров алгоритма (таблица 2).

Таблица 2. Результаты экспериментов за сутки для различных объектов и индивидуальные значения критериев

Тип объекта	Период исследования, сутки	Частота сообщений, в минуту	Число точек		Изменение кол-ва точек, %	Пройденный путь		Уменьшение пробега, %
			до фильтрации	после фильтрации		до фильтрации	после фильтрации	
ГПТ	14	6	78349	44972	42,6	3520	3468	1,5
ГПТ	6	6	32506	12157	62,6	1231	1217	1,1
СЛА	9	6	3807	1439	62,2	466	451	3,2
СЛА	1	60	23541	776	96,7	46	45	2,2

Сглаживание данных

Последний этап обработки данных заключается в усреднении координат объекта на основе истории движения с помощью статистических методов. Основанием к применению процедуры сглаживания является тот факт что получаемые, после предварительной обработки, данные носят разрывный характер, хотя реальная траектория движения объекта непрерывна и гладкая. С помощью процедуры сглаживания можно получать реалистичное отображение траектории движения, а также рассчитывать точные значения пройденного расстояния. В качестве метода сглаживания был выбран взвешенное скользящее среднее, в зарубежной литературе также известное как WMA. В общем виде взвешенное скользящее среднее определяется как

$$WMA_t = \frac{\sum_{i=1}^{n} P_i \cdot W_i}{\sum_{i=1}^{n} W_i}$$

Где WMA_t — значение взвешенного скользящего среднего в текущей точке t, n — количество значений исходной функции для расчёта скользящего среднего, P_i — значение исходной функции в момент времени, отдалённый от текущего на i интервалов.

Главным достоинством метода взвешенного скользящего среднего являются простота его реализации и вычислительная эффективность по сравнению с цифровыми фильтрами.

Дополнительной особенностью разработанного метода повышения точности позиционирования, является алгоритм поиска предпологаемого местонахождения (ППМ). В случае, когда по каким либо причинам осутствует связь со спутниками или поступаемые данными являются не валидными, информация о передвижении объекта теряется. При этом, наблюдаемый объект остается в точке на карте диспетчера, в которой было произведена последняя связь со спутниками. В основе алгоритма ППМ лежит интерполяция B-сплайнами по имеющимся точкам. В качестве точек интерполирования выбираются данные о местоположении объекта до потери связи со спутниками.

Заключение

Таким образом, разработан метод, включающий комплекс алгоритмов для работы с навигационными потоками данных, позволяющий повысить точность позиционирования и значительно уменьшить объем передаваемых данных (рис. 3).

Основными достоинствами разработанного метода являются:

• возможность внедрения алгоритма в программное обеспечение (ПО) терминала подвижного объекта благодаря возможности работы в онлайн режиме

• простота реализации метода (с точки зрения времени обработки терминальным оборудованием), а значит возможность использования маломощных и недорогих микроконтроллеров в составе аппаратуры мобильного терминала

• значительное уменьшение потока передаваемых данных для всех типов наблюдаемых объектов, вследствие чего снижение нагрузки на канал передачи между ДЦ и МО

• увеличение точности позиционирования и производных параметров (путь, скорость, время движения и др.) вследствие фильтрации выбросов, а также сглаживания траектории движения

• восстановление пройденного пути, в случае отсутствия связи со спутниками

СПИСОК ЛИТЕРАТУРЫ

1.   Владимиров В.М., Гречкосеев А.К., Толстиков А.С. Имитатор измерительной информации для отработки эфемеридно–временного обеспечения космической навигационной системы ГЛОНАСС // Измерительная техника. – 2004. – № 8. – С. 12–14.

2.   Кошаев Д.А. Многоальтернативный метод обнаружения и оценки нарушений на основе расширенного фильтра Калмана // Автоматика и телемеханика. – 2010. – №5. – С. 70–83.

3.   Hang Guo, Min Yu, ChengwuZou, Wenwen Huang. Kalman filtering for GPS/magnetometer integrated navigation system. // Advances in Space Research. – 2010. – № 45. – P. 1350–1357.

4.   Владимиров В.М., Гречкосеев А.К., Толстиков А.С. Имитатор измерительной информации для отработки эфемеридно-временного обеспечения космической навигационной системы ГЛОНАСС// Измерительная техника. – 2004.- № 8. – С.12-14.

5.   Brilingaite A., Jensen C. Online Route Prediction for Automotive Applications // Proc. of the 13th World Congress and Exhibition on Intelligent Transport Systems and Services. October 2006, London. – London, 2006. – P. 168–175.

6.   Шестаков Н.А. Позиционирование объектов в дорожной сети в системах мониторинга городского транспорта // Проблемы информатики. – 2011. – № 5. – С. 159–166.

7.   Глобальная спутниковая радионавигационная система ГЛОНАСС//Под ред. В.Н. Харисова, А.И. Перова, В.А. Болдина. – М.: ИПРЖР, 1998. – 400 с.

8.   Харисов В.Н., Яковлев А.И., Глущнко А.Г. Оптимальная фильтрация координат подвижного объекта // Радиотехника и электроника – 1984. – Т. 23. – №7. – С. 1441–1452.

Сызранцев В.Н., Ильиных В.Н.

профессор, д.т.н., Тюменский государственный нефтегазовый университет
аспирант, Тюменский государственный нефтегазовый университет
v_syzrantsev@mail.ru

ПОСТРОЕНИЕ МАТЕМАТИЧЕСКОЙ МОДЕЛИ ДЛЯ ОПИСАНИЯ ДАННЫХ МАЛОЦИКЛОВЫХ УСТАЛОСТНЫХ ИСПЫТАНИЙ

В сложившейся практике прогнозирования числа циклов до разрушения (N) при известной величине напряжения (σ) на основе кривой усталости полагают, что за m число циклов деформирования деталь получает повреждение

$$K_m = \sum_{i=1}^{m} \frac{m}{N},\qquad(1)$$

а ее разрушение происходит при достижении суммарной величины повреждения $K_m = 1$. В то же время, по данным усталостных испытаний десятков тысяч образцов, выполненных как отечественными, так и зарубежными исследователями, фактическая величина суммарной поврежденности изменяется в пределах $0{,}01 \le K_m \le 10$, что является следствием отсутствия в аппроксимирующих результаты усталостных испытаний моделях параметров, характеризующих накопление повреждений при циклическом деформировании материала.

Для описания результатов усталостных испытаний в настоящее время широко используются линейные регрессионные зависимости, учитывающие, в рамках статистических моделей, рассеивание механических и усталостных свойств материала, но не имеющие какого-либо физического наполнения. Обеспечение требуемой долговечности и надежности циклически нагружаемых изделий с заданной вероятностью неразрушения связано с необходимостью использования более сложных моделей, отражающих процесс накопления усталостных повреждений в изделиях. Именно такие модели разработаны в кинетической теории механической усталости [1,26]. Наиболее важным практическим значением этой теории является возможность построения кривых усталости, соответствующих различной величине поврежденности материала (D): от $D = D_0 \ge 0$, характеризующей начальное повреждение материала детали, которое имеет место еще до начала ее циклического деформирования, вплоть до предельной величины $D = D_k \le 1$, соответствующей разрушению детали (образца) вследствие накопленных усталостных повреждений.

В работе [1,26] для описания кривой многоцикловой усталости получено выражение:

$$N = \frac{Q}{\sigma} \ln\left\{ 1 + \left[\exp\left(\frac{\sigma - \sigma_r}{\sigma_r - \sigma_{rT}} \right) - 1 \right]^{-1} \right\},\qquad(2)$$

где: N - число циклов нагружения; σ - максимальное напряжение цикла; Q – коэффициент выносливости; σ_r – предел выносливости детали при коэффициенте асимметрии цикла r; σ_{rT} – циклический предел текучести (ниже его уровня следы пластической деформации даже после нескольких миллионов циклов нагружения отсутствуют).

Определение значений параметров σ_r, σ_{rT} и Q зависимости (2) на основе имеющейся совокупности данных разрушения образцов $\sigma_i, N_i, i = \overline{1,n}$ выполняется путем минимизации функции

$$\Phi(Q, \sigma_r, \sigma_{rT}) \xrightarrow[Q, \sigma_r, \sigma_{rT}]{} \min , \qquad (3)$$

построенной в соответствии с методом наименьших квадратов.

Математическое описание кривой усталости в малоцикловой области ($N \leq 10^5$) представлено в работе [1,32] выражением:

$$\sigma = \sigma_B + \vartheta \cdot \lg\left(\frac{N}{H} + 1\right), \qquad (4)$$

где σ_B - предел прочности материала; ϑ - угол наклона кривой усталости в системе координат $\lg N - \sigma$; H - число циклов деформирования до верхней точки перегиба кривой малоцикловой усталости, рассчитываемый по зависимости (2) для $\sigma = \sigma_B$:

$$H = \frac{Q}{\sigma_B} \ln\left\{1 + \left[\exp\left(\frac{\sigma_B - \sigma_r}{\sigma_r - \sigma_{rT}}\right) - 1\right]^{-1}\right\}. \qquad (5)$$

Для коэффициента Q в работе [1,26] получена формула:

$$Q = -Q_T \ln\left[1 - \exp\left(-\frac{D_0}{1 - D_0} \cdot \frac{\sigma}{\sigma_r - \sigma_{rT}} \cdot \frac{\sigma_B}{\sigma_B - \sigma_r}\right)\right], \qquad (6)$$

где Q_T - коэффициент, характеризующий сопротивление детали росту усталостных трещин.

Величины D_0 и Q_T могут быть определены на основе: зафиксированных длин усталостных трещин, измерении поврежденных площадей испытуемых деталей, расчета моментов инерции поврежденных сечений деталей. Однако в реальных условиях испытаний получение такой информации часто весьма затруднено, а во многих случаях невозможно. Тем не менее, знание начального D_0 и предельного значения параметра D_k позволяет при заданной величине действующего напряжения σ и числа циклов нагружения N оценить достигнутый уровень текущей поврежденности материала D и, в конечном итоге, реализовать процедуру расчета остаточной долговечности детали (образца).

Рассмотрим алгоритм определения величин D_0 и Q_T на основе данных усталостных испытаний образцов $\sigma_i, N_i, i = \overline{1,n}$.

Воспользуемся зависимостью (6), которую преобразуем следующим образом:

$$\exp(-Q/Q_T) + \exp\left[-\frac{D_0}{1-D_0} \cdot \frac{\sigma}{(\sigma_r - \sigma_{rT})} \cdot \frac{\sigma_B}{(\sigma_B - \sigma_r)}\right] = 1. \qquad (7)$$

После решения задачи (3), значения параметров σ_r, σ_{rT} и Q на основе имеющейся совокупности данных усталостных испытаний $\sigma_i, N_i, i = \overline{1,n}$ определены: σ_r^*, σ_{rT}^* и Q^*. В этом случае выражение (7) получает вид:

$$\exp(-Q^*/Q_T) + \exp\left[-\frac{D_0}{1-D_0} \cdot \frac{\sigma}{(\sigma_r^* - \sigma_{rT}^*)} \cdot \frac{\sigma_B}{(\sigma_B - \sigma_r^*)}\right] = 1. \qquad (8)$$

Зададимся средним значением предела прочности $\sigma_B = \overline{\sigma_B}$. Тогда в уравнении (8) неизвестными являются только два параметра: D_0 и Q_T. Для их определения воспользуемся следующим приемом. Поскольку величина D_0 характеризует поврежденность материала в исходном состоянии, ее значение от величины действующего напряжения (σ) при деформировании образца не зависит. То есть D_0 является постоянной для всего диапазона изменения напряжений σ. Если, в дополнении к отмеченному, предположить, что и коэффициент Q_T, в диапазоне изменения напряжений $\sigma_r^* \le \sigma \le \overline{\sigma_B}$ также является величиной постоянной, то для расчета D_0 и Q_T войдем в уравнение (8) дважды: при напряжении $\sigma = \overline{\sigma_B}$ и $\sigma = \sigma_r^*$. Решая полученную систему двух трансцендентных уравнений, определим искомые значения D_0^* и Q_T^*.

Принимая во внимание, что текущая поврежденность материала описывается выражением (7) при замене D_0 на D, получим уточненную зависимость для кривой малоцикловой усталости:

$$N = \left(1 - 10^{\frac{\sigma - \overline{\sigma_B}}{\vartheta}}\right) \cdot Q_T^* \cdot B_0 \cdot \ln\left[1 - \exp\left(-\frac{D \cdot \overline{\sigma_B}}{(1-D)\left(\sigma_r^* - \sigma_{rT}^*\right)\left(\overline{\sigma_B} - \sigma_r^*\right)} \cdot \sigma\right)\right], \qquad (9)$$

где $B_0 = \dfrac{\ln\left\{1 + \left[\exp\left(\dfrac{\overline{\sigma_B} - \sigma_r^*}{\sigma_r^* - \sigma_{rT}^*}\right) - 1\right]^{-1}\right\}}{\overline{\sigma_B}}$.

Изложенная методика использована при обработке данных малоцикловых испытаний образцов из трубной стали HS80. Для этой стали получено: $\overline{\sigma_B} = 602,1$МПа; $\vartheta = -121,811$; $Q_T^* = 1,53 \cdot 10^6$; $\sigma_r^* = 263,621$ МПа; $\sigma_{rT}^* = 201,914$ МПа, $D = D_0^* = 6,006 \cdot 10^{-11}$.

Литература

1.Почтенный Е.К. Кинетическая теория механической усталости и ее приложения. – Минск: Наука и техника, 1973. – 213 с.

Мусаткина Б.В.
старший преподаватель Омского государственного университета путей сообщения, г. Омск, Россия

АНАЛИЗ ЭКОЛОГИЧЕСКОЙ БЕЗОПАСНОСТИ МОНОРЕЛЬСОВОГО ТРАНСПОРТА

Надземные эстакадные монорельсовые транспортные системы являются одним из перспективных путей развития городской транспортной инфраструктуры и позиционируются как экологически чистый вид транспорта. Анализ факторов экологического риска выявил наличие негативных химических и электромагнитных воздействий монорельсового транспорта на среду обитания. Оценить прогнозируемое загрязнение окружающей среды можно на примере Московской монорельсовой транспортной системы (ММТС), которая проходит через центр столицы и имеет пересечение с другими видами наземного транспорта. Электроподвижной состав ММТС состоит из 6 вагонов, электроснабжение которых осуществляется по трем шинопроводам из бронзы посредством медных токосъемных элементов.

В течение 2009-2012 гг. на кафедре «Безопасность жизнедеятельности и экология», в лаборатории «Контактные сети и линии электропередач» ОмГУПСа и на ММТС проводились теоретические и экспериментальные исследования, а также инструментальные замеры уровней факторов негативного воздействия монорельсового транспорта на среду обитания (шума, ультрафиолетового излучения, электромагнитных полей, химического загрязнения вследствие выноса продуктов износа токосъёмных элементов из зоны контакта). В экспериментальных исследованиях контактных пар в лаборатории «Контактные сети и линии электропередач» ОмГУПСа испытывались шинопровод из бронзы марки БрНХ и токосъемный элемент из меди. Выбор граничных условий – нажатия 35 Н и 48 Н – для дальнейших расчетов и оценок основан на комплексном анализе воздействия устройств токосъема ММТС на окружающую среду: при нажатии 35 Н износ и выброс продуктов трения в контакте минимальны, но повышена интенсивность электромагнитных, ультрафиолетовых, оптических излучений вследствие искрения; при нажатии 48 Н увеличивается износ, но минимизируется электромагнитное загрязнение территории вдоль трассы.

Установлено, что уровни шума, создаваемого электроподвижным составом ММТС, не превышают предельно допустимых уровней (ПДУ), установленные в Санитарных нормах СН 2.2.4/2.1.8.562-96 «Шум на рабочих местах, в помещениях жилых, общественных зданий и на территории жилой застройки».

Проведены измерения светового и ультрафиолетового излучения при искрении в процессе моделирования токосъема на лабораторной установке при имитации различных погодных условий: при сухом контакте; при появлении на шинопроводе конденсата после тумана или дождя; при оседании мелких частиц песка и пыли на шинопроводе. Наличие в спектре светового излучения волн ультрафиолетового диапазона представляет собой основную угрозу безопасности движения. Для машинистов и водителей транспортных средств (профессиональное воздействие) измеренное ультрафиолетовое излучение УФ-А и УФ-В диапазонов не превышает норму, но оказывает слепящее действие и может привести к аварии. Для населения (непрофессиональное воздействие) ультрафиолетовое излучение УФ-А диапазона не превышает норму, ультрафиолетовое излучение УФ-В диапазона превышает допустимое значение в 1,5 – 2,2 раза, что требует принятия защитных мер (экранирования).

При рассмотрении проблем электромагнитного влияния электрифицированных железных дорог и электроподвижного состава на среду обитания до недавнего времени изучалось только мешающее и опасное воздействие электромагнитных полей (ЭМП) на сооружения и устройства (так называемые индустриальные радиопомехи и наведенное напряжение). Комплексная оценка электромагнитной безопасности персонала, населения, пассажиров и экосистем в целом не проводилась. ПДУ электромагнитного воздействия и предельно допустимые электромагнитные нагрузки на окружающую среду в РФ не разработаны. Оценка электромагнитных воздействий на персонал и население в условиях профессионального и непрофессионального воздействия должна производиться согласно действующим санитарным правилам и нормативам [1 - 3]. Проведены измерения уровней ЭМП на трассе ММТС, включая вагоны, пассажирские платформы, прилегающие территории. Установлено, что уровни постоянных электрических полей во всех точках проведения измерений не превышают ПДУ для персонала и населения (20 кВ/м и 15 кВ/м соответственно) [1,5; 2,15]. В вагоне при стоянке зафиксированы уровни низкочастотных магнитных полей ниже фоновых, что может объясняться экранирующим эффектом металлического корпуса подвижного состава. При оценке результатов измерений уровней низкочастотных магнитных полей следует учесть, что они формируются как устройствами токосъема (шинопроводами и токоприемниками), так и тяговыми двигателями электроподвижного состава, расположенными в подвагонном пространстве. Выявлено значительное превышение (в 8 раз и более) ПДУ низкочастотных магнитных полей в вагоне ММТС при движении [3,21]. Для пассажиров это является кратковременным воздействием, в то время как для машинистов, находящихся в аналогичных условиях электромагнитного облучения ввиду конструктивных особенностей расположения токоприемников и тяговых двигателей моторвагонного подвижного состава ММТС, высокий уровень магнитных полей становится вредным постоянно действующим производственным фактором.

Установлено наличие химического загрязнения воздуха, водных источников и почвы продуктами износа контактных элементов. Качественный анализ распределения массы выбросов по химическим элементам проведен с учетом содержания весовых долей никеля, хрома, кремния и меди в сплаве БрНХ, из которого изготовлен шинопровод). Ожидаемые величины концентраций загрязняющих веществ в приземном слое воздуха вдоль трассы ММТС определены по нормативному документу ОНД-86 «Методика расчета концентраций в атмосферном воздухе вредных веществ, содержащихся в выбросах предприятий». Превышение расчетных концентраций в атмосферном воздухе над предельно допустимыми концентрациями (ПДК) фиксируется для меди: при усилии нажатия 35 Н – в 2,35 раза и 48 Н – в 3,6 раза. Для никеля, хрома и кремния расчетные концентрации не превышают соответствующие ПДК при рассмотренных усилиях нажатия. Все указанные загрязняющие вещества обладают однонаправленным резорбтивным действием на организм человека, что усугубляет негативные эффекты их одновременного присутствия во вдыхаемом воздухе.

Проведенный анализ экологических рисков монорельсового транспорта выявил превышение допустимых уровней воздействия на персонал, население и окружающую среду следующих факторов, возникающих в процессе токосъема: ультрафиолетового излучения, электромагнитных полей, концентрации в приземном слое атмосферного воздуха продуктов износа контактных элементов (меди). Результаты оценки могут быть использованы для сравнительной характеристики экологических рисков, выявления приоритетных региональных проблем, связанных с качеством окружающей среды, обоснования и принятия решений по их минимизации.

Библиографический список:

1. Санитарно-эпидемиологические правила и нормативы СанПин 2.2.4.1191-03 «Электромагнитные поля в производственных условиях». - М.: Изд-во стандартов, 2003. - 19 с.

2. Санитарно-эпидемиологические правила и нормативы СанПиН 2.1.2.1002-00 «Санитарно-эпидемиологические требования к жилым зданиям и помещениям». - М.: Изд-во стандартов, 2000. - 27 с.

3. СанПиН 2.2.2/2.4.1340-03 «Гигиенические требования к персональным электронно-вычислительным машинам и организации работы» / Госкомсанэпиднадзор России. - М.: Изд-во стандартов, 2003. - 36 с.

Копосов Г.Д., Тягунин А.В., Егочина В.И.

Сведения об авторах
Копосов Г.Д. доцент, кандидат физико-математических наук, профессор кафедры общей физики;
Тягунин А.В. кандидат физико-математических наук, старший преподаватель кафедры общей физики;
Егочина В.И. студентка 5 курса отделения физики
Институт естественных наук и биомедицины Северного (Арктического) федерального университета имени М.В. Ломоносова

ИССЛЕДОВАНИЕ ПЕРЕХОДА ВОДЫ С ПОВЕРХНОСТИ ЛЬДА В ПОРОШОК БОЛОТНОГО МХА ПРИ ОТРИЦАТЕЛЬНЫХ ТЕМПЕРАТУРАХ

В работе [1] обнаружен эффект стекания квазижидкого слоя под действием гравитационной силы по вертикальной поверхности. В работе [2] авторами обнаружен эффект стекания воды с поверхности льда при температуре $-17^{\circ}C$. В докладе [3] найдена скорость перехода воды с поверхности льда в песок под действием гравитационной силы и сообщается об отсутствии перехода против силы тяжести.

Несомненный интерес представляет исследование скорости перемещения воды, стекающей со льда в мерзлую дисперсную среду. Выбор порошка болотного мха обусловлен наличием предела гигроскопичности около 30% и возможностью оценки влияния связанности воды на ее пространственное перемещение.

Основа эксперимента заключалась в том, что измерительная ячейка, представляющая собой 5 конденсаторов одинаковой площади и одинаковым расстоянием между обкладками, заполнялась порошком болотного мха, взятого при атмосферной влажности. В начале эксперимента измерительная ячейка помещалась в морозильную камеру при температуре $-15^{\circ}C$. Через сутки на поверхность порошка помещался ледяной стержень. В дальнейшем, раз в сутки проводились измерения электрической проводимости на частотах 0,1, 1 и 10кГц с помощью измерителя иммитанса Е7-14.

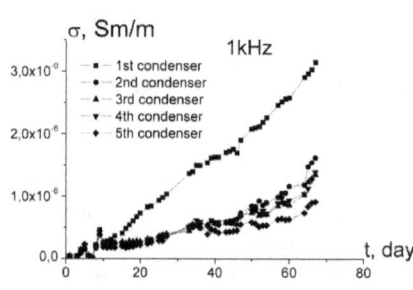

Рис. 1 Временная зависимость удельной электрической проводимости в конденсаторах

Увеличение влажности болотного мха приводило к увеличению электрической проводимости, что видно из рисунка 1.

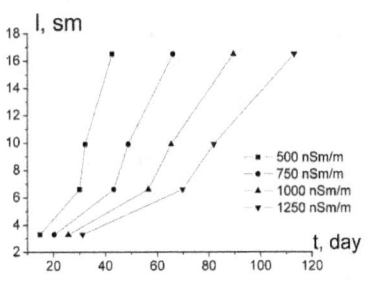

Рис. 2 Зависимость координат
изовлажностных поверхностей от времени
с различными значениями удельной
электрической проводимости

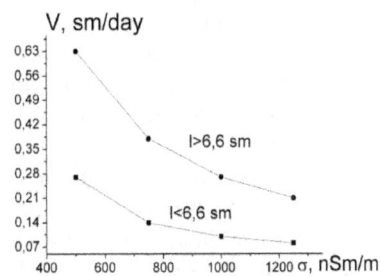

Рис. 3. Зависимость скорости перемещения
изовлажностного фронта от влажности
(удельной электрической проводимости)

среде.

Хотелось бы обратить внимание еще на один факт – уменьшение

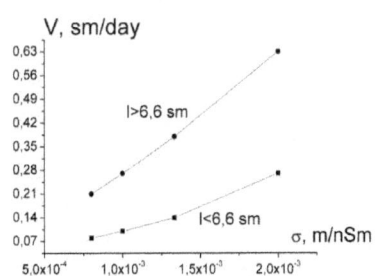

Рис. 4. Зависимость скорости
перемещения изовлажностного фронта от
$1/\sigma$

Дальнейшая обработка результатов была связана с нахождением времени достижения в конденсаторах одинаковых значений проводимости и, следовательно, влажности. Зная периодичность расположения конденсаторов, найдем зависимость координат от времени прохождения изовлажностного фронта.

На рисунке 2 представлена зависимость координат изовлажностного фронта с различными значениями удельной электрической проводимости. Обращает на себя внимание излом в скоростях перемещения изовлажностных фронтов в точке с $l = 6.6sm$, что соответствует глубине двух конденсаторов. Координата излома не зависит от влажности (удельной электрической проводимости). Этот факт свидетельствует о различных механизмах перемещения влаги по дисперсной среде.

скорости перемещения изовлажностного фронта с увеличением влажности (рис. 3)

Рисунок 4 иллюстрирует зависимость $v(1/\sigma)$ и соответственно от влажности. Из графика видно, что при $l < 6.6sm$ $v = 0$ при $\sigma = 2500nSm/m$.

В настоящей публикации впервые представлены численные результаты по определению перемещения влаги в мерзлых дисперсных средах.

Объяснение наблюдаемых закономерностей предполагает построение адекватной физической модели. В этой модели необходимо учесть роль гравитационных сил, сил поверхностного натяжения, а также динамики диффузионного переноса. Но раньше надо исследовать влияние температуры на перенос воды в мерзлой дисперсной среде.

Работа выполнена при поддержке Российского фонда фундаментальных исследований по проекту № 12-02-31192.

Литература:

1. *Тягунин А.В., Копосов Г.Д.* Механическая смесь гранулированного льда с песком. Тепловые и электрофизические свойства: Монография. – LAP LAMBERT Academic publishing GmbH & Co. KG, 2012. – 188 с.

2. *Тягунин А.В.* Исследование проникновения квазижидкого слоя с поверхности льда в грунт при отрицательных температурах / А.В. Тягунин, В.И. Егочина, А.Ю. Смирнова, И.А. Наговицын // Сборник научных трудов по материалам международной научно-практической конференции «Современные проблемы и пути их решения в науке, транспорте, производстве и образовании '2010». – Одесса, 20 – 27 декабря 2010 г. - Т.8, Физика и математика. – Одесса: Черноморье, 2010. – С. 78 – 80.

3. *Буслаева А.В.* Исследование перехода воды со льда в дисперсную среду при отрицательных температурах / А.В. Буслаева // Матер. XIX Всероссийской научной конференции студентов-физиков и молодых ученых «ВНКСФ-19» – 2013. - Архангельск, 28 марта – 4 апреля 2013 г. С. 92 – 94.

Шевченко В.В., Шевченко И.Ю.
соискатель; доцент, к.т.н,
Алтайский государственный аграрный университет

МАТЕМАТИЧЕСКАЯ МОДЕЛЬ БЕСКОНЕЧНОСТИ

Проблема представления бесконечности в виде математической модели нашла свое решение в решении другой проблемы – открытии «чудесного доказательства» Великой Теоремы Ферма (ВТФ).

Решение проблемы доказательства ВТФ раскрывается в логическом противоречии, содержащимся в формулировке Теоремы, предложенной Ферма. Ключом к решению явилось определение принципа **«запрета априорного отрицания»**, который позволил сформулировать «обратную теорему» [1, 580] и найти «чудесное доказательство» [1, 607] Ферма и элементарное доказательство ВТФ.

Открытие «чудесного доказательства» открывает универсальные свойства натуральных чисел в различных степенях и раскрывает природу «происхождения» факториала [2]. Что привело к пониманию и представлению **Актуального Бесконечного Числа**, которое позволило построить *Тривиальную математическую модель Бесконечности* [3, 31-36].

Проблема доказательства ВТФ

Основная проблема доказательства Теоремы содержится в ее формулировке, записанной Ферма на полях книги Диофанта «Арифметика»: **«Невозможно разложить ни куб на два куба, ни биквадрат на два биквадрата, и вообще никакую степень, большую квадрата на две степени с тем же показателем»**. Где Ферма далее добавил: **«Я открыл этому поистине чудесное доказательство, но эти поля для него слишком узки»**, цитируется из [1, 607].

Рассмотрим логическую структуру высказывания Теоремы.

1) Теорема сформулирована в форме **отрицательного высказывания**, в то время, когда, по определению, «*теорема есть математическое утверждение*» [1, 580].

2) Отрицательной частью высказывания является структура: «*невозможно разложить… вообще никакую степень на две степени…*», что предполагает определенное действие (собственно опыт) - «*разложить степень*», которое осуществить «*невозможно*» - то есть «не существует».

3) Если применить понятие «опыт» в деятельности математика (Ферма), тогда возникает закономерный вопрос (проблема): могла ли Теорема быть высказана в подобной форме **без достаточного основания, т.е. априори - без «опыта»**?

4) Если **достаточным основанием** является действие, которое не

совершено, тогда очевидно логическое противоречие – **отрицается опыт… без него**, что само по себе бессмысленно; либо – **прежде** был тот самый **опыт**, который Ферма назвал «*чудесным доказательством*», а **после этого** была сформулирована Теорема.

5) Следовательно, если существует Теорема в предложенной форме, то существует и **предваряющее Теорему доказательство (опыт)**, **которое Ферма назвал «чудесным»**, и которое опосредованно содержится в формулировке Теоремы. Таким образом, необходимо сделать то, о чем Ферма заявляет – «*невозможно*».

6) Положение «*априори отрицать опыт абсурдно*» имеет принципиальный характер, которое можно определить как «*принцип запрета априорного отрицания*». Следовательно, проблема элементарного доказательства сводится к тому, что бы найти «чудесное доказательство» Ферма, опираясь на указанный принцип.

Элементарное доказательство ВТФ

«Априори отрицать опыт не имеет смысла»

Приведем первоначальную формулировку Теоремы, цитируется из [1, 607].

Теорема Ферма: «*Невозможно разложить ни куб на два куба, ни биквадрат на два биквадрата и вообще никакую степень большую квадрата на две степени с тем же показателем*»: $x^n + y^n \neq z^n$, при $n > 2$.

Поскольку Теорема сформулирована в форме отрицательного высказывания, опираясь на *запрет априорного отрицания*, предлагается доказать **обратную теорему – утверждение**. Так как условием Теоремы Ферма является значение показателя - «больше квадрата», следовательно, условием для **утверждения** будет являться значение «не больше квадрата» или «меньше куба».

Обратная теорема: *Можно разложить степень на две степени только с показателем меньше трех*: $x^n + y^n = z^n$, *ďǎ* $n < 3$.

Доказательство обратной теоремы: Поскольку высказывание относится ко всем числам множества **N**, рассмотрим отношение между числами натурального множества в их последовательности, начиная с единицы.

«Чудесное доказательство», найденное Ферма: если понимать операцию «разложение» обратную операции «сложение», тогда, «разложение» натурального ряда чисел в любой степени **n** есть *конечная разность «назад»* (обозначается -∇- «перевернутая» дельта или – «ре-дельта») [1, 281]. В дальнейшем *конечную разность «назад»* будем называть: ∇ – (*ре-дельта) разность*. Тогда для степени **n**=1 ∇(**N**)^1 =**1** (равна единице):

$$\nabla(N)^1 : 1-2-3-4-5...$$
$$1 \quad 1 \quad 1 \quad 1$$

Найдем ∇- *разность* множества **N** для степеней **n** = 2, 3, 4.

$$\nabla(N)^2 : 1-4-9-16-25...$$
$$3-5-7-9...$$
$$2 \quad 2 \quad 2...$$
$$\nabla(N)^3 : 1-8-27-64-125...$$
$$7-19-37-61...$$
$$12-18-24...$$
$$6 \quad 6$$
$$\nabla(N)^4 : 1-16-81-256-625...$$
$$15-65-175-369...$$
$$50-110-194...$$
$$60-84...$$
$$24...$$

… и т.д. $\qquad\qquad (1)$

Таким образом, имеем то самое **«чудесное доказательство» Ферма, для которого поля будут «слишком узки»** [1, 607].

Анализируя «разложение» (1), **определим свойства ∇-разности множества N с различным показателем n:**

*a) множество N с показателем **n** имеет ∇- разность для всех показателей **n**;*

*b) ∇- разность множества N зависит от показателя **n**, и есть функция показателя – **факториал n - (n!)**;*

*c) ∇- разность ряда N в степени **n** существует для любой группы степеней из **n+1** последовательных чисел.*

Достаточное условие. В общем виде имеем:

$$\nabla(N)^n : \left(1^n - 2^n - 3^n - 4^n - 5^n - ... - n^n - (n+1)^n...\right) - ădódd\acute{r}(i_n)^n$$
$$\alpha_1 - \alpha_2 - \alpha_3 - \alpha_4... - \alpha_{(i-1)} - \alpha_i...$$
$$\beta_1 - \beta_2 - \beta_3... - \beta_{(k-1)} - \beta_k...$$
$$..............................$$ $\qquad (2)$
$$\psi_1 - \psi_2 - \psi_3...$$
$$\omega_1 - \omega_2...$$
$$n!$$

$$\nabla(N)^n = n! \qquad\qquad (3)$$

Если для любой группы степеней $(i_n)^n$ множества N существует *(свойства - a, b):* $\nabla(i_n)^n = n!$ $\qquad\qquad (4),$

тогда ∇- *разность* для всякой группы степеней i_n, содержащей **не больше трех элементов, существует только для показателей n < 3** *(свойство с).*

Необходимое условие. Поскольку Теорема сформулирована *только для трех чисел*, тогда (*необходимое условие*) должна существовать хотя бы одна группа степеней i_n из трех элементов для каждого показателя **n < 3** такая, что больший элемент группы *разложим* на два меньших (контр-пример):

$$(2n-1)^n + (2n)^n = (2n+1)^n \qquad (5).$$

Действительно, такие группы существуют. Данное уравнение имеет решения только для показателей **n** < 3: при **n**=1 имеем 1+2=3; при **n**=2 имеем $3^2 + 4^2 = 5^2$ – «тройка Пифагора».

Таким образом, имеем **общее доказательство ВТФ**:

Существуют такие числа в ряду (N)^n с показателем n < 3, которые можно разложить на два числа с тем же показателем тогда и только тогда:

1. когда для всякой группы степеней последовательных чисел i_n (содержащей не больше трех элементов) в ряду (N)^n существует ∇-*разность (4)*, и

2. найдется такая группа степеней i_n из трех элементов для каждого показателя n < 3, в которой больший элемент разложим на два меньших (5): $x^n + y^n = z^n$ для n < 3, где x<y<z.

Поскольку эти условия невыполнимы для показателей n > 2, следовательно: выражение $x^n + y^n \neq z^n$ **для n > 2 – верно.** ∎

Следствие

*Правомерность найденных **достаточного и необходимого условий доказательства Теоремы** подтверждаются следующим фактом:*

- поскольку ∇- **разность** для кубов существует для любых четырех последовательных чисел (4);
- так же существует такая группа из четырех последовательных чисел, для которой большее число разложимо на три меньших: $3^3 + 4^3 + 5^3 = 6^3$, что соответствует **необходимому условию**;
- следовательно, найдется множество подобных чисел, достаточно умножить исходные числа на любое целое, то мы получим новую группу четверок: $(3x)^3+(4x)^3+(5x)^3=(6x)^3$ – «удивительная четверка» для любого **x** Є **Z**.

Актуальное Бесконечное Число

Опираясь на найденное «чудесное доказательство» **Ферма**, можно заявить следующее:

*Всякое множество (N)^n есть **подмножество N**, поскольку всякая степень числа из N есть также число из N (свойство **рефлексивности N**).*

Так же для любой группы i_n множества N существует $\nabla(i_n)^n = n!,$

тогда, множество **N** *можно представить как такую* **Группу I_N,** *состоящую из* **N+1** *элементов,* **показателем** *которой будет* **Бесконечное Число N: (I_N)^N** *и, соответственно,*

$$\nabla[I_N]^N = N! \tag{8}.$$

Для того чтобы записать **Группу I_N** и факториал **N!, необходимо записать последовательно весь ряд чисел множества N.** Поэтому, в выражении $\nabla[I_N]^N = N!$ показатель **N** *есть такое* **Бесконечное Число,** *запись которого тождественна непрерывной записи множества* **N: 12345...8910111213...99100101102103...999100010011002...** (9).

Поскольку **понятен принцип построения всего Числа, определим** *его как* **Актуальное Бесконечное Число и** *будем обозначать как* **N^A** (где **A** нужно понимать не как показатель степени). Тогда имеем выражение:

$$\nabla[I_N]^{N^A} = N! \tag{10}$$

Если представить выражение (10) по типу (2), тогда мы имеем:

$$N!$$
$$\Omega_1 - \Omega_2 \;///$$
$$\Psi_1 - \Psi_2 - \Psi_3 \;///$$
$$///////// \;/////// \;//////// \;//////// \;/$$
$$B_1 - B_2 - B_3 \;//// - B_{(K-1)} - B_K \;///$$
$$A_1 - A_2 - A_3 - A_4 \;//// - A_{(I-1)} - A_I \;///$$
$$1^{N^A} - 2^{N^A} - 3^{N^A} - 4^{N^A} - 5^{N^A} \;//// - N^{N^A} - (N+1)^{N^A} \;///$$

$$\tag{11}$$

Каждый элемент этого (11) «разложения» на основании свойства «**рефлексивности N**» есть так же некоторое **Бесконечное Число** или **Класс Бесконечности, содержащийся в Бесконечном Числе N^A.** Представленная *Структура* (11) есть **Тривиальная математическая модель Бесконечности.**

Если понимать проблему континуума или континуум-гипотезу как представление конкретного (актуального) бесконечного числа, принцип построения (записи) которого известен, тогда проблему континуума можно считать решенной.

Литература

1. Математический энциклопедический словарь./ Ю.В. Прохоров и др. - М.: Сов. энциклопедия, 1988. - 847с.
2. Шевченко В.В. "Чудесное" доказательство Великой теоремы Ферма [сайт] / URL: http://бесконечное.рф/
3. Шевченко В.В., Шевченко И.Ю. Тривиальная математическая модель бесконечности. / Теоретические и практические вопросы развития научной мысли в современном мире: сб. науч. тр. II Международной науч.-практ. конф.: в 4 ч. Ч.1.- Уфа: РИЦ БашГУ, 2013. – С. 31-36.

Кирсанова М.В.
студентка магистратуры ВГПУ по программе
«Информатика в образовании»;
Малев В.В.
доцент кафедры информатики и МПМ, кандидат педагогических наук,
доцент ВГПУ

ОБ ИСПОЛЬЗОВАНИИ МУЛЬТИМЕДИЙНЫХ ТЕХНОЛОГИЙ В УЧЕБНОМ ПРОЦЕССЕ

Роль информационно-коммуникационных технологий в общеобразовательном процессе определена в документах Правительства РФ, Министерства образования РФ, относящихся к стратегии модернизации образования. Информационно-коммуникационная компетентность – один из основных приоритетов в целях общего образования, и связано это не только с внутриобразовательными причинами. Меняется весь характер жизни, возрастает роль информационной деятельности [5, 132].

Системное, эффективное формирование информационно-коммуникационной компетенции для основной массы учащихся сегодня возможно только при условии использования ИКТ, составляющей которых, в свою очередь являются мультимедийные технологии.

Мультимедийные технологии – это совокупность современных средств теле-, аудио-визуальных и виртуальных коммуникаций, используемых в процессе организации, планирования и управления различных видов деятельности. Средства мультимедиа позволяют создавать базы данных и знаний в сфере культуры, науки и производства [6, 25].

Мультимедийные технологии обогащают процесс обучения, позволяют сделать обучение более эффективным, вовлекая в процесс восприятия учебной информации большинство чувственных компонентов обучаемого [7, 94].

Из исследований института «Евролингвист» в Голландии известно, что большинство людей запоминает 5% услышанного и 20% увиденного. Одновременное использование аудио- и видеоинформации повышает запоминаемость до 40–50%. Мультимедиа программы представляют информацию в различных формах и тем самым делают процесс обучения более эффективным. Таким образом, экономия времени, необходимого для изучения конкретного материала, в среднем составляет 30%, а приобретенные знания сохраняются в памяти значительно дольше.

Мультимедиа и телекоммуникационные технологии открывают новые методические подходы в системе общего образования. Интерактивные технологии на основе мультимедиа позволят решить проблему "провинциализма" сельской школы как на базе Интернет-коммуникаций, так и за счет интерактивных CD-курсов и использования спутникового Интернета в школах.

Сегодня мультимедиа-технологии – это одно из перспективных направлений информатизации учебного процесса [1,83].

Методика использования мультимедиа технологий предполагает:

1. совершенствование системы управления обучением на различных этапах урока;

2. усиление мотивации учения;

3. улучшение качества обучения и воспитания, что повысит информационную культуру учащихся;

4. повышение уровня подготовки учащихся в области современных информационных технологий;

5. демонстрацию возможностей компьютера не только как средства для игры [4, 148].

Мультимедийные уроки помогают решить следующие дидактические задачи:

· усвоить базовые знания по предмету;

· систематизировать усвоенные знания;

· сформировать навыки самоконтроля;

· сформировать мотивацию к учению в целом и к информатике в частности;

· оказать учебно-методическую помощь учащимся в самостоятельной работе над учебным материалом.

Технологию мультимедиа можно рассматривать как объяснительно-иллюстративный метод обучения, основным назначением которого является организация усвоения учащимися информации путем сообщения учебного материала и обеспечения его успешного восприятия, которое усиливается при подключении зрительной памяти. При использовании на уроке мультимедийных технологий структура урока принципиально не изменяется. В нем по-прежнему сохраняются все основные этапы, изменятся, возможно, только их временные характеристики [3, 74].

Применение мультимедиа технологий в образовании обладают следующими достоинствами по сравнению с традиционным обучением:

• допускает использование графики, анимации, звукового сопровождения, гипертекста;

• допускает возможность постоянного обновления;

• допускает возможность размещения в нем интерактивных веб-элементов, например, тестов или рабочей тетради;

• допускает возможность копирования и переноса частей для цитирования;

• устанавливает гиперсвязь с дополнительной литературой в электронных библиотеках или образовательных сайтах;

Мультимедийные технологии превратили учебную наглядность из статической в динамическую, то есть появилась возможность отслеживать изучаемые процессы во времени. Раньше такой возможностью обладало лишь учебно-образовательное телевидение, но у этой области наглядности отсутствует аспект, связанный с интерактивностью [2, 216]. Моделировать процессы, которые развиваются во времени, интерактивно менять параметры этих процессов – очень важное дидактическое преимущество мультимедийных обучающих систем. Тем более, довольно много образовательных задач, связанных с тем, что демонстрацию изучаемых явлений невозможно провести в учебной аудитории, в этом случае средства мультимедиа являются единственно возможными на сегодняшний день.

Таким образом, на смену традиционным технологиям обучения должны прийти новые информационные развивающие педагогические технологии. С их помощью на уроках должны реализоваться такие педагогические ситуации, деятельность учителя и учащихся в которых основана на использовании современных информационных технологий, и носит исследовательский, эвристический характер.

Список литературы

1. Богомолова Е.В. Программа курса «Теория и методика обучения информатике на начальной ступени» // Информатика и образование. – 2007. – №1.

2. Кавинкина И. Н. Использование мультимедийных технологий для развития самостоятельной деятельности студентов. Совершенствование профессионально-педагогической подготовки выпускников университета в образовательном пространстве учреждения образования. – Гродно, ЛБЗ, 2011.

3. Каптерев А.И. Мультимедиа как социокультурный феномен. – Москва: ИПО, 2002.

4. Лыскова В. Ю. Активизация учебно-познавательной деятельности учащихся на уроках информатики в условиях учебно-информационной среды. – Тамбов: Стиль, 1997.

5. Новиков С. П. Применение новых информационных технологий в образовательном процессе. // Педагогика. – 2003. – №9.

6. Тананыхина Ю.А. Использование информационных технологий в учебно-воспитательном процессе начальной школы. // Фестиваль педагогических идей «Открытый урок». – 2008.

7. Селевко, Г.К. Современные образовательные технологии // Учебное пособие. – М.: Народное образование, 1998.

Уразбекова М.К., Аксёнова И.Н.

преподаватели кафедры китайского языка, Евразийского Национального университета, Республика Казахстан

ЦИФРЫ В КУЛЬТУРЕ КИТАЯ

Изучение любого иностранного языка помогает нам ближе познакомится с культурой другого народа. Не исключением является и китайский язык, изучая который, можно узнать не только культуру, но и историю развития китайского общества.

Тем, кто начинает заниматься китайским языком, необходимо уяснить, что большая часть китайской культуры построена на омофонии, именно с ней связаны многие верования китайцев.

Так, особенно внимательно необходимо отнестись к изучению чисел. В данной статье мы рассмотрим значение чисел в китайской культуре.

Как часть древней традиции в Китае испокон веков существует магия чисел, уходящая своими корнями в даосские мистические учения. «Счастливые» и «несчастливые» числа играют немалую роль, как в жизни рядовых китайцев, так и в деловом мире Китая. В целом же, четные числа считаются более удачливыми, чем нечетные. В противовес нашему понятию о более удачливой цифре 7.

В Китае не бывает «не значимых» номеров. Здесь имеет смысл все – этаж, на котором живет гость, день, когда заключена сделка, год вашего рождения, месяц посещения Китая и т.д.

Как уже упоминалось, в Китае особое значение уделяют звучанию слова, поэтому цифра «4» созвучная понятию «смерть» («сы» 四 - 死), считается крайне плохим знаком, и все ее производные, например, «44», «14», «40» очень редко вы встретите в номере сотового или домашнего телефона.

При этом цифры «13» и «666» - так нелюбимые в западной культуре, считаются цифрами, приносящими удачу.

Удачными числом считается, прежде всего «8», не случайно Олимпиада в Пекине была начата 8 августа 2008 г. в 8 часов 8 минут.

«Восьмерка» - один из важнейший символов традиционного и современного китайского бизнеса. Это связано с тем, что произнесение цифры восемь» («ба» 八) похоже на «фа» (发) - «богатство», «процветание».

Примечательно, что в течение очень долго времени Банк Китая несколько искусственно поддерживал отношение доллара к юаню, как 1 к 8 – возможно, именно это способствовало росту китайской экономики .

«Девять» - одно из самых сильных чисел в китайской традиции и современном китайском бизнесе. «Девять» по-китайски звучит как «цзю» (九) - аналогично понятию «долгий», «вечный» («цзю» 久). Поэтому «9», а еще лучше «99» соотносится с чем-то очень устойчивым и успешным. «Небо долговечно», - говорят китайцы, поэтому многие китайские рисунки, символы, названия и логотипы фирм содержат в различных вариациях число «9». Цифра «9» также соотносится с «девятью областями» мира – девятью квадратами, которые покрывают весь цивилизованный мир, за пределами которого живут лишь варвары. И в этом случае «9» намекает на культуру (точнее, на китайскую культуру), на ее всеобщность в противоположность «нравам и обычаям варваров». В некоторых деревнях, когда китайцы преподносят в подарок деньги или платят за выкуп невесты, то дают сумму, кратную именно девяти. Девятка также символ могущества, вечности императорской власти, так на территории императорского дворца Гугун в Пекине стоит знаменитая стена «девяти драконов».

Священным числом считается и 81, поскольку оно дает в сумме «девятку» - самое сильное число в китайской нумерологии. «Зашифрованную» цифру «81» можно встретить в Китае повсеместно, стоит только хорошенько всмотреться, например, на воротах монастырей и храмов можно увидеть 81 язык пламени, на коньке крыш монастырей располагаются изображение 81 животного и т.д.

Число два (эр 二) предполагает вызревание и гармонию взаимоотношений, и является продолжением фундаментальной бинарной оппозиции инь-ян. Китайское сознание вообще двоично и предполагает постоянное наличие двух противоположных форм всякого явления. Это можно увидеть и в самих формах китайского языка. Так вопрос о наличии чего нибудь задается в форме «есть или нет?» (ю мэ ю 有没有), «сколько?» - «много-мало?» (до шао 多少), «какой размер?» - «маленький-большой ?» (да сяо 大小), «далеко ли?» – «близко-далеко?» (юань цзинь 远近). То есть, таким образом, китаец пытается определить некую золотую середину, равновесие между двумя противоположностями. Эта внутренняя гармония, заложенная между противоположностями, выражается в двоичной символике – а поэтому учитывайте «двоичность» некоторых вещей, если будете дарить подарки. На свадебных церемониях присутствует пара красных свечей и пара подушек. Хорошим подарком может стать изображение двух уточек-мандаринок, которые всегда плавают вместе – символ семейного союза. Таким же образом следует дарить или выставлять у себя дома две парных вазы, два изображения львов или тигров, две тарелки, на стену вешаются «параллельные строфы» - парные двустишья и т.д.

У некоторых чисел также есть специальные коннотации из-за их произношения. Так, цифра «шесть» соотносится со звучанием слова «течь», «протекать, гладко» («лю» 六 - 流). Поэтому «шестерка» рассматривается как благопожелание, чтобы «все дела шли гладко».

Традиционно нечетные номера соотносятся в Китае с мужским, сильным началом, и в целом считаются более успешными, чем четные (за исключением «8»). Крайне удачным числом считается «5», во многом это связано с тем, что китайское традиционное мировоззрение рассматривало пять основных стихий мироздания («пять первоэлементов» – усин 五行: земля, вода, дерево, огонь, металл). Все многообразие явлений в традиционном Китае осознавалось кратное пяти: пять основных цветов, пять вкусовых ощущений, пять сторон света (строго говоря, четыре стороны света и центр), а китайская музыка была построена на основе пентатоники.

С числами следует умело «играть» при подношении подарков. Так два парных предмета, подаренных китайцу, означают, что вы желаете ему гармонии его семье. Хотите выразить свои чувства китайской девушке, воспользуйтесь числовой символикой цветов: один подаренный цветок означат «ты – моя единственная любовь»; две розы - «нас лишь двое в этом мире»; три розы означают три иероглифа «во ай ни», то есть «я люблю тебя», а девять – «вечная любовь». Обратите внимание, что в Китае можно дарить как четное, так и нечетное количество цветов (на Западе четное преподносят лишь в траурных случаях).

Следует быть осторожным с сочетанием некоторых цифр, например, не использовать рядом цифры «3» и «8». Дело в том, что в современном китайском сленге «сань ба» («3» и «8» 三八) означают «тупицу», а сегодня все чаще используется для крайне негативной характеристики женщины.

Омофония в китайском языке привела к тому, что нынешнее поколение замещает иероглифы цифрами в интернет чатах и смс сообщениях. Замещаются не только короткие словосочетания как 94 就是 (выражение согласия), но и целые предложения, например: 0564335, что означает 你无聊时想想我（когда тебе скучно, подумай обо мне）.

Китайцы верят в то, что цифры играют большую роль как в жизни отдельного человека, так и в жизни целого государства. Поэтому, изучая китайский язык, необходимо уделять особое внимание культуре и поверьям китайского народа, проводя анализ между культурными особенностями изучаемого языка и культурой родного народа.

Бахтина А.А.
аспирант ННГУ им. Н.И. Лобачевского
salina.alena@yandex.ru

О НЕКОТОРЫХ ОСОБЕННОСТЯХ ЛИТЕРАТУРНОЙ ТРАНСФОРМАЦИИ МЕМУАРНОГО ТЕКСТА (НА ПРИМЕРЕ ВОСПОМИНАНИЙ А.Т. БОЛОТОВА И ИСТОРИЧЕСКИХ ПОВЕСТЕЙ РУССКИХ ПИСАТЕЛЕЙ XX ВЕКА)

Документы играют большую роль в современной жизни, поскольку служат письменной фиксацией определенной информации. Именно на документальные свидетельства обычно ссылаются, чтобы доказать достоверность того или иного факта. В художественной литературе также есть свои «документы»: письма, дневники, записки, заметки и проч. Однако статус этих «материалов о себе» определен недостаточно четко: не всегда ясно, где проходит грань между достоверностью в изображении событий и субъективностью автора, его впечатлениями, эмоциями и т. д.

Благодаря своей двуплановости (исторически достоверная основа и субъективная авторская «нагрузка») мемуарная литература всегда привлекала внимание читателей и исследователей. Чтобы прояснить специфику мемуарной литературы, обратимся к известному определению Ф. Лежена. По его мнению, мемуаристика — это «ретроспективное повествование в прозе, которое ведет какой-нибудь реальный человек о своем собственном бытии, с особым акцентом на своей индивидуальной жизни, в частности на истории своей личности» [3, с. 239]. Сама сущность мемуарной литературы — сплав исторического и субъективного — подталкивает исследователей использовать произведения, написанные в этом жанре, как материал для изучения истории идей и истории быта, поскольку события макро- и микроистории преломляются сквозь призму человеческого сознания. В то же время для литературоведов, писателей и критиков, то есть всех, кто тем или иным образом соприкасается с «изящной словесностью» или является ее субъектом, мемуарная литература больше интересна с художественной стороны. Акцент в данном случае перемещается с того, «что изображено» на «как изображено»; на первый план выходит именно личностная сторона мемуаристики.

Поскольку произведения, относимые к мемуарной литературе, содержат сведения об их авторе и его окружении (шире — об исторической эпохе), то их также следует отнести к документам (в данном случае — к «эго-документам). В художественной литературе отношение к подобным материалам намного «свободнее», нежели, например, в исторической науке: повести ряда писателей XX века продемонстрировали разнообразные варианты трансформаций мемуарного прототекста.

В XX веке было опубликовано несколько исторических повестей, основанных на переработке известных мемуаров — «Жизни и приключений А.Т. Болотова, описанных самим им для своих потомков» (1789–1816 гг.). Начало было положено «Краткой, но достоверной повестью о дворянине Болотове» В.Б. Шкловского (впервые вышла в журнале «Красная новь», 1928 г., отдельным изданием — в 1930 г.), которая при ближайшем рассмотрении оказывается далеко не такой правдивой, как было заявлено в названии. Автор чересчур вольно обошелся с автобиографией А.Т. Болотова, кардинально трансформируя в угоду своим творческим замыслам характер мемуариста и делая из выдающегося ученого XVIII столетия типичного помещика-самодура. В других исторических повестях (Владимир Лазарев. Возрождение в Богородицке, 1977 г.; В. Ганичев. Тульский энциклопедист, 1986 г.; С. Новиков. Болотов, 1983 г.; А. Иванов. Искусство созидательной мудрости, 1988 г.; О. Любченко. Андрей Тимофеевич Болотов, 1988 г.) нравственный облик мемуариста и интерпретация его поступков также подверглись изменениям. Однако если В.Б. Шкловский строил свою повесть целиком на недостатках героя, то перечисленные выше писатели ушли в другую крайность и начали преувеличивать достоинства А.Т. Болотова, замалчивая его «слабости». При этом достоверной картины ни у одного из авторов создать не получилось, несмотря на то, что повести позиционировались ими как исторические или биографические.

Отметим, что каждое произведение, будь то мемуары А.Т. Болотова или же перечисленные повести, зависят как от общей характеристики эпохи, делающей типичным то или иной явление (в случае с переработками мемуаров Болотова — особенности взгляда на автобиографию), так и от особенностей личностного восприятия каждого автора (чем определяется своеобразие каждого произведения). Важно, с одной стороны, рассматривать «эго-документ» как историческое свидетельство, с другой — определить рамки допустимых литературных изменений мемуарного текста. Поскольку рассмотренные произведения написаны в «историческом ключе», то вопрос о соответствии источнику представляется актуальным (при этом речь не идет о том, чтобы строго следовать мемуарам А.Т. Болотова, представляя читателю всего лишь пересказ его произведения; важность работы с мемуарным материалом, на наш взгляд, состоит в том, чтобы, трансформируя оригинал, не искажать общую историческую картину).

Заметим, что в качестве основы для художественной трансформации выступает только субъективная сторона «человеческих документов». События, описываемые в мемуарах, — принадлежность истории, поэтому трансформация фактической стороны неизбежно ведет к антиисторизму. Таким образом, изменениям подвергаются не факты, а отношение мемуариста к ним. При этом трансформация, как правило, строится на «корректировке» нравственного облика героя. В зависимости от поставленных задач это могут быть либо отрицательные, либо положительные качества. Событийная сторона мемуаров, как уже говорилось, не видоизменяется (сюда не относится неизбежное сокращение мемуарного текста до основных биографических сведений), она отвечает за «историчность» художественных повестей.

В качестве основы для трансформации выбирается ряд ключевых эпизодов мемуаров А.Т. Болотова, поскольку именно в них характер мемуариста выступает в «концентрированном» виде. При этом одни (служба в армии, служба при бароне Корфе в Петербурге и взаимоотношения с Г. Орловым, служба в качестве управляющего, описание бунта Емельяна Пугачева, сотрудничество с Н.И. Новиковым и отношение масонству) призваны сформировать нравственный облик героя, поскольку именно в этих «сценах» характер мемуариста выступает наиболее рельефно; другие (общая характеристика литературных пристрастий Болотова, его сотрудничество с Вольным экономическим обществом, издание «Экономического магазина» и связанные с этим исследования по сельской экономике) — должны охарактеризовать его как ученого. Примечательно то, что благодаря полному соответствию противоречивости эпохи русского Просвещения, практически все перечисленные эпизоды могут трактоваться и с положительной, и с отрицательной стороны. Выбор «точки зрения», таким образом, зависит только от творческих задач автора.

Таким образом, характер вносимых изменений зависит от специфики исторической эпохи и диктуется особенностями мировоззрения автора (при этом одни писатели позволяют своей точке зрения доминировать, лишая работу объективности; другие же — делают попытки «встать над материалом»). Заметим, что объективность в большей степени сохраняется при условии следования автором биографической «канве» мемуаров Болотова; если же произведение строится на выборке эпизодов, то велика вероятность чрезмерного субъективизма и искажения исторической картины.

Вопрос о специфике и допустимости литературной трансформации мемуарного текста в настоящее время представляется наиболее актуальным, т. к. все изменения в данном случае строятся на материале, к которому до сих пор не выработано единое отношение. Чересчур вольное обращение с первоисточником неизбежно ведет к нарушению достоверной картины и антиисторизму, что в корне противоречит сущности мемуаристики. Поскольку русская мемуарная литература XVIII века и ее художественные переработки остаются малоизученным материалом, то перед исследователями открываются возможности для детальной проработки данной темы и выявления ряда закономерностей в принципах литературных трансформаций.

Литература:

1. Болотов А.Т. Жизнь и приключения Андрея Болотова, описанные самим им для своих потомков (Вступит. статья и примеч. А.В. Гулыги). М.: Современник, 1986. 767 с.

2. Ганичев В. Тульский энциклопедист. Тула: Приокское книжное издательство, 1986. 160 с.

3. Зарецкий Ю.П. Стратегии понимания прошлого: Теория, история, историография. М.: Новое литературное обозрение, 2011. 384 с.

4. Иванов А. Искусство созидательной мудрости. М.: Молодая гвардия, 1988. 142 с.

5. Лазарев В. Возрождение в Богородицке // В кн.: Лазарев В. Всем миром. М.: Советская Россия, 1987. 304 с.

6. Лежен Ф. В защиту автобиографии // Иностранная литература. 2000. № 4. С. 108–123.

7. Любченко О.Н. Андрей Тимофеевич Болотов. Тула: Приок. кн. изд-во, 1988. 246 с.

8. Новиков С. Болотов. М.: Советская Россия, 1983. 336 с.

9. Шкловский В.Б. Краткая, но достоверная повесть о дворянине Болотове. Л.: Изд-во писателей в Ленинграде, 1930. 188 с.

Ваганов-Вилькинс А.А., Руднев В.С., Яровая Т.П.

Федеральное государственное бюджетное учреждение науки Институт химии Дальневосточного отделения Российской академии наук, проспект 100-летия Владивостоку 159, Владивосток 690022, Россия

Ваганов-Вилькинс Артур Арнольдович, инженер; provolento@mail.ru

Руднев Владимир Сергеевич, д.х.н.; rudnevvs@ich.dvo.ru

Яровая Татьяна Петровна, м.н.с.; tyarovaya@ich.dvo.ru

ПРИМЕНЕНИЕ ЭЛЕКТРОЛИТОВ СУСПЕНЗИЙ-ЭМУЛЬСИЙ ДЛЯ ФОРМИРОВАНИЯ ПЛАЗМЕННО-ЭЛЕКТРОЛИТИЧЕСКИМ МЕТОДОМ НА АЛЮМИНИИ И ТИТАНЕ ОКСИДНЫХ СЛОЕВ ОПРЕДЕЛЁННОГО СОСТАВА

Аннотация

Применение электролитов суспензий-эмульсий позволяет приготовить стабильные, не расслаивающиеся водные электролиты с твердыми частицами полимеров, графита, оксидов, карбидов. Компоненты частиц и частицы встраиваются в покрытия, формируемые на алюминии и титане в таких электролитах методом плазменно-электролитического оксидирования. Покрытия имеют фрагментарное строение поверхности. Среднее содержание металлов дисперсных частиц в условиях эксперимента в поверхностной части покрытий составляет около 1-2,5 ат.%, в отдельных фрагментах составляющих поверхность, достигает 20 ат.%. В поверхностной части покрытия содержат до 70 ат.% углерода.

1. Введение

Оксидно-полимерные покрытия, получаемые на металлах и сплавах, перспективны для применения в качестве защитных, антифрикционных, биосовместимых. Также представляет значительный теоретический и практический интерес разработка подходов введения в оксидный слой на металлах дисперсных частиц различной природы. Покрытия такого состава могут представлять интерес как катализаторы, магнитные и оптические материалы и т.п. Одним из методов, позволяющих получать на металлах и сплавах защитные оксидные слои является плазменно-электролитическое оксидирование (ПЭО) [1]. Недавно нами предложено [2-4] применять для введения политетрафторэтилена (ПТФЭ) в покрытия, формируемые методом ПЭО, электролиты суспензии-эмульсии по аналогии с приемами, используемыми в темплатном синтезе [5]. В качестве эмульгатора использовали силоксан-акрилатную эмульсию. Подход позволяет получать стабильные, не расслаивающиеся с течением времени электролиты с введенными в них частицами, придать частицам отрицательный заряда, с тем, чтобы они перемещались к анодно поляризованному образцу.

С нашей точки зрения, предложенный подход перспективен для формирования в одну стадию покрытий не только с ПТФЭ, но и с различными полимерами, графитом, оксидами, стеклами, высокодисперсными металлическими частицами, порошковыми красками и другими частицами и соединениями, способными встраиваться в мицеллы силоксан-акрилатной эмульсии или сорбировать мицеллы на поверхность.

2. Экспериментальная часть

Покрытия формировали методом ПЭО на сплаве алюминия АМг 5 и титана ВТ1-0 при эффективной плотности тока $0,03 - 0,06$ А/см^2, время обработки 10-20 минут. В нашем исследовании для получения покрытий применялся базовый электролит-эмульсия состава: 10,6 г/л $Na_2SiO_3 \cdot 5H_2O$ + 2 г/л NaOH + 100 мл/л эмульсия, в который вводили дисперсные частицы различной природы. Применяли промышленную силоксан-акрилатную эмульсию марки КЭ 13-36, производства ООО «Астрохим» Россия. Использовали порошки различной природы дисперсностью от 400 нм до 5 мкм. Дисперсный порошок ПТФЭ (основная фракция ~ 1 мкм) предоставил к.х.н. К.А. Цветников. Концентрацию частиц в электролите подбирали опытным путём: политетрафторэтилен (ПТФЭ) 10-60 г/л, графит 10 г/л, V_2O_5 2 г/л, B_2O_3 10 г/л, Al_2O_3 5 г/л, TiC 5 г/л.

3. Результаты и обсуждение

Увеличение концентрации порошка ПТФЭ в электролите приводит к росту толщины формируемых покрытий, а так же к увеличению угла смачивания до $105°$. По данным рентгенофазового анализа с концентрации порошка ПТФЭ 40 г/л в покрытиях обнаруживаются рефлексы, соответствующие ПТФЭ. Согласно данным рентгеноспетрального микрозондового анализа, табл.1, все исследуемые покрытия содержат значительные количества углерода.

С увеличением в электролите концентрации частиц ПТФЭ, количество кислорода в покрытиях постепенно уменьшается от 35 до 12, алюминия от 5 до 0, кремния от 5 до 0.5 ат%. Одновременно при концентрациях порошка ≥ 30 г/л в покрытиях фиксируется фтор.

Таблица 1. Элементный состав(ат.%)покрытий

ПТФЭ	C	O	F	Al	Si

10 г/л	54.9	34.7	-	8.1	1.6
20 г/л	44.5	39.4	-	9.3	5.7
30 г/л	53.9	34.5	1	5.1	4.8
40 г/л	69.9	24.5	1	1.5	2.9
50 г/л	65.1	18.9	15.2	0.1	0.8
60 г/л	58.1	12	29.2	-	0.6

Его содержание постепенно увеличивается от 1 до 30 ат%. Эти результаты указывают, что при концентрациях порошка ПТФЭ в электролите более 30 г/л, в анализируемой микрозондовым методом поверхностной части покрытий, увеличивается содержание политетрафторэтилена или продуктов его деструкции под действием электрических пробойных явлений. При концентрации порошка 60 г/л поверхностная часть покрытий преимущественно состоит из политетрафторэтилена и продуктов его распада, при этом содержание в ней алюминия и кремния минимально.

Достаточно необычно строение поверхности и состав характерных образований на поверхности покрытий, сформированных в электролитах-эмульсиях содержащих 50 – 60 г/л порошка ПТФЭ. Из данных рис.1 видно, что поверхность заполнена частичками ПТФЭ, они наполняют дефекты (трещины), рис. 1 –а), поры, рис.1- б, в, г).

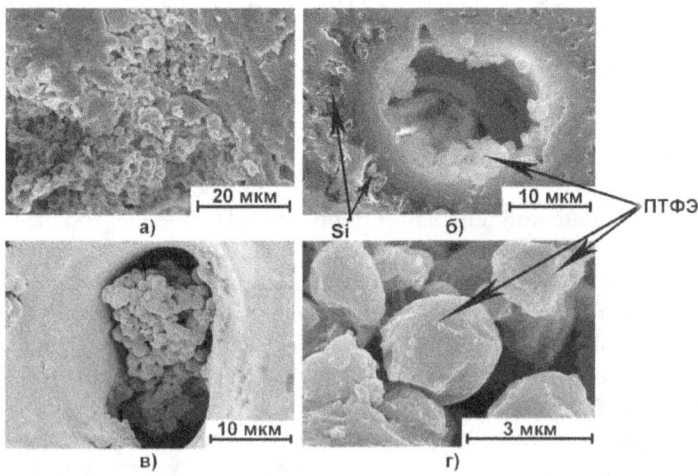

Рис. 1. Морфология поверхности покрытий на сплаве алюминия АМг 5.

Наличие на поверхности и в глубине покрытий частиц политетрафторэтилена, придаёт им повышенную износостойкость табл. 2.

Таблица 2. Влияние концентрации порошка ПТФЭ в электролите на износостойкость сформированных покрытий

№	Концентрация частичек ПТФЭ в электролите	Время истирания
1	0 (исходное)	~1 с
2	10 г/л	~1 с
3	20 г/л	~1 с
4	30 г/л	137 с
5	40 г/л	4 ч 25 мин
6	50 г/л	Более 10 ч
7	60 г/л	Более 10 ч

Предложенный подход был применён для формирования на титане покрытий с графитом. Для этого в силикатный электролит вводили эмульсию и 10 г/л дисперсных частичек графита. Были получены покрытия толщиной 56 мкм. Поверхность состоит из черных участков и размещенных на них неоднородных «островковых» структур. Анализ состава черных участков показал, что они нацело состоят из углерода (100 ат.% С). Расположенные на черном участке островковые образования имеют состав, ат.%: 53.5 С; 40.8 О; 5.8 Si. Рентгенофазовый анализ показывает наличие графита в покрытии.

Элементный состав покрытий на алюминии, сформированных в электролите-эмульсии с оксидами и карбидом, приведён в табл. 3.

Таблица 3. Толщина и элементный состав покрытий

Электролит +	Толщина и элементный состав покрытий, ат.%						
	h, мкм	С	О	Al	Si	V	Ti
V_2O_5	54	64.6	26	0.4	6.4	2.6	-
B_2O_3	20	50.5	35,7	7.7	6.1	-	-
Al_2O_3	52	73.1	24.5	1	1.4	-	-
TiC	16	62.4	30	4	2.6	-	1

Как видно из таблицы, поверхностная часть покрытий построена преимущественно на основе компонентов электролита. Среднее по поверхности содержание ванадия, алюминия и титана относительно не велико и составляет величину около 1-2,5 ат.%. Между тем, на поверхности имеются отдельные фрагменты, содержащие до 20 ат.% этих элементов. Наличие частиц Al_2O_3 и TiC в покрытии обнаруживается методом рентгенофазового анализа.

4. Заключение

Таким образом, применение силоксан-акрилатной эмульсии позволяет приготовить стабильные, не расслаивающиеся водные электролиты суспензии-эмульсии с твердыми частицами оксидов, ПТФЭ, графита, карбида размерами до 5 мкм. Частицы или их компоненты встраиваются в формируемые методом ПЭО в таких электролитах на алюминии и титане покрытия, заметно меняя состав и морфологию поверхности. Более детальное исследование покрытий показало, что они имеют фрагментарное, возможно слоистое строение поверхностной части. В целом, полученные экспериментальные данные показывают, что подход с применением электролитов суспензий-эмульсий перспективен для встраивания в покрытия различных по природе частиц и полимеров.

Литература

[1] Гордиенко П.С., Руднев В.С. Электрохимическое формирование покрытий на алюминии и его сплавах при потенциалах искрения и пробоя. Владивосток: Дальнаука, 1999. 232 с.
[2] Руднев В.С., Ваганов-Вилькинс А.А., Недозоров П.М., и др. // Физикохимия поверхности и защита материалов, 2013, том 49, № 1, с. 95-103
[3] Руднев В.С., Ваганов-Вилькинс А.А., Недозоров П.М., и др. // Журнал прикладной химии, 2012, том 85, № 8, с. 1201-1207
[4] Патент РФ №2011151561
[5] Авраменко В.А., Братская С.Ю., Егорин А.М. и др. // Доклады академии наук. 2008. Т.422. №5. С.625.

Каткова К.С., Миннуллин Р.Р., Бахтиярова Ю.В.
г. Казань, Казанский (Приволжский) Федеральный Университет,
Химический институт им.А.М.Бутлерова
julbakh@mail.ru

НОВЫЕ МЕТОДЫ ОЧИСТКИ И СТАБИЛИЗАЦИИ НЕСТАБИЛЬНЫХ КАРБОКСИЛАТНЫХ ФОСФАБЕТАИНОВ

Ранее была разработана методика синтеза фосфабетаинов на основе третичных фосфинов и непредльных карбоновых кислот [1]. Однако, бетаиновые структуры нестабильны и склонны включать в свою структуру молекулы протонодонорных реагентов или растворителей. Также отмечалось, что реакции образования фосфабетаинов могут быть равновесными. Кроме того, в ходе реакции часто образуется соответствующий фосфиноксид. В связи с этим, зачастую наблюдаются определенные трудности с получением и выделением фосфабетаинов.

Чаще всего проблемы с выделением химически чистого продукта наблюдались в реакциях с трифенилфосфином. Это и понятно, так как он является менее нуклеофильным по сравнению с трибутил-, трициклогексил- и метилдифенилфосфинами [1].

В связи с этим мы разрабатывали новую методику синтеза фосфабетаинов на примере реакции трифенилфосфина с коричной кислотой. Эта реакция является равновесной, протекает очень длительное время, даже при нагревании, и часто в качестве продукта реакции нами выделялся трифенилфосфиноксид, образующийся, как было установлено ранее, в результате разложения фосфабетаина через промежуточно образующийся фосфоран:

Коричная кислота содержит в β-положении фенильную группу, которая может вступать в сопряжение с C=C кратной связью, понижая ее активность и тем самым препятствуя нуклеофильной атаке трифенилфосфина. А так как фосфабетаин **1**, полученный на основе трифенилфосфина и коричной кислоты, содержит в β – положении оптически активный атом углерода, то данный бетаин может представлять интерес как биологический активный объект.

В таблице 1 приведены продукты реакций различных третичных фосфинов с коричной кислотой. Структура некоторых из них доказана рентгеноструктурным анализом. В трех случаях мы наблюдаем полный перенос протона от коричной кислоты к бетаину. В то же время, фосфабетаин **7** вообще не включает в свою кристаллическую решетку молекул протонодонорных реагентов.

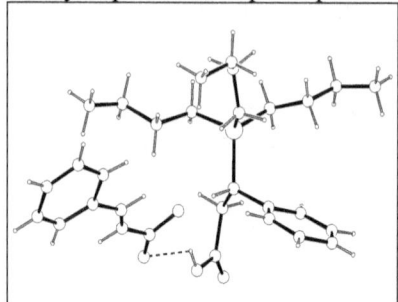

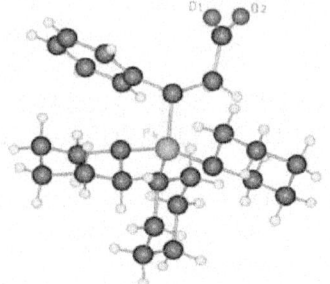

Рис. 1. Молекулярная структура фосфониевой соли **2**

Рис.2. Молекулярная структура бетаина **4**

Таблица 1. Продукты реакций третичных фосфинов с коричной кислотой

	$T_{пл}$, ^0C	δ_p м.д.	$\nu_{(coo^-)}$ см$^{-1}$	$\nu_{(cooh)}$ см$^{-1}$	РСА
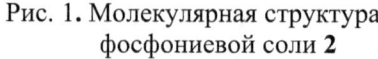 Ph$_3$PCH—CH$_2$COOH ··· O⁝CCH=CHPh | Ph **1**	153	24.3	1600		
Bu$_3$PCH—CH$_2$COOH ··· O⁝CCH=CHPh | Ph **2**	122	36	1600	1700	РСА
Ph | Ph$_2$PCH—CH$_2$COOH ··· O⁝CCH=CHPh | CH$_3$ **3**	142	27.3	1615		
(C$_6$H$_{11}$)$_3$PCH—CH$_2$C(O)(O) | Ph **4**	132	33.2	1600		РСА

Как уже отмечено выше, труднее всего протекает реакция трифенилфосфина с коричной кислотой. Она носит равновесный характер и никогда не протекает на 100 %. Нам не всегда удавалось выделить в ходе реакции соответствующий целевой продукт.

При комнатной температуре реакция протекает очень медленно в среде ацетонитрила. В реакционной смеси всегда присутствовали три сигнала атома фосфора. Один из них принадлежит исходному фосфину (δ_p = -3 м.д.) и имеет интегральную интенсивность ~50%, второй сигнал принадлежит целевому фосфабетаину **1** (δ_p 27 м.д., ~30% по интегральной интенсивности), и третий сигнал (δ_p 34 м.д., ~20% по интегральной интенсивности) – трифенилфосфиноксиду.

$$Ph_3P \ + \ Ph{-}CH{=}CH{-}COOH \longrightarrow \overset{\oplus}{Ph_3P}{-}\underset{\underset{\underset{\textbf{1}}{Ph}}{|}}{CH}{-}CH_2{-}COO^{\ominus} \ + \ Ph_3P{=}O$$

Разделить смесь не представлялось возможным, так как наряду с тремя различными соединениями фосфора реакционная смесь содержит смолообразную массу. Наличие смолообразной массы косвенно подтверждает образование фосфорана, что, конечно, является важным фактом в теоретическом аспекте, но на практике затрудняет получение целевого фосфабетаина. Более того, при стоянии реакционной смеси доля фосфиноксида все более нарастает, а целевого продукта падает.

Основываясь на представленных выше экспериментальных данных, нами предложен эффективный метод разделения таких сложных реакционных смесей, базирующийся на различной растворимости компонентов реакционной смеси в воде. Известно, что фосфабетаины хорошо растворяются в воде, тогда как остальные исходные реагенты и продукты диспропорционирования не растворяются вовсе. Поэтому в реакционную смесь мы добавили большое количество воды. В итоге, смола и непрореагировавший трифенилфосфин, а также трифенилфосфиноксид в присутствии воды выпали в осадок и были отфильтрованы. А собранный фильтрат содержал только фосфабетаин. Мы удалили растворитель в вакууме и выделили чистый фосфабетаин, что подтверждается ЯМР ^{31}P спектром выделенного чистого образца с δ_p 27 м.д. Тпл. = 180 ^{0}C – 219 ^{0}C (разл.)

Таким образом, нами предложена эффективная методика очистки и выделения фосфабетаина на основе трифенилфосфина и коричной кислоты с выходом около 30%, которая, безусловно, может быть перенесена и на другие аналогичные случаи.

Список используемой литературы:

1. Бахтиярова Ю.В. Синтез карбоксилатных фосфабетаинов / Ю.В.Бахтиярова, И.В.Галкина, В.И.Галкин // Учебно-методическое пособие, Казан. (Прив) фед. ун-т. – Казань, 2013. - 41 с.

Колесникова О.В.
кэн., доцент кафедры «Маркетинг и логистика»,
Самарина О.А.
студентка бакалавриата по
направлению «Торговое дело» Финансовый университет

ЦЕНОВАЯ ПОЛИТИКА И КАЧЕСТВО ПРОДУКЦИИ

Для успешной предпринимательской деятельности в условиях современной рыночной экономики необходимо использовать хорошо проработанную и научно обоснованную ценовую политику.

Установление цены на товар - своеобразное искусство: низкая цена вызывает у покупателя ассоциацию с низким качеством товара, высокая – исключает возможность приобретения товара многими покупателями и ограничивает круг лиц, которые могут купить данный продукт.

Таким образом, необходимо правильно сформулировать ценовую политику фирмы, не забывая о взаимосвязях.

Есть два подхода к определению теории цены. Сторонники одного из них считают, что цена товара выражает его стоимость. Сторонники другой теории полагают, что цена товара представляет собой сумму денег, которую покупатель готов заплатить за товар определенной полезности. Из этого следует, что цена — денежное выражение стоимости товара.

Выбор целей и задач, подходов и методов при формировании цен на продукцию определяют ценовую политику предприятия.

Извлечение максимальной прибыли достигается либо с помощью увеличения цены единицы продукции, либо через увеличение объёма продаж. Правильно проводимая ценовая политика предприятия помогает решить, что лучше: увеличить объёмы продаж, чтобы при низкой цене достичь большей величины прибыли, или уменьшить объёмы продаж, чтобы получить ту же величину прибыли, реализуя продукцию по высокой цене.

Коренное отличие рыночного ценообразования от централизованного установления цен заключается в том, что реальный процесс формирования цен происходит не в сфере производства, а в сфере реализации продукции, т.е. на рынке под воздействием спроса и предложения, товарно-денежных отношений.

Цена товара и его полезность проходят проверку рынком и окончательно формируются на рынке, из чего следует, что наши представления о стоимости товара и цене как экономических категориях рынка радикальным образом изменяются. Поскольку лишь на рынке происходит общественное признание продуктов как товаров, то и стоимость их получает общественное признание через механизм цен только на рынке.

В большинстве случаев, предприятия реализовывают свои товары и услуги по ценам, которые устанавливают самостоятельно (либо на договорной основе), и только в отдельных случаях, предусмотренных законодательными актами,— по государственным ценам.

Механизм ценообразования в условиях рыночных отношений проявляется в динамике цен. Она образовывается под воздействием двух важных факторов — стратегического и тактического.

Согласно стратегическому фактору цены образуются на основе стоимости товаров.

Тактический фактор заключается в том, что цены на товары формируются под влиянием конъюнктуры рынка.

Одна из концепций определения цены опирается на определение её как суммы денежных затрат в лучшем варианте использования производственных ресурсов. Рыночная цена товара зависит не только от затрат изготовителя, но и от оценки полезности затрат покупателем. Цена – самостоятельная величина, для определения которой оценка покупателя имеет набольшую значимость.

Рассмотрим ценовую политику компании Х5 Retail Group, крупнейшей в России продовольственной розничной компании по объемам продаж. Компания управляет магазинами нескольких форматов: «мягкими» дискаунтерами под брендом «Пятерочка», супермаркетами под брендом «Перекресток», гипермаркетами под брендом «Карусель», а также магазинами «у дома» под различными брендами.

Самая масштабная сеть магазинов компании – магазины «Пятёрочка». Потребительский сегмент: более 100 млн. россиян – 70% населения страны со средним и низким доходом, чувствительных к ценам, совершающих покупки рядом с домом несколько раз в неделю.

Показатели	2009 год	2010 год	2011 год	Отношение 2011 г. к 2010 г., в %	Отношение 2011 г. к 2009 г., в %

1. Торговая площадь, кв. м	493 016	586 331	872460	48,8	76,9
2. Количество магазинов	1 039	1 392	2 785	100,1	168,1
3. Ассортимент, количество наименований	от 2 200 до 3 900	от 2 200 до 3 900	от 2 200 до 3 900	100	100
4. Количество чековых транзакций в день	более 1,8 млн	более 2,2 млн	более 4 млн	~122,2	~81,8
5. Средний чек, руб.	254	266	279	4,9	9,8
6. Продажи на кв. м, руб./год	378 349	424 110	528594	24,6	39,7

В течение трёх лет площадь магазина возросла почти вдвое, практически в два раза увеличилось количество чековых транзакций в день. Средний чек вырос на 25 рублей, что говорит о невысоком росте цен, несмотря на инфляцию.

Второй вид магазинов компании – супермаркеты «Перекрёсток». Потребительский сегмент: около 30 миллионов россиян с высоким и средним доходом.

Показатели	2009 год	2010 год	2011 год	Отноше ние 2011 г. к 2010 г., в %	Отноше ние 2011 г. к 2009 г., в %
1. Торговая площадь, кв. м	284 359	313 024	683671	118,4	140,4
2. Количество магазинов	275	301	321	6,6	16,7
3. Ассортимент, количество наименований	от 6 000 до 16000	от 6 000 до 16000	до 16 000	100	100
4. Количество чековых транзакций в	более 600 000	~720000	~ 800000	~11,1	~33,3

день	361	364		3,8	4,7
5. Средний чек, руб.	360 446	332 585		11,6	3
6. Продажи на кв. м, руб./год			378 371294		

Третьей сетью магазинов компании является сеть гипермаркетов «Карусель». Потребительский сегмент: около 120 миллионов россиян с самым разным семейным бюджетом, приезжающих в магазин на машине, в основном в выходные им нужен широкий выбор продовольственных и непродовольственных товаров по низким ценам.

Показатели	2009 год	2010 год	2011 год	Отношение 2011 г. к 2010 г., в %	Отношение 2011 г. к 2009 г., в %
1.Торговая площадь, кв. м	285 581	351753	349623	-0,6	22,4
2.Количество магазинов	58	71	70	-1,4	20,7
3.Ассортимент, количество наименований	от 20000 до 50000	от 20000 до 50000	от 30 000 до 50 000	100	100
4. Количество чековых транзакций в день	более 280 000	более 300 000	около 300000	~100	~7,1
5. Средний чек, руб.	616	619	625	1	1,5
6. Продажи на кв. м, руб./год	230 747	219 653	224817	2,4	-2,6

С 2009 на 2010 год площадь магазинов выросла, однако было принято решение о сокращении магазинов и к 2011 году она была снижена на 0,6%.

Важным фактором, влияющим на ценообразование товаров компании X5 Retail Group является огромный оборот, за счёт которого цена некоторой продукции может быть снижена практически до её стоимости. На конец 2011 года компания X5 Retail Group занимала 5,8% розничного рынка, а общая площадь предприятия выросла практически вдвое.

Огромный масштаб компании X5 Retail Group позволяет ей использовать различные методы ценообразования. Например, компания имеет линию товаров «Красная цена», при установлении цены на которую используются методы полных издержек формирования цен и методы затратного ценообразования. В магазине Пятёрочка можно встретить продукты, цена которых часто не отражает меры ценности товара для конечного потребителя и не учитывает спроса, в результате чего может быть ниже или выше цены, за которую покупатели готовы приобрести товар.

Сравнение цен некоторые продуктов линии «Красная цена с другими производителями

	Вес	«Красная цена»	Другой производитель
Спагетти	400г	7,25 руб	18,25 руб («Макаронные изделия ладные»)
Торт шоколадный вафельный	250г	26,85 руб	44,95 руб («Королевские традиции»)
Манная крупа	900г	13.45 руб	23.90 руб («Дивница»)
Рис круглозерный	900г	19.90 руб	49.90 руб («Дивница»)

Успех компании X5 заключен в том, что она угадывает пожелания потребителей. В магазинах «Пятёрочка» мы можем увидеть продукты с очень низкими ценами, в том числе продукты серии «Красная цена», составы которых включают в себя множество добавок и консервантов. Но потребительский сегмент этих магазинов таков, что продукция имеет успешный сбыт. В подобные магазины «у дома» часто ходят пенсионеры, для которых фактор цены является главнее фактора качества продукции. Часто пожилые люди даже не читают состав товара. Покупатель хочет магазин поближе и подешевле, что и предоставляет ему компания X5 Retail Group.

Если же покупатель выбирает продукты в соответствии с качеством, он может приобрести товары в супермаркетах «Перекрёсток». Здесь представлена продукция с более высоким уровнем качества, и, соответственно, уровнем цен. Магазины «Перекрёсток» находят «своего» покупателя. В основном это молодые и среднего возраста люди, задумывающиеся о том, что они едят, и изучающие состав продуктов.

Гипермаркеты «Карусель» - магазины, куда приезжать покупать еду на неделю. Определяющим является наличие машины у покупателей, что говорит о достаточном уровне заработка. Здесь можно найти товары и низкого качества, и среднего, так как производитель при огромном обороте не ограничен ценовыми рамками.

Таким образом, компания X5 Retail Group ведёт очень продуманную политику, учитывающую потребности потребителей и приносящую успех. Низкие цены – конкурентное преимущество, которое в глазах потребителя играет решающую роль. Несмотря на наличие линий гипермаркетов и супермаркетов, основную прибыль компании всё же приносят магазины «Пятёрочка». Это обусловлено практическим отсутствием среднего класса в России и большого числа покупаталей с низким уровнем дохода, которые и обеспечивают компании огромный оборот.

Список литературы:
1. Герасименко В.В. – Ценообразование, Инфра-М, 2005
2. Котлер Ф., Армстронг Г. - Основы маркетинга, Пер с англ. 20 европейское издание спб.: Ид «Вильямс», 2009
3. Шуляк П.Н. - Ценообразование: Учебно-практическое пособие, Дашков и К, 2010
4. Эванс Дж.Р., Берман Б. - Маркетинг, Сирин, 2004
5. http://www.x5.ru/
6. http://fr.x5.ru/

Низамова Д.Р.
аспирант заочной формы обучения по специальности:
«Экономика и управление народным хозяйством» (08.00.05)
ГБУ «Центр перспективных экономических исследований»
Академии наук Республики Татарстан

ЭФФЕКТИВНОСТЬ УПРАВЛЕНИЯ ПРОМЫШЛЕННОЙ ИНФРАСТРУКТУРОЙ ОСОБОЙ ЭКОНОМИЧЕСКОЙ ЗОНЫ: МЕТОДЫ И ПОДХОДЫ К ОЦЕНКЕ

Развитая промышленная инфраструктура является важным фактором инвестиционной привлекательности особой экономической зоны (ОЭЗ). Это является одной из причин того, что развитием промышленной инфраструктуры необходимо эффективно управлять.

Управление инфраструктурой – это целенаправленная деятельность, ориентированная на формирование потенциальных возможностей развития для эффективного выполнения функций инфраструктуры.

Главными задачами управления промышленной инфраструктурой ОЭЗ выступают:

- соответствие темпов развития промышленной инфраструктуры темпам развития особой экономической зоны;

- оценка состояния промышленной инфраструктуры и ее роли в развитии особой экономической зоны.

Для того чтобы оценить эффективность управления промышленной инфраструктурой ОЭЗ, необходимо прежде всего определить основные методы и подходы оценки.

Автором проведена работа по их поиску и структурированию, результат которой представлен в таблице 1.

Таблица 1

Методы оценки эффективности управления промышленной инфраструктурой особой экономической зоны

	Метод оценки
Авторский подход А.И.Кузнецовой	сетевой; финансового менеджмента; программно-целевое планирование
Авторский подход Альбитера Л.М.	основан на выделении ресурсной, организационной, инновационной составляющих оценки
Авторский подход Гребнева Е.Т	доведение качества услуг промышленной инфраструктуры до нормативного уровня
Авторский подход Низамовой Д.Р.	основан на оценке взаимовлияния эффективности функционирования резидентов ОЭЗ, особой экономической зоны и экономики региона/страны
Теория ограничений систем Голдратта Э.	нахождение ограничителя («узкого места») развития инфраструктуры ОЭЗ и управление им
Методика Министерства экономического развития РФ	выделение показателей оценки эффективности функционирования ОЭЗ, выполнение прогнозно-плановых показателей, балльная система оценки

Рассмотрим данные методы и подходы более подробно.

Как видно из таблицы, в настоящее время в экономической литературе можно встретить авторские подходы к оценке эффективности управления промышленной инфраструктурой. Так, например, А.И.Кузнецова выделяет следующие методы:

- сетевой (суть которого заключается в интеграции информации, знания, взаимодействии людей и новых высоких технологий посредством информационных коммуникаций);

- финансового менеджмента (проведение финансового анализа промышленной инфраструктуры, определение системы взаимосвязанных показателей, использование данных статистической отчетности, оценка текущих и стратегических финансовых возможностей и эффективности капитальных вложений в развитие инфраструктуры);

- программно-целевое планирование (разработка планов, программ развития промышленной инфраструктуры, использование методов экономико-математического моделирования) [3].

Альбитер Л.М. выделяет концепцию управления промышленной инфраструктурой на основе трех составляющих - ресурсной, организационной, инновационной - каждой из которых присущи свои методы и инструменты управления (автор использует методологию управления ресурсами, методологию процессного и проектного управления, методы институционального развития, мотивации, разграничения функций и ответственности, способы линейного, матричного, дивизионального и проектно - ориентированного управления, методологию управления инновациями, формирования и реализации инновационных изменений, способы системных, количественных и качественных преобразований объекта управления) [1].

Также интересен подход совершенствования управления производственной инфраструктурой Гребнева Е.Т, изложенный в его труде 1983, где автор дает определение производственной инфраструктуре как сфере деятельности по обслуживанию производства, которая заключается в создании материальных условий для обеспечения непрерывного воспроизводства, для формирования потребительных стоимостей и их реализации по времени, месту и количеству. Исходя из этого автор считает, что основная цель производственной инфраструктуры – обеспечить определенное качество и количество услуг и как следствие задача совершенствования управления инфраструктурой заключается в доведении качества данных услуг до нормативного уровня. Чтобы это осуществить, необходимо определить основные этапы совершенствования управления инфраструктурой и действия на каждом этапе [2, с.5].

Рис.1. Схема совершенствования управления производственной инфраструктурой [2, с.28]

Далее определяются действия на каждом этапе.

1)   Изучается действующая технология управления (как есть)

2)   Дается анализ необходимости и возможности изменения действующей технологии управления

3)   Проводится синтез мероприятий по совершенствованию действующей технологии управления

4)   Рассчитывается эффективность (оценка трудозатрат, влияния выявленных резервов управления на качество решения управленческой задачи)

5)   Проектируется и внедряется мероприятие по совершенствованию инфраструктуры

При определении направлений совершенствования управления промышленной инфраструктуры ОЭЗ можно также использовать основы теории ограничений систем Элияху Голдратта. А именно найти ключевой ограничитель («узкое место») развития инфраструктуры ОЭЗ и управлять им в целях достижения эффективности ее функционирования. Основной особенностью данной методологии является то, что делая усилия над управлением данным ограничителем, можно достичь большего эффекта, чем от одновременного воздействия на все или большинство проблемных областей, влияющих на развитие промышленной инфраструктуры ОЭЗ.

Схематично данный подход можно представить в виде рисунка 2 [составлен автором].

Рис.2. Схема выработки управленческого решения по теории ограничений системы Голдратта

Как видно из рисунка, методологически теория ограничений включает в себя поиск ограничений, выявление управленческого противоречия, выбор решения и его внедрение. Преимущество применения данного подхода заключается в том, что теория ограничений (ТОС) позволяет оптимизировать в первую очередь узкое место, самое слабое звено, препятствующее эффективному развитию объекта исследования.

Согласно авторскому подходу Низамовой Д.Р., особенность промышленной инфраструктуры ОЭЗ обусловлена тем, что различные ее объекты, с одной стороны, функционируют как самостоятельные виды производства, с другой стороны, выступая общим условием и соединяя всех резидентов в составе особой зоны, воздействуют на общую эффективность. То есть эффективность функционирования резидентов ОЭЗ отражает эффективность функционирования всей зоны, которая в свою очередь вносит вклад в развитие экономики региона и страны в целом. И именно инфраструктура зоны в данном случае является тем объектом, уровень развитости (эффект от развития) которого способствует экономии затрат ее резидентами (рис.3) [составлен автором].

Рис.3. Взаимовлияние эффективности функционирования резидентов ОЭЗ, особой экономической зоны, экономики региона и страны в целом

В продолжение данной схемы, можно отразить эффект инвестирования в развитие промышленной инфраструктуры ОЭЗ как для резидентов ОЭЗ, так и для экономики региона/ страны (табл. 2) [составлена автором].

Таблица 2

Эффект инвестирования в развитие промышленной инфраструктуры ОЭЗ

Для резидентов ОЭЗ	*Для экономики региона, страны*
1. Экономия затрат при реализации проектов (наряду с таможенными и налоговыми льготами снижение издержек до 20%) 2. Увеличение объемов производимой продукции 3. Увеличение количества созданных рабочих мест	1. Увеличение налоговых поступлений в бюджет 2. Привлечение инвестиций 3. Развитие высокотехнологичных отраслей и импортозамещающих производств 4. Увеличение доли продукции ОЭЗ в ВВП региона (ВРП)

Если рассматривать алгоритм оценки эффективности функционирования объекта исследования в целом, как правило он выглядит следующим образом (рис.4) [составлен автором]:

Рис.4. Алгоритм оценки эффективности функционирования объекта исследования

То есть вначале определяется перечень факторов, оказывающих наибольшее влияние на развитие объекта исследования, затем выделяются основные показатели данных факторов и в итоге рассчитывается интегральный показатель уровня развития объекта исследования.

Примером может служить методика, описанная в Проекте Постановления Правительства РФ 2013 года «Об утверждении Порядка оценки эффективности функционирования особой экономической зоны». Ее сущность заключается выделении определенных показателей оценки эффективности функционирования особых экономических зон и определении критерия оценки - выполнения прогнозно-плановых значений по каждой группе показателей. Итоговое значение суммарного показателя функционирования особой экономической зоны по выполнению прогнозно-плановых показателей определяется как среднее взвешенное значение.

На основании полученных средневзвешенных значений производится оценка эффективности функционирования особой экономической зоны за отчетный период и за период с начала функционирования особой экономической зоны. При этом критерии оценки ранжируются по пятибалльной шкале, от эффективного (5 баллов) до неэффективного (менее 1 балла) уровня функционирования ОЭЗ [4].

Все вышеперечисленные методы и подходы позволяют оценить эффективность управления промышленной инфраструктурой ОЭЗ и использовать полученные результаты исследования для разработки рекомендаций по ее совершенствованию.

Список использованных источников

1. Альбитер Л.М. Методология управления производственной инфраструктурой промышленного комплекса: автореф. дис. на соискание степени д-ра экон. наук. – Москва, 2012

2. Гребнев Е.Т., Нестеров Н.А. Совершенствование управления производственной инфраструктурой и его эффективность. Учебное пособие. - Москва, 1983

3. Кузнецова А.И. Инфраструктура: Вопросы теории, методологии и прикладные аспекты современного инфраструктурного обустройства. Геоэкономический подход. Изд.2-е. – М.: КомКнига, 2010

4. Проект постановления Правительства РФ «Об утверждении dорядка оценки эффективности функционирования особой экономической зоны». – URL:
http://www.economy.gov.ru/minec/about/structure/depOsobEcZone/index docs

Сербов Н.Г.

кандидат географических наук, доцент, Украина, Одесский
государственный экологический университет
serbov@odeku.edu.ua

ЭКОНОМИЧЕСКИЕ УЩЕРБЫ ОТ ПРИРОДОПОЛЬЗОВАНИЯ НА ТЕРРИТОРИИ ВОДНЫХ БАССЕЙНОВ УКРАИНЫ

На протяжении 2010 года в Украине возникло практически 400 чрезвычайных ситуаций, которые с учетом Государственного классификатора чрезвычайных ситуаций [2,5] можно разделить:

- техногенного характера – 53,3 % от общего количества возникших чрезвычайных ситуаций;

- природного характера – 41,3 %;

- иного (социально-политического) характера – 5,4 %.

В 2010 году по сравнению с предыдущим аналогичным периодом 2006-2008 гг. общее количество чрезвычайных ситуаций увеличилось в среднем на 1,1-1,3 % [5] . Ориентировочно в 2010 году чрезвычайными ситуациями нанесено ущерба отраслям экономики Украины на сумму более 825 млн. гривен (более 105 млн. долларов).

Проведенные исследования [1,3,4] показали, что в Украине ежегодный экономический ущерб от нерационального использования природных ресурсов в производственно-хозяйственной деятельности и от загрязнения природной среды составляет до 9% от объема валового национального продукта.

В 2010 году экономический ущерб от сброса в водные объекты водных бассейнов страны загрязнённых сточных вод составил практически 56,0 млрд. гривен. Причем распределение данного ущерба по различным регионам страны крайне неравномерно и для отдельных бассейнов характеризуется следующими показателями [2,5,6]:

- Северо-Восточный - 1,15 млрд. гривен (2,3% от всего объёма загрязненных сточных вод);

- Восточный - 17,5 млрд. гривен (35%);

- Юго-Восточный – 17,0 млрд. гривен (34%);

- Прикарпатский - 0,2 млрд. гривен (0,4%);

Анализ приведённых выше данных по значению экономического ущерба, полученного от поступления в водные объекты водных бассейнов вредных загрязняющих веществ в результате осуществления производственно-хозяйственной и бытовой деятельности на их территории показывает, что более 34,5 млрд. гривен или 61,6 % суммарного ущерба приходится на Восточный и Юго-Восточный водные бассейны при том, что данные бассейны занимают не более 22 % общей территории Украины. Поэтому при формировании природоохранных программ в названных водных бассейнах необходимо уделить особое внимание снижению количества загрязняющих веществ, поступающих в водоёмы, расположенные на их территории, развитию повторного использования отработанных водных ресурсов, чтобы таким образом снизить количество загрязненных вод поступающих в водоёмы этих водных бассейнов.

При формировании природоохранных программ во всех водных бассейнах, особенно в водных бассейнах, в которых объекты водного фонда Украины используются как источники питьевого водоснабжения населения, необходимо предусмотреть мероприятия по приведению соответствующих объемов воды к требуемым значениям санитарно-химическим показателей.

В 2010 году выброс вредных веществ в атмосферу водных бассейнов привело к возникновению экономического ущерба в размере 33,0 млрд. гривен. По отдельным водным бассейнам показатели экономического ущерба распределился следующим образом [2,5,6]:

- Северо-Восточный - 2,49 млрд. гривен (в атмосферу данного водного бассейна поступило 8,3% от всего количества загрязняющих веществ, выброшенных в атмосферу водных бассейнов страны);
- Восточный - 9,9 млрд.гривен (32%);
- Карпатский - 2,88 млрд. гривен (9,6%);
- Крымский - 0,63 млрд. гривен (2,0%).

Анализ приведенных выше данных об экономических ущербах в различных водных бассейнах, образовавшихся в результате поступления в их атмосферу вредных веществ при осуществлении производственно-хозяйственной и бытовой деятельности расположенных на их территории объектов показал, что Восточный и Юго-Восточный водные бассейны дают в общую сумму этого экономического ущерба 15,6 млрд.гривен, т.к. в их атмосферу поступает 47,3 % от всего объема загрязняющих веществ [2,6].

При осуществлении производственно-хозяйственной и бытовой деятельности объектами, находящимися на территории водных бассейнов образуются твёрдые отходы, которые должны храниться на специально оборудованных полигонах, но вместе с тем эти отходы наносят существенный экономический ущерб (они занимают достаточно большие площади земель, выводя эти земельные площади из производственно-хозяйственной и бытовой эксплуатации; при их хранении они выделяют вредные вещества, которые попадают в воздушную и водную среду).

В этом же году во всех водных бассейнах от появления твёрдых отходов экономический ущерб составил 16,0 млрд. гривен.

Роль отдельных водных бассейнов в образовании твёрдых отходов и в появлении соответствующего экономического ущерба состояла в следующем [2,4]:

Анализ показателей ущерба для отдельных водных бассейнов снова свидетельствует о лидирующей роль двух регионов – на Восточный и Юго-Восточный водные бассейны приходится практически 77% от общего количества твёрдых отходов, образующихся на территории всех водных бассейнов Украины.

Сложившуюся ситуацию необходимо учитывать при формировании соответствующих программ природоохранной деятельности, включая в эти программы мероприятия по значительному снижению количества образующихся при осуществлении производственно-хозяйственной и бытовой деятельности в выше названных водных бассейнах твердых отходов, по снижению в них содержания особо вредных веществ, по вторичному использованию образующихся отходов, по обеспечению хранения этих отходов в оборудованных надлежащим образом хранилищах и полигонах.

При анализе источников экономического ущерба, образующегося в результате осуществления на территории водных бассейнов производственно-хозяйственной и бытовой деятельности необходимо учесть, что основными такими источниками являются Восточный и Юго-Восточный водные бассейны (суммарный экономический ущерб в этих водных бассейнах составляет 62,3 млрд.гривен, т.е. 65,6% от всей суммы экономического ущерба).

В тоже время данные водные бассейны Украины являются одними из наиболее экономически развитых регионов, на долю которых приходится более 32% общего объема валового регионального продукта и практически 40% общего объема промышленной продукции государства [6,11,14].

Роль в экономике Украины данных региональных единиц характеризуется следующими показателями:

- Восточный - этот водный бассейн базируется на территории Донецкой и Луганской областей, занимает территорию в 53,2 тыс.км^2 с населением более 6778,3 тыс. человек:

-доля в общем объёме валового регионального продукта составляет 16,9%;

-доля в общем объёме промышленной продукции составляет 18,9%;

-доля в общем объёме сельскохозяйственной продукции составляет 7,49%;

- Юго-Восточный – этот водный бассейн базируется на территории Днепропетровской и Запорожской областей, занимает территорию порядка 59,1 тыс. км^2 с населением 5167,2 тыс. человек:

-доля в общем объёме валового регионального продукта составляет 15,5%;

-доля в общем объёме промышленной продукции составляет 19,9%;

-доля в общем объёме сельскохозяйственной продукции составляет 9,68%;

Всё сказанное выше свидетельствует о том, что необходимо развивать природоохранную деятельность в водных бассейнах путём изменения стратегических направлений развития экономики за счёт максимального использования в технологических процессах и приёмах трудовой деятельности последних достижений науки и техники, обновления оборудования, повышения экономико-экологической грамотности руководящих кадров и населения.

Литература:

1. Буркинский Б.В. Экономико-экологические основы регионального природопользования и развития. /Буркинский Б.В., Харичков С.К., Степанов В.Н. – Одесса: Феникс, 2005.- 575 с.

2. Ковалев В.Г., Сербов Н.Г., Рекиш А.А. Производственно-хозяйственная и природоохранная деятельность в водных бассейнах Украины. – Одесса: «ПОЛИГРАФ», 2011. – 105 с.

3. Рекиш А.А. Экономические, экологические, социальные основы разработки оценок направления развития экономико-экологических систем. – Одесса: ОДЕКУ, 2010. – 125 с.

4. Сербов Н.Г. Влияние природоохранной деятельности на расходование первичных природных ресурсов в водном бассейне. – Вестник Днепропетровского университета, серия «Экономика», вып. 6(2), том 20, № 10/1, 2012. С. 44-49

5. Сербов Н.Г. Влияние природоохранной деятельности на экономику природопользования на территории водных бассейнов. – Научно-практический журнал «Экономика Крыма», № 3 (40), Симферополь, 2012. – С. 133-1366. Степаненко С.Н., Полевой А.Н., Школьный Е.П. и др. Оценка влияния климатических изменений на отрасли экономики Украины: Монография. – Одесса: Экология, 2011. – 696 с.

6. Степаненко С.Н., Полевой А.Н., Школьный Е.П. и др. Оценка влияния климатических изменений на отрасли экономики Украины: Монография. – Одесса: Экология, 2011. – 696 с.

Аратулы Куаныш
докторант 3 курса PhD, магистр юриспруденции, старший преподаватель кафедры уголовного права, уголовного процесса и криминалистики КазНУ имени аль-Фараби
(эл.почта: kunya8585@mail.ru)
Бостанбеков К.А.
магистр техники и технологии, специалист Национальной научной лаборатории коллективного пользования информационных и космических технологий КазНТУ имени К.И. Сатпаева
(эл.почта: boss.kairat@bk.ru)

ГРУППОВЫЕ И ЛИЧНОСТНЫЕ ОСОБЕННОСТИ ПРЕСТУПНИКОВ В СФЕРЕ ВЫСОКИХ ТЕХНОЛОГИЙ

Классификация личности субъектов компьютерных преступлений имеет определенную специфику. Лица, совершающие подобные преступления, разграничиваются различными учеными на категории группы. Так, исследуя данные о личностных свойствах субъектов преступлений в сфере компьютерной информации, ряд ученых разделяют следующие категории граждан:

1) Лица, состоящие в трудовых отношениях с предприятием, организацией, учреждением, фирмой или компанией, где совершено преступление (они составляют более 55 %), а именно:

– непосредственно занимающиеся обслуживанием ЭВМ (операторы, программисты, инженеры, персонал, производящий техническое обслуживание и ремонт компьютерных систем или обслуживающий компьютерные сети);

– пользователи ЭВМ, имеющие определенную подготовку и свободный доступ к компьютерной системе;

– административно-управленческий персонал (руководители, бухгалтеры, экономисты и т. п.).

2) Граждане, не состоящие в правоотношениях с предприятием, организацией, учреждением, фирмой или компанией, где совершено преступление (около 45 %). Ими могут быть:

– лица, занимающиеся проверкой финансово-хозяйственной деятельности предприятия, и др.;

– пользователи и обслуживающий персонал ЭВМ других предприятий, связанных компьютерными сетями с предприятием, на котором совершено преступление;

– лица, имеющие в своем распоряжении компьютерную технику (в том числе владельцы персональных ЭВМ, тем или иным образом получившие доступ к телекоммуникационным компьютерным сетям).

Зарубежные специалисты подразделяют представляющий опасность персонал на категории в соответствии со сферами деятельности:

– операционные преступления – совершаются операторами ЭВМ, периферийных устройств ввода информации в ЭВМ и обслуживающими линии телекоммуникации;

– преступления, основанные на использовании программного обеспечения, – обычно совершаются лицами, в чьем ведении находятся библиотеки программ, системными программистами, прикладными программистами, хорошо подготовленными пользователями;

– для аппаратной части компьютерных систем опасность совершения преступлений представляют: инженеры-системщики, инженеры по терминальным устройствам, инженеры-связисты, инженеры-электронщики;

– сотрудники, занимающиеся организационной работой: управлением компьютерной сетью, руководством операторами, управлением базами данных, руководством работой по программному обеспечению;

– разного рода клерки, работники службы безопасности, работники, контролирующие функционирование ЭВМ;

– специалисты-сотрудники в случае вхождения ими в сговор с руководителями подразделений и служб самой коммерческой структуры или связанных с ней систем, а также с организованными преступными группами, поскольку в этих случаях причиняемый ущерб от совершенных преступлений и тяжесть последствий значительно увеличиваются. При этом на преступный путь часто становятся самые квалифицированные, обладающие максимальными правами в автоматизированных системах категории банковских служащих – системные администраторы и другие сотрудники служб автоматизации банков.

Исследуя многочисленные виды преступников в сфере высоких информационных технологий, следует отметить, что их многообразие, исходя из специфики поведения, может и будет увеличиваться пропорционально развитию самих высоких технологий. В данной ситуации, по нашему мнению, предложенная В.А. Минаевым и В.Н. Саблиным трех элементная классификация, отвечает предъявляемым требованиям [1].

В целом, соглашаясь с предложенной классификацией, полагаем необходимым дополнить ее отдельными позициями. Окончательный вариант разделения преступников в сфере высоких информационных технологий на три основные группы представлен в следующем виде.

К первой группе преступников можно отнести лиц, отличительной особенностью которых является устойчивое сочетание профессионализма в области компьютерной техники и программирования с элементами своеобразного фанатизма и изобретательности. Характерной особенностью преступников этой группы является отсутствие у них четко выраженных противоправных намерений. Практически все действия совершаются ими с целью проявления своих интеллектуальных и профессиональных способностей.

Они весьма любознательны, обладают незаурядным интеллектом. При этом не лишены некоторого своеобразного озорства и «спортивного» азарта. Наращиваемые меры по обеспечению безопасности компьютерных систем ими воспринимаются в психологическом плане как своеобразный вызов личности, их способностям.

К числу особенностей совершения преступления данной категории лиц можно отнести следующие:

1) отсутствие целеустремленной, продуманной подготовки к преступлению;

2) оригинальность способа совершения преступления;

3) использование в качестве орудий преступления бытовых технических средств и предметов;

4) непринятие мер к сокрытию преступления;

5) совершение озорных действий на месте происшествия.

Во вторую группу входят лица, страдающие новым видом психических заболеваний – информационными болезнями или компьютерными фобиями. Изучением этих болезней в настоящее время занимается новая, сравнительно молодая отрасль медицины – информационная медицина. По данным специальной комиссии Всемирной организации здравоохранения, негативные последствия для здоровья человека при его частой продолжительной работе с персональным компьютером очевидны и являются объективной реальностью.

Преступления в сфере высоких информационных технологий могут совершаться лицами, страдающими указанным видом заболеваний. Скорее всего, при наличии подобных фактов в процессе раскрытия и расследования компьютерного преступления необходимо обязательное назначение специальной судебно-психиатрической экспертизы на предмет установления вменяемости преступника в момент совершения им преступных деяний. Это в свою очередь должно повлиять на квалификацию деяний преступника в случае судебного разбирательства (преступление, совершенное в состоянии аффекта или лицом, страдающим психическим заболеванием и т.д.).

Можно сделать вывод о том, что преступления, совершаемые преступниками данной группы, в основном связаны с физическим уничтожением либо повреждением средств компьютерной техники без наличия преступного умысла, с частичной или полной потерей контроля над своими действиями.

Третью группу составляют профессиональные преступники, с ярко выраженными корыстными целями. Они характеризуются многократностью совершения преступлений с обязательным использованием действий, направленных на их сокрытие, и обладающие в связи с этим устойчивыми преступными навыками. Преступники этой группы обычно являются членами хорошо организованных, мобильных и технически оснащенных высококлассным оборудованием и специальной техникой (нередко оперативно-технического характера) преступных групп и сообществ. Это высококвалифицированные специалисты, имеющие высшее техническое образование. Именно эта группа преступников и представляет собой основную угрозу для общества, является кадровым ядром преступности в сфере высоких информационных технологий, как в качественном, так и в количественном плане.

Исследуя вопрос возрастной характеристики преступников в сфере высоких информационных технологий, хотелось бы отметить, что на первой международной конференции Интерпола по компьютерной преступности, где обсуждалась противоправная деятельность хакеров, они были условно разделены на три группы.

К первой относится молодежь в возрасте 11-15 лет, которые в основном совершают кражи через кредитные карточки и телефонные номера, взламывая коды и пароли больше из-за любознательности и самоутверждения.

Ко второй группе отнесены лица в возрасте 17-25 лет. В основном это студенты, которые в целях повышения своего познавательного уровня устанавливают тесные отношения с хакерами других стран, посредством электронных сетей обмениваясь информацией и похищая ее из различных банков данных.

Третья группа – лица в возрасте 30-45 лет, которые умышленно совершают компьютерные преступления с целью получения материальной выгоды, а также ради уничтожения или повреждения компьютерных сетей, так называемый «тип вандала».

Однако данная выборка, по нашему мнению, не является репрезентативной. Ведь статистика, как мы знаем, ведется по установленным правонарушениям. В то же время официальные власти большинства стран (в том числе и США, где подобные преступления расследуются с 1966 г.) вынуждены признавать, что выявление нарушителя почти в 90 % случаев невозможно. На наш взгляд, наиболее опасные компьютерные преступления совершают лица в возрасте 25-35 лет, имеющие инженерное образование и продолжительный опыт работы в области информационных технологий в сфере системного администрирования или программирования на языках низкого уровня, неправомерная деятельность которых практически никогда не бывает наказана.

В целом следует отметить, что возраст преступников колеблется от 15 до 45 лет. Например, по данным некоторых исследователей, на момент совершения преступления возраст у 33 % преступников не превышал 20 лет, у 13 % – старше 40 лет и 54 % – 20-40 лет.

Хотелось бы еще остановиться на одном любопытном факте, который необходимо учесть при анализе особенностей личности преступников в сфере информационных технологий относительно лиц, страдающих новым видом психических заболеваний – информационными болезнями или компьютерными фобиями, о которых вышеупомянуто при классификации киберпреступников. Хорошо известно, что многие, так называемые традиционные преступления совершаются в состоянии алкогольного или наркотического опьянения. Существует достаточное количество методических руководств, алгоритмов по проведению операций, по предотвращению преступлений. Однако, мало кому известно, что существует понятие «информационной наркомании» («internet-addiction», «pathological internet use»). В сети Интернет практически открыто предлагаются специально созданная музыка («psychedelic music»), компьютерные программы («psychedelic software»), способные вызвать у человека состояние наркотического опьянения. Складывается парадоксальный факт. Если человек распространяет наркотик традиционным путем, то против него может быть возбуждено уголовное дело по соответствующей статье уголовного кодекса, а аналогичное деяние, совершаемое в Интернете по распространению «информационных» наркотиков, остается безнаказанным. Точнее, тоже может быть возбуждено уголовное дело по соответствующим статьям уголовного кодекса, но вся беда в том, что большинство сотрудников правоохранительных органов даже не знают о возможностях деструктивной информации. А ряд сект умело пользуется возможностями современных информационных технологий воздействовать на сознание и подсознание человека.

Проблема Интернет-наркомании стала реальностью. Интернет-наркомания подобно хроническому алкоголизму или азартной игре имеет разрушительные последствия на человека, его семью, работу, учебу, а в некоторых случаях провоцирует на преступления. По мнению профессора Питсбургского университета Кимберли Янг, проблема Интернет-наркомании в США достигла эпидемических размеров, причем число наркоманов (сетеголиков) продолжает расти. В международную классификацию психических расстройств внесено заболевание «кибернетические расстройства». Собственно говоря, в сети Интернет имеется практически открытая информация по изготовлению синтетических наркотиков, но это отдельная тема для изложения. Можно только отметить, что методы синтеза наркотиков часто берутся из Интернета.

ЛИТЕРАТУРА:

1 Минаев В.А., Саблин В.Н. Основные проблемы борьбы с компьютерными преступлениями в России. // http://www.mte.ru/toim.nsf.